U0383374

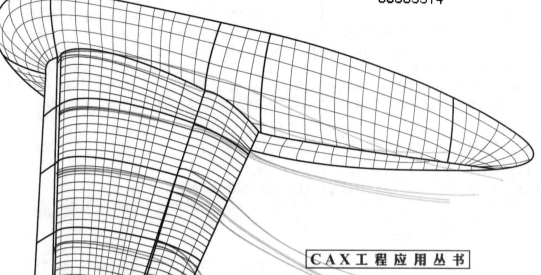

CAX工程应用丛书

ANSYS 2022
Workbench
中文版从入门到精通

凌桂龙　编著

清华大学出版社
北京

内 容 简 介

本书通过理论结合实践的讲解方式，系统地介绍了 ANSYS Workbench 2022 中文版在有限元分析领域中的具体应用，涵盖了绝大部分用户需要使用的功能。本书按照从简单到复杂、从单场到多场分析的逻辑编排，每章均采用实例描述，内容完整且各章相对独立，是一本全面介绍 ANSYS Workbench 的参考书。全书共 18 章，详细介绍了创建几何模型、网格划分、结果后处理等基本操作，同时也结合工程案例详细讲解了线性静态结构分析、谐响应分析、响应谱分析、随机振动分析、瞬态动力学分析、显式动力学分析、热分析、线性屈曲分析、结构非线性分析、接触问题分析、优化设计、流体动力学分析及多物理场耦合分析等。

本书工程实例丰富、讲解详尽，内容安排循序渐进、深入浅出，本书适合理工院校土木工程、机械工程、力学、电气工程等相关专业的本科生、研究生及教师使用，同时也可作为工程技术人员从事工程研究的参考书。

图书在版编目（CIP）数据

ANSYS Workbench 2022 中文版从入门到精通/凌桂龙编著. —北京：清华大学出版社， 2022.9（2024.2重印）

（CAX 工程应用丛书）

ISBN 978-7-302-61748-8

Ⅰ．①A… Ⅱ．①凌… Ⅲ．①有限元分析—应用软件 Ⅳ．①O241.82-39

中国版本图书馆 CIP 数据核字（2022）第 161407 号

责任编辑：王金柱
封面设计：王　翔
责任校对：闫秀华
责任印制：杨　艳

出版发行：清华大学出版社
　　网　　址：https://www.tup.com.cn, https://www.wqxuetang.com
　　地　　址：北京清华大学学研大厦 A 座　　　　　　　　　　邮　编：100084
　　社 总 机：010-83470000　　　　　　　　　　　　　　　　邮　购：010-62786544
　　投稿与读者服务：010-62776969，c-service@tup.tsinghua.edu.cn
　　质量反馈：010-62772015，zhiliang@tup.tsinghua.edu.cn
印 装 者：三河市铭诚印务有限公司
经　　销：全国新华书店
开　　本：203mm×260mm　　　　印　张：21.25　　　　字　数：578 千字
版　　次：2022 年 11 月第 1 版　　　　　　　　　印　次：2024 年 2 月第 3 次印刷
定　　价：99.00 元

产品编号：097546-01

[前言]
Preface

ANSYS 公司的 ANSYS Workbench 平台作为多物理场及优化分析平台，将在流体市场份额最大的两家公司的 FLUENT 及 CFX 软件集成起来，并且提供了软件之间的数据耦合，从而为用户提供了巨大的便利。

目前 ANSYS 公司的最新版 ANSYS Workbench 2022 提供了 CAD 双向参数链接互动、项目数据自动更新机制、全面的参数管理、无缝集成的优化设计工具等，在 ANSYS Workbench 集成环境下，可以进行结构、流体、热、电磁及其相互耦合分析。

1. 主要内容

本书在必要的理论概述的基础上，通过大量的典型案例对 ANSYS Workbench 分析平台中的模块进行详细介绍，并结合实际工程对学习过程中的常见问题进行详细讲解，讲述简洁、明了，给人耳目一新的感觉。

本书包括 18 章，主要介绍 ANSYS Workbench 2022 平台在结构、热学、流体动力学等领域中的有限元分析及操作过程。

第 1~4 章：介绍 ANSYS Workbench 2022 平台、几何建模与导入方法、网格划分及网格质量评价方法、结果的后处理操作等方面的内容。

- 第 1 章　初识 ANSYS Workbench
- 第 2 章　创建几何模型
- 第 3 章　网格划分
- 第 4 章　MECHANICAL 基础

第 5~10 章：介绍 ANSYS Workbench 的基础分析内容，包括线性静态结构分析、模态分析、谐响应分析、响应谱分析、随机振动分析以及瞬态动力学分析等方面的内容。

- 第 5 章　线性静态结构分析
- 第 6 章　模态分析
- 第 7 章　谐响应分析
- 第 8 章　响应谱分析
- 第 9 章　随机振动分析
- 第 10 章　瞬态动力学分析

第 11~15 章：介绍 ANSYS Workbench 的进阶分析功能，主要包括显式动力学分析、热分析、线性屈曲分析、结构非线性分析以及接触问题分析等内容。

- 第 11 章　显式动力学分析
- 第 12 章　热分析
- 第 13 章　特征值屈曲分析
- 第 14 章　结构非线性分析
- 第 15 章　接触问题分析

第 16~18 章：介绍 Workbench 优化设计、流体动力学分析、多物理场耦合分析等内容。

- 第 16 章　优化设计
- 第 17 章　流体动力学分析
- 第 18 章　多物理场耦合分析

2. 本书特色

由浅入深，循序渐进：本书以初、中级读者为对象，首先从有限元的基本原理及 ANSYS Workbench 的使用基础讲起，再辅以 ANSYS Workbench 在工程中的应用案例，帮助读者尽快掌握 ANSYS Workbench 进行有限元分析的技能。

步骤详尽，内容新颖：本书结合编者多年的 ANSYS Workbench 使用经验与实际工程应用案例，将 ANSYS Workbench 软件的使用方法与技巧详细讲解给读者。本书在讲解过程中步骤详尽、内容新颖，讲解过程辅以相应的图片，使读者在阅读时一目了然，从而快速掌握书中所讲内容。

3. 读者对象

本书适用于 ANSYS Workbench 的初学者和期望提高有限元分析及建模仿真工程应用能力的读者阅读，具体包括：

- 大中专院校的教师和在校生
- 广大科研工作人员
- 相关培训机构的教师和学员
- 参加工作实习的"菜鸟"
- 初学 ANSYS Workbench 的技术人员
- ANSYS Workbench 爱好者

4. 资源下载

为方便读者高效使用本书，本书提供了部分案例的视频教学与素材文件，读者可以扫描书中的二维码直接观看视频教学，上机练习素材文件可扫描下述二维码免费下载。如果下载有问题，请发送电子邮件到 booksaga@126.com，邮件主题为"ANSYS Workbench 2022 中文版从入门到精通"。

5. 本书作者

参与本书编写的除署名作者凌桂龙之外，丁金滨也参与了编写，虽然编者在本书的编写过程中力求叙述准确、完善，但由于水平有限，书中疏漏之处在所难免，希望读者和同仁能够及时指出，共同促进本书质量的提高。

编 者
2022 年 3 月

[目录]
Contents

第1章

初识 ANSYS Workbench

 导言

　　ANSYS Workbench 2022 是 ANSYS 公司最新推出的工程仿真技术集成平台，本章将介绍 Workbench 的一些基础知识，讲解如何启动 ANSYS Workbench，使读者了解 Workbench 的基本操作界面。本章还将介绍如何在 ANSYS Workbench 中进行项目管理及文件管理等。

 学习目标

※ 了解 ANSYS Workbench 的应用。

※ 掌握 Workbench 2022 的启动。

※ 认识 Workbench 2022 的操作界面。

※ 掌握 ANSYS Workbench 项目与文件的管理方法。

※ 熟悉 Workbench 的分析流程。

1.1　ANSYS Workbench概述　　▶

　　经过多年的潜心开发，ANSYS公司在2002年发布ANSYS 7.0的同时正式推出了前后处理和软件集成环境ANSYS Workbench Environment（AWE）。到ANSYS 2022发布时，已提升了ANSYS软件的易用性、集成性、客户化定制开发的方便性，深受客户喜爱。

　　Workbench所提供的CAD双向参数链接互动、项目数据自动更新机制、全面的参数管理、无缝集成的优化设计工具等，使ANSYS在仿真驱动产品设计（Simulation Driven Product Development）方面达到前所未有的高度。

 本节主要介绍ANSYS Workbench的相关软件知识，如果读者对其有所了解，可以跳过本节的学习。

1.1.1　关于 ANSYS Workbench

　　在ANSYS 2022中，ANSYS对Workbench架构进行了全新设计，全新的项目视图（Project Schematic View）功能改变了用户使用Workbench仿真环境的方式。

　　在一个类似流程图的图表中，仿真项目中的各项任务以互相连接的图形化方式清晰地表达出来，可以非常容易地理解项目的工程意图、数据关系、分析过程的状态等。

项目视图系统使用起来非常简单：直接从左边的工具箱中将所需的分析系统拖动到右边的项目视图窗口中或双击即可。

工具箱中的分析系统部分包含了各种已预置好的分析类型（如显式动力分析、流体分析、结构模态分析、随机振动分析等），每一种分析类型都包含完成该分析所需的完整过程（如材料定义、几何建模、网格生成、求解设置、求解、后处理等），按其顺序一步一步往下执行即可完成相关的分析任务。当然也可从工具箱中的组件系统里选取各个独立的程序系统，自己组装成一个分析流程。

一旦选择或定制好分析流程后，Workbench平台将自动管理流程中任何步骤发生的变化（如几何尺寸变化、载荷变化等），自动执行流程中所需的应用程序，从而自动更新整个仿真项目，极大缩短了更改设计所需的时间。

1.1.2　多物理场分析模式

Workbench仿真流程具有良好的可定制性，只需通过拖动鼠标操作，即可非常容易地创建复杂的、包含多个物理场的耦合分析流程，在各物理场之间所需的数据传输也能自动定义。

ANSYS Workbench平台在流体和结构分析之间自动创建数据连接以共享几何模型，使数据保存更轻量化，并更容易分析几何改变对流体和结构两者产生的影响。同时，从流体分析中将压力载荷传递到结构分析中的过程也是完全自动的。

工具栏中预置的分析系统使用起来非常方便，因为它包含了所选分析类型所需的所有任务节点及相关应用程序。Workbench项目视图的设计是非常具有柔性的，用户可以非常方便地对分析流程进行自定义，把组件系统中的各工具当成砖块，按照任务需要进行装配。

1.1.3　项目级仿真参数管理

ANSYS Workbench环境中的应用程序都是支持参数变量的，包括CAD几何尺寸参数、材料特性参数、边界条件参数以及计算结果参数等。在仿真流程各环节中定义的参数都是直接在项目窗口中进行管理的，因而非常容易研究多个参数变量的变化。在项目窗口中，可以很方便地通过参数匹配形成一系列设计点，然后一次性地自动进行多个设计点的计算分析以完成What-If研究。

利用ANSYS设计探索模块（简称DX），可以更加全面地展现Workbench参数分析的优势。DX提供了试验设计、目标驱动优化设计、最小/最大搜索以及六西格玛分析等功能，这些参数分析能力都适用于集成在Workbench的所有应用程序、物理场、求解器中，包括ANSYS参数化设计语言（APDL）。

ANSYS Workbench平台对仿真项目中所有应用程序中的参数进行集中管理，并在项目窗口中用一个表格非常方便地进行显示。完全集成在Workbench中的设计探索模块能自动生成响应面结果，清晰而直观地描述这种几何变化的影响。通过简单的拖动操作，还可以很方便地使用DX的试验设计（DOE）、目标驱动优化设计、六西格玛设计以及其他设计探索算法等。

1.1.4 Workbench 应用模块

ANSYS Workbench提供了与ANSYS系列求解器交互的强大方法。这种环境为CAD系统及用户设计过程提供了独一无二的集成设计平台。ANSYS Workbench由多种工程应用模块组成。

- Mechanical：用 ANSYS 求解器进行结构和热分析（包含网格划分）。
- Mechanical APDL：采用传统的 ANSYS 用户界面对高级机械和多物理场进行分析。
- 流体流动（CFX）：采用 CFX 进行流体动力学（CFD）分析。
- 流体流动（FLUENT）：采用 FLUENT 进行流体动力学（CFD）分析。
- 工程数据库：定义材料属性。
- Meshing Application：创建 CFD 和显式动态网格。
- Design Exploration：用于优化分析。
- Finite Element Modeler（FE Modeler）：转换 NASTRAN 和 ABAQUS 中的网格，以便在 ANSYS 中使用。
- Bladde Gen（Bladde Geometry）：创建旋转机械钟的叶片几何模型。
- Explicit Dynamics：创建具有非线性动力学特色的模型，用于显式动力学分析。

1.2 Workbench操作界面 ▶

从本节开始介绍ANSYS Workbench 2022的基本操作，下面首先介绍启动方式，然后介绍Workbench的基本操作界面。

1.2.1 启动 Workbench

ANSYS安装完成后，有如下两种启动Workbench的方式。

- 从 Windows 的"开始"菜单启动：执行 Windows 10 系统下的"开始"→"所有程序"→ANSYS 2022→Workbench 2022命令，如图 1-1 所示，即可启动 ANSYS Workbench 2022。
- 通过 CAD 系统启动：较高版本的 ANSYS Workbench 在安装时会自动嵌入其他 CAD 系统中（如 Pro/Engineer、SolidWorks、UG 等三维 CAD 系统），通过这些嵌入的菜单命令即可进入 ANSYS Workbench。ANSYS Workbench 启动时会自动弹出如图 1-2 所示的欢迎界面。

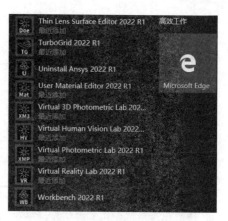

图 1-1 启动 ANSYS Workbench

图 1-2   ANSYS Workbench 欢迎界面

1.2.2   Workbench 主界面

启动ANSYS Workbench，并创建分析项目，此时的主界面如图1-3所示，它主要由菜单栏、工具栏、工具箱、项目原理图组成。菜单栏及工具栏与其他的Windows软件类似，这里不再赘述，下面着重介绍工具箱及项目原理图两部分功能。

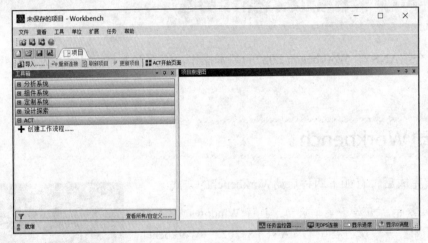

图 1-3   ANSYS Workbench 主界面

1.   工具箱

工具箱主要由如图1-4所示的4个子部分组成，这4个子部分分别应用于不同的场合，具体介绍如下。

- 分析系统：主要应用在示意图中预定义的模板内。
- 组件系统：主要用于可存取多种不同应用程序的建立和不同分析系统的扩展。

图 1-4   工具箱的组成

- 定制系统：主要用于耦合分析系统（FSI、热-应力等）的预定义。在使用过程中，根据需要可以建立自己的预定义系统。
- 设计探索：主要用于参数的管理和优化。

 工具箱中显示的分析系统和组成取决于所安装的ANSYS产品，根据工作需要单击工具箱下方的"查看所有/自定义"按钮即可调整工具箱显示的内容。通常情况下该窗口是关闭的。

单击"查看所有/自定义"按钮时，会弹出如图1-5所示的"工具箱自定义"窗口，通过选择不同的分析系统可以调整工具箱的显示内容。

2．项目原理图

项目原理图（也称分析系统管理区）是用来进行Workbench的分析项目管理的，它通过图形来体现一个或多个系统所需要的工作流程。项目通常按照从左到右、从上到下的模式进行管理。

当需要分析某一项目时，通过在工具箱的相关项目上双击或直接按住鼠标左键拖动到项目管理区即可生成一个项目，如图1-6所示，在工具箱中选择"静态结构"后，项目管理区即可建立静态结构分析项目。

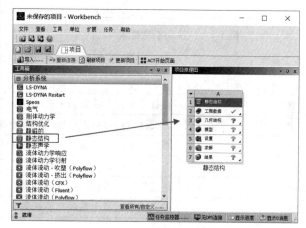

图 1-5　用户工具箱自定义　　　　　　　　　　图 1-6　创建分析项目

 项目原理图中可以建立多个分析项目，每个项目均是以字母编排的（A、B、C等），同时各项目之间也可建立相应的关联分析，例如对同一模型进行不同的分析项目，这样它们即可共用同一模型。

另外在项目的设置项中右击，在弹出的快捷菜单中通过选择"从'新建'传输数据"或将"数据传输到'新建'"，也可通过转换功能创建新的分析系统，如图1-7所示。

 使用转换功能时，将显示所有的转换可能（上行转换和下行转换）。选择的设置项不同，程序呈现的选项也会有所不同，如图1-8所示。

在进行项目分析的过程中，项目分析流程会出现不同的图标来提示用户进行相应的操作，各图标的含义如表1-1所示。

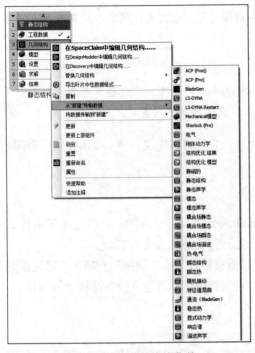

图 1-7　转换功能快捷菜单　　　　　　　　　图 1-8　不同设置时的转换功能

表 1-1　分析项目选项中的图标及其含义

图　标	含　义
?	执行中断：上行数据丢失，分析无法进行
?	需要注意：可能需要修改本单元或上行单元
↻	需要刷新：上行数据发生改变，需要刷新单元（更新也会刷新单元）
⚡	需要更新：数据改变时单元的输出也要相应地更新
✓	更新完成：数据已经更新，将进行下一单元的操作
✅	输入变动：单元是局部更新的，但上行数据发生变化时也可能导致其发生改变

1.3　Workbench项目管理 ▶

　　在上面的讲解中简单介绍了分析项目的创建方法，下面介绍项目的删除、复制、关联等操作，以及项目管理操作案例。

1.3.1　复制及删除项目

　　将鼠标移动到相关项目的第1栏（A1）右击，在弹出的快捷菜单中选择"复制"命令，即可复制项目，如图1-9所示。例如项目B就是由项目A复制而来，如图1-10所示。

　　将鼠标移动到项目的第1栏（A1）右击，在弹出的快捷菜单中选择"删除"命令，即可将项目删除。

图 1-9　右键项目快捷菜单

图 1-10　复制项目

1.3.2　关联项目

在ANSYS Workbench中进行项目分析时，需要对同一模型进行不同的分析，尤其是在进行耦合分析时，项目的数据需要进行交叉操作。

为避免重复操作，Workbench提供了关联项目的协同操作方法，创建关联项目的方法如下：在工具箱中按住鼠标左键，拖动分析项目到项目管理区创建项目B，当鼠标移动到项目A的相关项时，数据可共享的项将以红色高亮显示，如图1-11所示，在高亮处松开鼠标，此时即可创建关联项目，如图1-12所示为新创建的关联项目B。

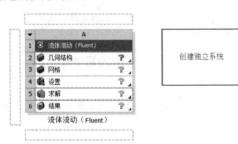

图 1-11　高亮显示

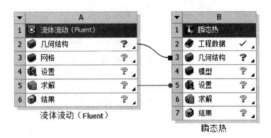

图 1-12　创建关联项目

项目之间的连线表示数据共享，例如图中A2~A5表示项目B与项目A数据共享。

1.3.3　项目管理操作案例

下面的实例将创建一个热分析系统（项目A），然后创建两个与其关联的结构分析系统（项目B及项目C），其中项目B为没有与热分析耦合的结构分析系统，项目C为与热分析耦合的结构分析系统。具体操作步骤如下：

步骤01　将鼠标移动到工具箱中分析系统栏目下的稳态热分析系统，按住鼠标左键将其拖动到项目管理区并松开鼠标，创建热分析系统（项目A），如图1-13所示。

步骤 02 同样，在工具箱中按住鼠标左键拖动稳态结构到项目管理区中项目A的A4栏，如图1-14所示。松开鼠标即可创建结构分析系统（项目B），如图1-15所示，此时的项目B为没有与热分析耦合的结构分析系统。

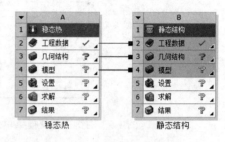

图 1-13　创建热分析系统　　　　图 1-14　高亮显示　　　　图 1-15　创建关联分析项目

步骤 03 在工具箱中按住鼠标左键拖动稳态结构到项目管理区中项目A的A6栏，如图1-16所示，松开鼠标即可创建结构分析系统（项目B），如图1-17所示，此时的项目B为与热分析耦合的结构分析系统。

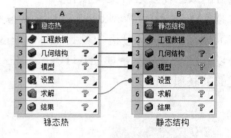

图 1-16　高亮显示　　　　　　　　图 1-17　创建关联分析项目

 图1-17表示项目A、B之间A2～A6数据共享，同时表示项目A的分析数据从A6传递到项目B中。

1.3.4　设置项属性

在ANSYS Workbench中，既可以了解设置项的特性，也可以对设置项的属性进行修改，具体方法为：选择菜单栏中的"查看"→"属性"命令，此时在Workbench环境下可以查看设置项的附加信息。如图1-18所示，选择"模型"栏后，其属性便可显示出来。

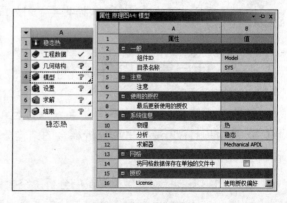

图 1-18　设置项属性

1.4 Workbench文件管理

Workbench通过创建一个项目文件和一系列的子目录来管理所有的相关文件,这些文件目录的内容或结构不能人为修改,必须通过Workbench进行自动管理。

1.4.1 文件目录结构

当创建并保存文件后,便会生成相应的项目文件(.wbpj)以及项目文件目录,项目文件目录中会生成众多子目录,例如保存文件名为Work,生成的文件为Work.wbpj,文件目录为Work_files。ANSYS Workbench 2022的文件目录结构如图1-19所示,其部分说明如下。

图 1-19 文件目录结构

- dp0:该文件目录是设计点文件目录,实质上是特定分析的所有参数的状态文件,在单分析情况下只有一个dp0目录。
- global:该目录包含分析中各模块所包括的子目录,如 MECH 目录中包含了仿真分析的数据库以及相关分析模块的其他文件。
- SYS:包括了项目中各种系统的子目录(如 Mechanical、FLUENT、CFX 等),每个系统的子目录都包含特定的求解文件,如 MECH 的子目录中包括结果文件、ds.dat 文件、solve.out 文件等。
- user_files:包含输入文件、用户文件等,部分文件可能与项目分析有关。

在Workbench中选择"查看"→"文件"命令,可以弹出并显示一个包含文件明细与路径的文件预览窗口,如图1-20所示。

	名称	单...	尺寸	类型	修改日期	位置
1	名称	单...	尺寸	类型	修改日期	位置
2	work.wbpj		41 KB	Workbench项目文件	2022/2/28 14:11:07	C:\Users\Administrator\Desktop\work
3	act.dat		259 KB	ACT Database	2022/2/28 14:11:02	dp0
4	material.engd	A2	28 KB	工程数据文件	2022/2/28 14:03:01	dp0\SYS\ENGD
5	EngineeringData.xml	A2	26 KB	工程数据文件	2022/2/28 14:11:04	dp0\SYS\ENGD
6	designPoint.wbdp		78 KB	Workbench设计点文件	2022/2/28 14:11:07	dp0

图1-20 文件预览

1.4.2　快速生成压缩文件

在ANSYS Workbench 2022中提供了一种快速生成单一压缩文件的
菜单，如图1-21所示，可以更有效地对Workbench文件进行管理。

选择菜单栏中的"文件"→"存档"命令，即可实现Workbench所
有文件的快速压缩，生成的压缩文件为.zip格式。

选择菜单栏中的"文件"→"打开"命令，即可打开压缩文件，
也可采用其他的解压软件对压缩文件解压。

新		Ctrl+N
打开……		Ctrl+O
保存		Ctrl+S
另存为……		
导入……		
存档……		
Ansys Minerva		▶
脚本		▶
导出报告……		
1 C:\Users\Administrator\Desktop\work\work.wbpj		
退出		Ctrl+Q

图 1-21　快速生成压缩文件的菜单

1.5　Workbench实例入门

下面将通过一个简单的分析案例，让读者对ANSYS Workbench 2022有一个初步的了解，在学习时无
须了解操作步骤的每一项内容，这些内容在后面的章节中将详细介绍，仅需按照操作步骤学习，了解
ANSYS Workbench有限元分析的基本流程即可。

1.5.1　案例介绍

如图1-22所示的不锈钢钢板尺寸为320mm×50mm×20mm，其中一端固定，另一端为自由状态，同
时在一面上有均布面载荷$q = 0.2$MPa，请用ANSYS Workbench求解出应力与应变的分布云图。

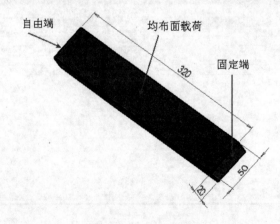

图 1-22　案例问题

1.5.2 建立分析项目

步骤 01 在Windows系统下执行"开始"→"所有程序"→ANSYS 2022→Workbench 2022命令,启动 ANSYS Workbench 2022,进入主界面。

步骤 02 双击主界面工具箱中的"组件系统"→"几何结构"选项,即可在项目管理区创建分析项目A, 如图1-23所示。

步骤 03 在工具箱中的"分析系统"→"静态结构"上按住鼠标左键拖动到项目管理区中,当项目A的 几何结构呈红色高亮显示时,放开鼠标创建项目B,此时相关联的数据可共享,如图1-24所示。

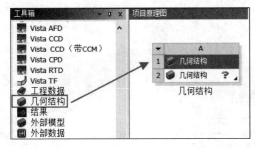

图 1-23　创建分析项目 A

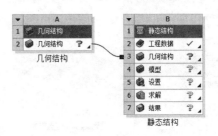

图 1-24　创建分析项目

本例是线性静态结构分析,创建项目时可直接创建项目B,而不创建项目A,几何体的导入可在项目B中的B3栏几何结构中导入创建。本例的创建方法在对同一模型进行不同的分析时会经常用到。

1.5.3 导入创建几何体

步骤 01 右击A2栏的"几何结构"选项,在弹出的快捷菜单中选择"导入几何模型"→"浏览"命令, 如图1-25所示,此时会弹出"打开"对话框。

步骤 02 在弹出的"打开"对话框中选择文件路径,导入char01-01几何体文件,如图1-26所示,此时A2 栏"几何结构"后的 ❓ 变为 ✔,表示实体模型已经存在。

图 1-25　导入几何体

图 1-26　"打开"对话框

步骤 **03** 双击项目A中的A2栏"几何结构"选项，会进入"几何结构-DesignModeler界面"，此时设计树中的导入1前显示✔️，表示需要生成，图形窗口中没有图形显示，如图1-27所示。

步骤 **04** 单击生成按钮✔️，即可显示生成的几何体，如图1-28所示，此时可在几何体上进行其他操作，本例无须进行操作。

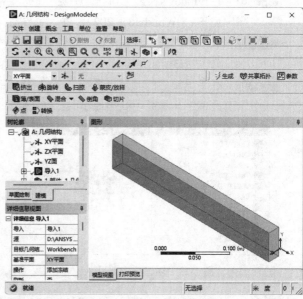

图1-27　生成前的"几何结构-DesignModeler"界面　　　　图1-28　生成后的"几何结构-DesignModeler"界面

步骤 **05** 单击"几何结构-DesignModeler"界面右上角的"关闭"按钮，返回Workbench主界面。

1.5.4　添加材料库

步骤 **01** 双击项目B中的B2栏"工程数据"选项，进入如图1-29所示的材料参数设置界面，在该界面下即可进行材料参数设置。

图1-29　材料参数设置界面

步骤 02 在界面的空白处右击，在弹出的快捷菜单中选择"工程数据源"命令，界面如图1-30所示。

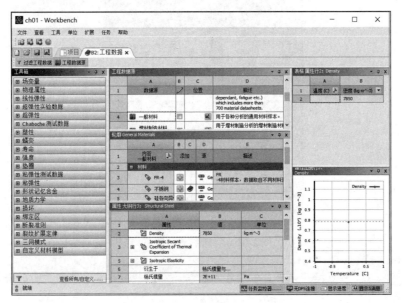

图 1-30 材料参数设置界面

步骤 03 在"工程数据源"表中选择A4栏"一般材料"选项，然后单击"轮廓"一般材料表中A4栏"不锈钢"后的B4栏中的"添加"按钮 ，此时在C4栏中会显示"使用中的"标识 ，如图1-31所示，表示材料添加成功。

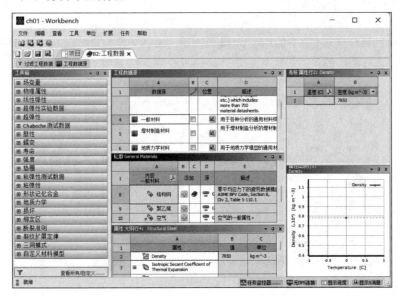

图 1-31 添加材料

步骤 04 同步骤（2），在界面的空白处右击，在弹出的快捷菜单中选择"工程数据源"命令，返回初始界面。

步骤 05 根据实际工程材料的特性，在"属性 大纲行 4: 结构钢"表中可以修改材料的特性，如图1-32所示，本实例采用的是默认值。

图1-32　材料参数修改窗口

 用户也可以在工程数据窗口中自行创建新材料添加到模型库中，这在后面的讲解中会有涉及，本实例不再介绍。

步骤**06**　单击工具栏中的"项目"选项卡，返回Workbench主界面，材料库添加完毕。

1.5.5　添加模型材料属性

步骤**01**　双击项目管理区项目B中的B4栏"模型"项，进入如图1-33所示的"静态结构-Mechanical"界面，在该界面下即可进行网格的划分、分析设置、结果观察等操作。

图1-33　"静态结构-Mechanical"界面

步骤**02**　选择"静态结构-Mechanical"界面左侧"模型"中"几何结构"选项下的"char01-01"，此时即可在"char01-01"详细信息中为模型添加材料。

步骤 **03** 单击参数列表中的"材料"下"任务"区域后的 按钮，此时会出现刚刚设置的材料"不锈钢"，如图1-34所示，选择后即可将其添加到模型中。此时分析树几何结构的材料由结构钢变成不锈钢，表示材料已经添加成功。

图 1-34 添加材料

1.5.6 划分网格

步骤 **01** 选择"静态结构-Mechanical"界面左侧"模型"中的"网格"选项，此时可在"网格"的详细信息中修改网格参数，本例中将"尺寸调整中"的"跨角度中心"选项设置为"中等"，其余采用默认设置。

步骤 **02** 在"模型"中的"网格"选项上右击，在弹出的快捷菜单中选择"生成网格"命令，此时会在界面最下方弹出进度显示条，表示网格正在划分，当网格划分完成后，进度条自动消失，最终的网格效果如图1-35所示。

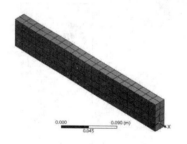

图 1-35 网格效果

1.5.7 施加载荷与约束

步骤 **01** 选择"静态结构-Mechanical"界面左侧"模型"中的"静态结构（B5）"选项，此时会出现如图1-36所示的"环境"工具栏。

图 1-36 "环境"工具栏

步骤 **02** 选择"环境"工具栏中的"结构"→"固定"的命令,此时在分析树中会出现"固定支撑"选项,如图1-37所示。

步骤 **03** 选中"固定支撑"选项,选择需要施加固定约束的面,单击"固定支撑"的详细信息中"几何结构"选项下的"应用"按钮,即可在选中的面上施加固定约束,如图1-38所示。

步骤 **04** 同步骤(2),选择"环境"工具栏中的"结构"→"压力"命令,此时在分析树中会出现"压力"选项,如图1-39所示。

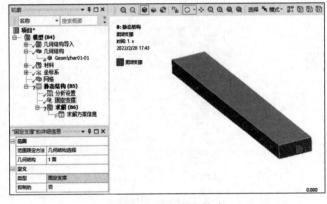

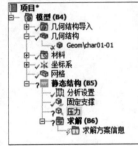

图 1-37 添加固定约束　　　　图 1-38 施加固定约束　　　　图 1-39 施加"压力"选项

步骤 **05** 同步骤(3),选中"压力"选项,选择需要施加压力的面,单击"压力"的详细信息中"几何结构"选项下的"应用"按钮,同时在"大小"选项下设置压力为"2e+005Pa(斜坡)"的面载荷,如图1-40所示。

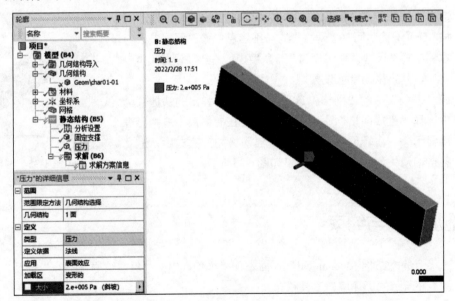

图 1-40 添加面载荷

步骤 **06** 在"模型"中的"静态结构(B5)"选项上右击,在弹出的快捷菜单中选择"求解"命令，此时会在操作界面底部弹出进度显示条,表示正在求解,如图1-41所示,当求解完成后进度条自动消失。

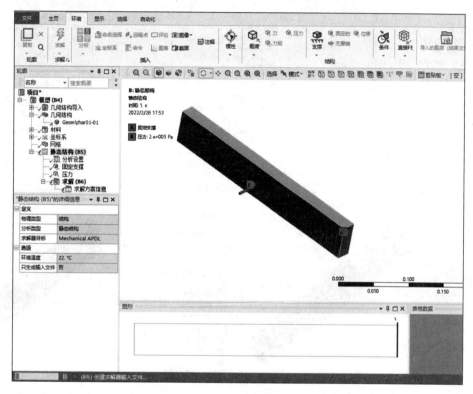

图 1-41　求解

1.5.8　结果后处理

步骤 **01** 选择"静态结构-Mechanical"界面左侧"模型"中的
"求解（B6）"选项，此时会出现如图1-42所示的"结
果"工具栏。

步骤 **02** 选择"结果"工具栏中的"应力"→"等效（von-Mises）"
命令，此时在分析树中会出现"等效应力"选项，如
图1-43所示。

图 1-42　"结果"工具栏

步骤 **03** 同步骤（2），选择"结果"工具栏中的"应变"→"等效（von-Mises）"命令，如图1-44所示，
此时在分析树中会出现"等效弹性应变"选项。

步骤 **04** 同步骤（2），选择"结果"工具栏中的"变形"→"总计"命令，如图1-45所示，此时在分析
树中会出现"总变形"选项。

步骤 **05** 在"模型"中的"求解（B6）"选项上右击，在弹出的快捷菜单中选择"评估所有结果"命令，
开始计算。

步骤 **06** 选择"模型"中"求解（B6）"下的"等效应力"选项，此时会出现如图1-46所示的等效应力
分析云图。

步骤 **07** 选择"模型"中"求解（B6）"下的"等效弹性应变"选项，此时会出现如图1-47所示的等效
弹性应变分析云图。

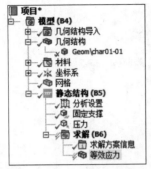

图 1-43　添加"等效应力"选项

图 1-44　添加"等效弹性应变"选项

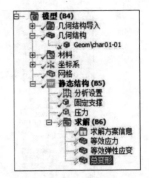

图 1-45　添加"总变形"选项

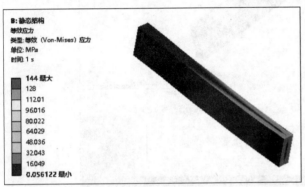

图 1-46　等效应力分析云图

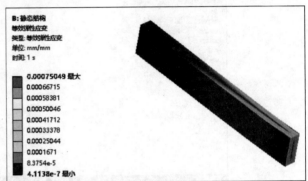

图 1-47　等效弹性应变分析云图

步骤 08　选择"模型"中"求解（B6）"下的"总变形"选项，此时会出现如图1-48所示的总变形分析云图。

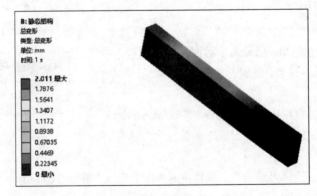

图 1-48　总变形分析云图

1.5.9　保存与退出

步骤 01　单击"静态结构-Mechanical"界面右上角的"关闭"按钮，返回Workbench主界面。此时主界面中的项目管理区中显示的分析项目均已完成，如图1-49所示。

步骤 02　在Workbench主界面中单击"常用"工具栏中的"保存"按钮，保存包含分析结果的文件。

步骤 03　单击右上角的"关闭"按钮，退出Workbench主界面，完成项目分析。

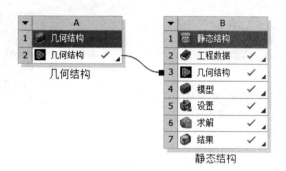

图 1-49　项目管理区中的分析项目

1.6　本章小结

　　本章首先对ANSYS Workbench 2022进行了简单介绍，然后对Workbench的启动方式、主界面等进行了较为详细地讲解，还介绍了ANSYS Workbench的项目管理及文件管理模式。最后给出了一个分析案例，通过该案例读者可以了解Workbench的分析流程。

　　通过本章的学习，读者能够对Workbench主界面进行全面了解，并掌握项目的基本操作方式，然而这仅仅是掌握ANSYS Workbench操作的第一步，后面的知识需要读者更为深入地学习。

第2章

创建几何模型

 导言

　　几何模型是进行有限元分析的基础，在工程项目进行有限元分析之前必须对其建立有效的几何模型，ANSYS Workbench 所用到的几何模型既可以通过其他的 CAD 软件导入，也可以采用 ANSYS Workbench 集成的几何结构-DesignModeler 平台进行几何建模。本章着重介绍如何在几何结构-DesignModeler 中建立几何模型。

学习目标

　　※ 了解几何结构- DesignModeler（DM）。
　　※ 掌握在 DM 中创建草图与 3D 几何体。
　　※ 着重掌握如何从外部导入 CAD 文件。
　　※ 掌握在 DM 中应用概念建模。

2.1 认识DesignModeler

　　几何结构-DesignModeler（本书将其简写为DM）是ANSYS Workbench 2022集成的几何建模平台，DM类似于其他的CAD建模工具，不同的是它主要为FEM服务，因此具备了一些其他CAD软件不具备的功能，如梁模型、点焊设置、包围体操作、填充操作等。

　　在进行基本建模操作之前，先来认识一下DM的基本操作。

2.1.1 进入 DesignModeler

　　在ANSYS Workbench主界面的组件系统中双击几何结构，即可进入DM，初次进入后会弹出如图2-1所示的DM操作界面。

　　在菜单栏中依次选择"单位"→需要的单位，即可选择相应的单位制，如图2-2所示。

 通常情况下可根据绘图需要选择毫米。

　　在DM中几何建模通常是由CAD几何体开始的，有如图2-3所示的两种方式。

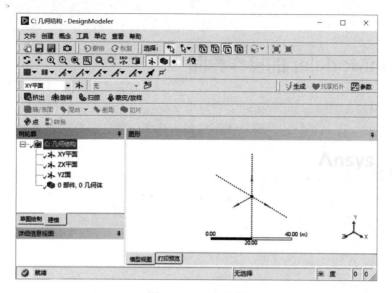

图 2-1　DM 主界面

图 2-2　选择单位

图 2-3　进入 DM 建模方式

- 从外部活动的 CAD 系统（Pro/Engineer、SolidWorks 等）中探测并导入当前的 CAD 文件，该导入方式为双向模式，具体方法为：在 DM 中选择菜单栏中的"文件"→"附加到活动 CAD 几何结构"（从活动的 CAD 系统中导入 CAD 几何体）。

　当外部系统是开启时，则 DM 与 CAD 之间存在关联性。

- 导入 DM 所支持的特定格式的几何体文件（Parasolid、SAT 格式等），该导入方式为 Reader 模式（只读模式），具体方法为：在 DM 中选择菜单栏中的"文件"→"导入外部几何结构文件"。

　在 ANSYS 中不能通过 DM 中的几何体直接导入 Simulation 中。

导入几何体时输入的选项包括：几何体类型（实体、表面、全部）、简化几何体、校验/修复几何体等内容。其中简化几何体有几何体、拓扑两种方法。

- 几何体：如有可能，将 NURBS 几何体转换为解析的几何体。
- 拓扑：合并重叠的实体。

2.1.2 DesignModeler 的操作界面

如图2-4所示为DM的典型操作界面,实际上它与当前流行的三维CAD软件类似,其操作方式也类似。DM操作界面包括菜单栏、工具栏、树轮廓、图形窗口、模式标签、参数列表等内容。

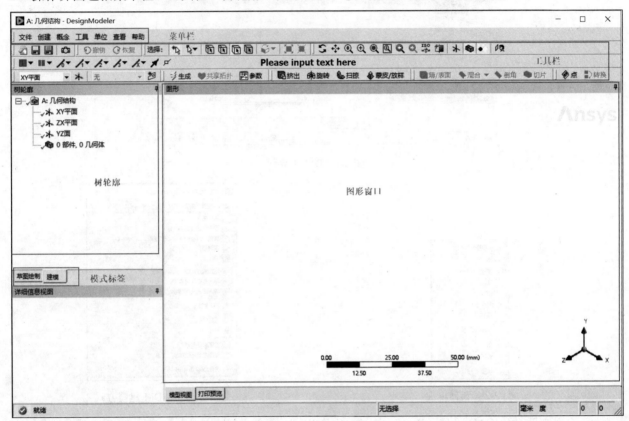

图 2-4 DM 操作界面

其中树轮廓提供了用户在设计时的步骤,将设计思路保留在设计树中,可方便用户查阅与修改。参数列表提供的是建模时所用到的相关参数,通过修改相关参数可以对模型进行控制。

1. 菜单栏

如同其他CAD软件,DM的主要功能均集中在各项主菜单中,包括文件、创建、工具等内容。

- 文件:包含基本的文件操作命令,主要有文件的输入、输出、保存以及脚本的运行等命令。
- 创建:包含创建 3D 图形和修改图形的工具命令(如拉伸、布尔运算、倒角等)。
- 概念:包含修改线和曲面体的工具。
- 工具:包含整体建模、参数管理、定制用户程序等操作命令。
- 查看:包含用来修改显示设置的菜单命令。
- 帮助:用于获取 DM 的相关帮助信息,在实际应用中随时可以调用。

2. 工具栏

为了方便操作，DM将一些常见的功能以工具栏的形式组合在一起，放置在菜单栏的下方。常用的工具栏如图2-5所示。

图 2-5　常用工具栏

- 文件操作工具栏：包含常用的 DM 应用命令，如新建、保存、输出等，方便用户操作。
- 图形选取过滤器工具栏：主要用来控制图形的选取，包括点、线、面、体的选择等，方便在绘图时选取对象。
- 图形显示控制工具栏：可以用来激活鼠标视角的控制，通过对图形的放大、缩小、移动、全局等操作控制图形的显示效果。
- 平面/草图控制工具栏：控制选择草图绘制的基准面，还可以定义草图名称。
- 几何建模工具栏：用于 3D 界面的各种运算，包括拉伸、旋转、扫描、蒙皮等操作，以生成 3D 几何体。

3. 树轮廓

如同其他3D设计软件，树轮廓区域中显示的内容与建模的逻辑相匹配，建模的整个过程可以显示在树轮廓的相关分支中，以方便查阅与修改。

4. 模式标签

用来进行草图与模型间的切换。草图与模型是在不同的图形编辑环境下进行的。

5. 参数列表

显示绘图命令的详细信息，通过参数列表可以定义相应的尺寸值等内容。

6. 图形窗口

显示图形的绘制结果，在图形窗口中可以直接预览图形的最终效果。

2.1.3　DesignModeler 的鼠标操作

在DM建模中鼠标操作是必不可少的，通常用户使用的为三键鼠标，其功能如表2-1所示。

表 2-1　DM 中的鼠标操作方式

鼠标按键	配合应用	功　　能
左键	单击鼠标左键	选择几何体
	Ctrl+单击左键	添加或移除选定的实体
	按住左键+拖动光标	连续选择实体

（续表）

鼠标按键	配合应用	功　能
中键	按住中键	自由旋转
	Ctrl+按住中键	拖动实体
	滚动	缩小/放大实体
右键	右击	弹出快捷菜单
	按住鼠标右键框选	窗口框选缩放（快捷操作）

2.1.4　图形选取与控制

在建模时常会要求模型的起始位置位于某个面或者边上，因此需要选择该面或者边进行操作，这时就要进行图形选取过滤操作。例如在"图形选取过滤器"工具栏中选择"面"，则此时在操作时只能选择面。

图形选取过滤是通过"图形选取过滤器"工具栏实现的，通过激活一个选取过滤器可以控制特性选取，其按钮如图2-6所示。

为了更方便地观察窗口中的视图，DM提供了"图形显示控制"工具栏来控制图形的显示，工具栏的按钮如图2-7所示，使用时需要与鼠标配合。

图 2-6　"图形选取过滤器"工具栏 　　　　　图 2-7　"图形显示控制"工具栏

2.1.5　DesignModeler 几何体

在ANSYS Workbench中，DM几何体建模主要包含以下4个基本方面。

- 草图模式：包括创建二维几何体工具，这些二维几何体为 3D 几何体的创建和概念建模做准备。
- 3D 几何体：将草图进行拉伸、旋转、表面建模等操作后得到的几何体。
- 几何体输入：直接导入商业化 CAD 模型进入 DM 并对其进行修补，使之适应有限元网格划分。
- 概念建模：用于创建和修补直线和表面实体，使之能应用于创建梁和壳体的有限元模型。

2.2　DesignModeler草图模式　▶

DM草图是在平面上创建的，通常一个DM交互对话在全局直角坐标系原点中有三个默认的正交平面（XY平面、ZX平面、YZ平面）可以选为草图的绘制平面，还可以根据需要创建任意多的工作平面。草图的绘制过程主要分为以下两个步骤。

（1）定义绘制草图的平面。除全局坐标系的三个默认的正交平面外，还可以根据需要定义原点和方位，或通过使用现有几何体做参照平面创建和放置新的草绘工作平面。

（2）在所希望的平面上绘制或识别草图。

2.2.1　创建新平面

新平面的创建是通过单击"平面/草图控制"工具栏中的"新平面"按钮 ⚛ 来创建的。创建新平面后，树形目录中会显示新平面对象，如图2-8所示，此时即可在平面中绘制草图。

在平面参数设置栏中，构建平面的8种类型如下。

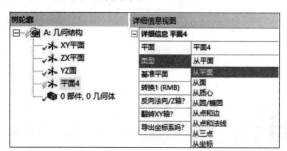

- 从平面：基于另一个已有平面创建平面。
- 从面：从体的表面创建平面。
- 从质心：从体的质心创建平面。
- 从圆/椭圆：从圆或椭圆创建平面。
- 从点和边：通过一点和一条直线的边界定义平面。
- 从点和法线：通过一点和一条边界方向的法线定义平面。
- 从三点：通过三点定义平面。
- 从坐标：通过键入距离原点的坐标和法线定义平面。

图 2-8　创建新平面

2.2.2　创建新草图

新草图的创建是在激活平面上，通过单击"平面/草图控制"工具栏中的"新草图"按钮 到 来完成的。新草图创建后放在树形目录中，且在相关平面的下方，如图2-9所示。

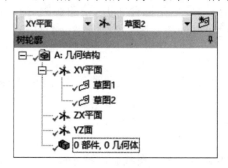

图 2-9　创建新草图

2.2.3　草图模式

选择了新草图之后，单击工具箱下方的"草图绘制"选项，即可进入草图绘制界面，在草图模式中，工具箱中包括一系列面板，如图2-10所示，图中给出了绘制、修改、维度三个面板，约束及设置面板没有给出。

（a）绘制面板

（b）修改面板

（c）维度面板

图 2-10　草图工具相关面板

 当创建或改变平面和草图时，单击"图形显示控制"工具栏中的"查看面/平面/草图"按钮可以立即改变视图方向，使该平面、草图或选定的实体与视线垂直。

　　ANSYS Workbench的草图绘制模式类似于AutoCAD、SolidWorks等CAD工具，绘制方法也类似，这里不再赘述，请参考相关学习资料，在本章后面的实例中根据实例操作即可快速掌握相关命令。

2.2.4　草图援引

　　"插入草图实例"是用来复制源草图并将其加入目标面中的一种草绘方法。复制的草图和源草图始终保持一致，也就是说复制对象随着源对象的更新而更新。

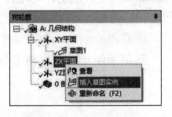

图 2-11　创建草图实例

　　在草图平面上右击，在弹出的快捷菜单中选择"插入草图实例"命令，然后在参数列表中设置草图等参数即可创建草图实例，如图2-11所示。

　　草图实例具有以下特性：

- 草图实例中的边界是固定的且不能通过草图进行移动、编辑或删除等操作。
- 草图在基准草图中改变时，援引草图也会随之被更新。
- 草图实例可以像正常草图一样用于生成其他特征。

 草图援引不能作为基准草图被其他草图援引，同时它不出现在草图的下拉菜单中。

2.3　创建3D几何体

　　草图进行拉伸、旋转或表面建模等操作后得到的几何体称为3D几何体，DM中包括实体、表面体、线体三种不同的体类型，其中实体是由表面和体组成的，表面体由表面（但没有体）组成，线体则完全由边线组成，没有面和体。

体在特征树中的图标取决于它的类型（实体、表面体或线体）。

在默认情况下，DM会自动将每一个体放在一个零件中。单个零件一般独自划分网格，其上的多个体可以在共享面上划分匹配的网格。

2.3.1 创建 3D 特征

3D特征操作通常是指由2D草图生成3D几何体。常见的特征操作包括挤出、旋转、扫掠、蒙皮/放样等，如图2-12所示。

图 2-12 常见的特征操作

DM生成3D几何体的过程与其他CAD软件的建模过程类似，对于常规的3D操作，如拉伸、旋转、扫描等不再赘述。

在DM中创建3D几何体的一些高级操作集成在DM的"创建"及"工具"菜单中，如图2-13所示为DM中的一些特性操作。

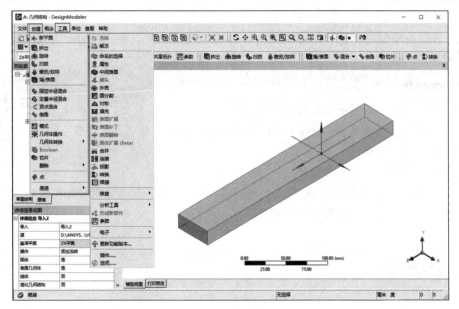

图 2-13 3D 几何体的高级操作命令

2.3.2 激活体和冻结体

在默认状态下，DM会将新的几何体与已有的几何体合并来保持单个体。通过激活或冻结体可以控制几何体的合并。在DM中存在激活及冻结两种状态的体。

1．激活体

体默认为激活状态，在该状态下，体可以进行常规的建模操作，如布尔操作等，但不能被切片，激活体在特征树形目录中显示为蓝色 ✓ ⚙。

切片操作是DM的特色之一，它主要是为网格划分中划分规则的六面体服务的。

2．冻结体

冻结体的目的是为仿真装配建模提供一种不同的选择方式。由于建模中的操作除切片外均不能用于冻结体，因此可以说冻结体是专门为体切片设置的。

对于一些不规则的几何体，首先要进行冻结，然后对其进行切片操作，切成规则的几何体，即可划分出高质量的六面体网格。

执行菜单栏中的"工具"→"冻结"操作时，选择的体将被冻结。

当选取冻结体后执行"工具"→"解冻"操作时，可以激活被冻结的体。

2.3.3　切片特征

在DM中，只有当模型完全由冻结体组成时，才可以使用切片。模型冻结后，选择菜单栏中的"创建"→"切片"命令，即可创建切片。

使用切片时，参数列表中有5个选项可供选择，如图2-14所示。

- 按平面切割：选定一个面并用此面对模型进行切片操作。
- 切掉面：在模型中选择表面，DM 将这些表面切开，然后就可以用这些切开的面创建一个分离体。
- 按表面切割：选定一个面来切分体。

图 2-14　切片特征参数

- 切掉边缘：在模型中选择边，DM 将这些边切开，然后就可以用这些切开的边创建一个分离体。
- 按边循环切割：选定一个闭环的边来切分体。

2.3.4　抑制体

体抑制是DM特有的一种操作，体被抑制后不会显示在图形窗口中，抑制体既不能送到其他Workbench模块中用于网格划分与分析，也不能导出为Parasolid（.x_t）或ANSYS Neutral文件（.anf）格式。抑制体在设计树中显示为 ✗ ⚙。

如图2-15所示，在设计树中选择体并右击，在弹出的快捷菜单中选择"抑制几何体"命令，即可将选择的体抑制。

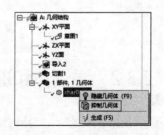

图 2-15　抑制体执行命令

解除抑制的方法与抑制体相同，首先选择需要解除抑制的体，然后右击，在弹出的快捷菜单中取消"抑制几何体"命令，即可将选择的被抑制的体解除抑制。

2.3.5 面印记

面印记与切片操作类似，是DM操作的特色功能之一。面印记仅用来分割体上的面，根据需要也可以在边线上增加印记（但不创建新体）。

具体来讲，面印记可以用来在面上划分出适用于施加载荷或约束的位置，如在体的某个面的局部位置添加载荷，此时就需要在施加载荷的位置采用面印记功能添加面印记。

添加面印记的操作步骤如下。

步骤 01 单击图形选取过滤器工具栏中的"选择面"按钮，然后在体上选择一个需要添加面印记的面，如图2-16所示。

步骤 02 将模式标签切换到草图模式，单击图形显示控制工具栏中的"查看面/平面/草图"按钮。

图 2-16 添加面印记

步骤 03 单击绘图面板中的 **矩形** 按钮，在图形中绘制矩形，单击维度面板中的 **通用** 按钮，标注绘制的矩形尺寸，并在参数列表中修改矩形的尺寸为20mm，绘制成一个矩形，如图2-17所示。

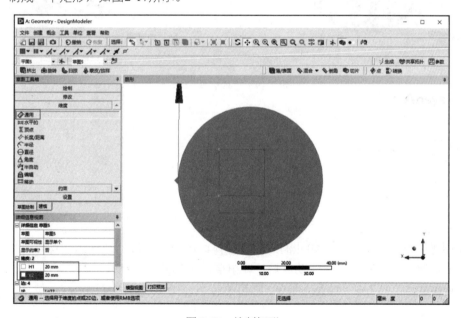

图 2-17 绘制矩形

步骤 04 将模式标签切换回建模模式，单击几何体建模工具栏中的 **挤出** 按钮，在参数列表栏中的"操作"选项的下拉列表中选择"面印记"选项，如图2-18所示。

步骤 05 单击工具栏中的 **生成 (F5)** 按钮，此时即可生成表面印记，如图2-19所示为选中面后的效果，图（a）为选中的原面，图（b）为选中生成的面印记。

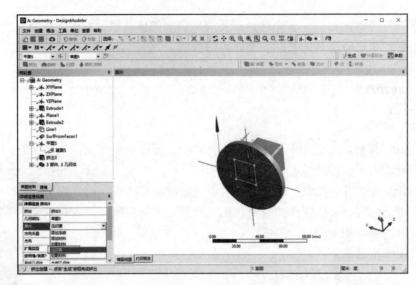

图 2-18　设置选项

（a）选中原面　　　　　　　　　　　　　　　（b）选中面印记

图 2-19　生成表面印记

2.3.6　填充与包围操作

填充与外壳操作主要是为计算流体力学及电磁场服务的。

1．填充

填充是指创建填充体内部空隙（如孔洞）的冻结体，该操作对激活或冻结体均可应用。填充仅对实体进行操作，通常用于在CFD中创建流动区域，在电磁场中创建磁场感应区域。

执行菜单栏中的"工具"→"填充"命令，即可执行填充操作，通常有按空腔及按盖两种填充方法，如图2-20所示。

2．外壳

外壳是指在体附近创建周围区域以方便模拟场区域（CFD、EMAG等），执行菜单栏中的"工具"→"外壳"命令，即可执行外壳操作，外壳可以采用框、圆柱体、球体或者用户定义的形状，如图2-21所示。

图 2-20　填充命令

图 2-21　外壳命令

 包围操作可以对所有的体或者选中的体，允许自动创建多体部件，确保原始部件和场域在网格划分时节点匹配。

2.3.7　创建多体部件体

在ANSYS Workbench中部件是体的载体，默认情况下DM将每一个体自动放入部件中。在DM中可以将多个体置于部件中构成复合体——多体部件体（Multi-body Parts），此时它们共享拓扑，即离散网格在共享面上匹配。

新部件的构成通常是先在图形屏幕中选定两个或多个体素，然后执行菜单栏中的"工具"→"合并"命令，如图2-22所示。选择三个零件生成一个体后的设计树，如图2-23所示。

图 2-22　合并菜单命令

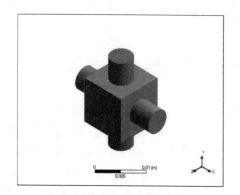

图 2-23　三个零件生成一个体

 如果要选择所有的体，可以在图形窗口中右击，在弹出的快捷菜单中选择Select All（选择所有）命令。

多个体、多个部件时，每个实体都能独立进行网格划分，但是节点不能共享，对应的节点没有连续性。

多个体通过布尔操作组成一个部件时，具有以下特点：

- 几个实体共同作为一个实体进行网格划分，无法真实地模拟实际情况。
- 由于多个体之间没有接触区，网格划分后没有内部表面。
- 组成一个零件后，所有的零件只能采用一种材料，对于多种材料的部件体不适用。

多个体共同组成多体部件时，具有以下特点：

- 每一个实体都独立划分网格，实体间的节点连续性被保留。
- 同一个多体部件可以由不同的材料组成。
- 实体间的节点能够共享且没有接触。

2.4 导入外部CAD文件

虽然大部分用户不熟悉DM的建模命令，但至少能熟练精通其他任一种CAD建模软件。在使用ANSYS Workbench时，用户在自己精通的CAD软件系统中创建新的模型再将其导入DM中即可。DM与当前流行的主流CAD软件均能兼容，并能与其协同建模，它不仅能读入外部CAD模型，还能嵌入主流CAD系统中。

2.4.1 非关联性导入文件

在DM中，选择菜单栏中的"文件"→"导入外部几何结构文件"，即可导入外部几何体。采用该方法导入的几何体与原先的外部几何体不存在关联性。

DM支持导入的第三方模型格式有：ACIS（SAT）、CADNexus/CATIA、IGES、Parasolid、STEP等。

 DM不仅能够从外部导入几何体，同时也能向外输出几何体模型，其命令为：文件→导出。

2.4.2 关联性导入文件

在DM中建立与其他CAD建模软件的关联性，即实现二者之间的互相刷新、协同建模，可以提高有限元分析的效率。这就需要将DM嵌入到主流的CAD软件系统中，若当前CAD已经打开，在DM中输入CAD模型后，它们之间将保持双向刷新功能。参数采用的默认格式为DS_XX形式。

目前DM支持协同建模的CAD软件有：Autodesk Inventor、CoCreate Modeling、Mechanical Desktop、Pro/Engineer、Solid Edge、SolidWorks、UG NX等。

2.4.3 导入定位

在DM中，CAD几何模型的导入和关联都是有基准面属性的，导入和关联时需要指定模型的参考面

（方向）。在导入前，需要从树状视图或者平面下拉列表中选择平面作为参考面。当进行新的导入或关联操作时，激活平面为默认的基准平面。

2.4.4　创建场域几何体

在导入CAD文件时，多数情况下导入的是实体模型，在特殊情况下，可能会对实体部件周围或者所包含的区域进行分析（如流体区域）。创建场域几何体有外壳与填充两种方法，在上一节中已经介绍，这里不再赘述。

2.5　概念建模

概念建模用于创建、修改线体和面体，并将其变为有限元的梁或板壳模型。可以采用以下两种方式进行概念建模。

- 利用绘图工具箱中的特征创建线或表面体，来设计 2D 草图或生成 3D 模型。
- 利用导入外部几何体文件特征直接创建模型。

 DM目前只能识别由CAD软件导入部件的实体和面体，无法识别线体，故Workbench中只能在DM中通过概念建模生成线体模型。

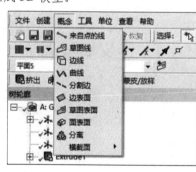

DM中的概念建模在主菜单中提供，如图2-24所示。

利用概念建模工具可以创建线体，包括从点生成线体、从草图生成线体、从边生成线体等；也可以创建面体，包括从线生成面体、从草图生成面体、从面生成面体等。

图 2-24　概念建模菜单

2.5.1　从点生成线体

在DM中可以从点直接生成线体，这些点可以是任何2D 草图点、3D 模型顶点。

从点生成线体命令中分段命令通常是一条连接两个选定点的直线。该特征可以产生多个线体，主要由所选点分段的连接性质决定。操作命令允许在线体中选择添加材料或选择添加冻结，如图2-25所示。

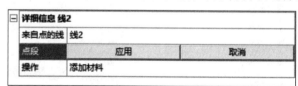

图 2-25　从点生成线体

2.5.2　从草图生成线体

从草图生成线体是基于草图和从表面得到的平面创建线体，多个草图、面以及草图与平面的组合均可作为基准对象来创建线体。

创建时首先在草图中完成2D图，然后在特征树形目录中选择创建好的草图或平面，最后在详细列表窗口中单击"应用"按钮即可，如图2-26所示。

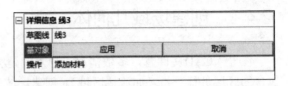

图 2-26　从草图生成线体

2.5.3　从边生成线体

从边生成线体是基于已有的2D和3D模型边界创建线体，根据所选边和面的关联性可以创建多个线体。该特征适用于从外部导入的CAD几何体及DM自身创建的几何体。

创建时首先选择边或面，然后在详细列表窗口中单击"应用"按钮即可创建线体。

2.5.4　定义横截面

通常情况下，梁单元需要定义一个横截面，在DM中横截面是作为一种属性赋给线体的，这样就可以在有限元仿真中定义梁的属性。如图2-27所示为DM中自带的横截面，它们是通过一组尺寸来控制横截面形状的。

横截面创建好之后，需要将其赋给线体，具体操作为：在树形目录中点亮线体，此时横截面的属性出现在详细列表窗口中，在横截面的下拉列表中选择需要的横截面，如图2-28所示。

图 2-27　DM 中自带的横截面

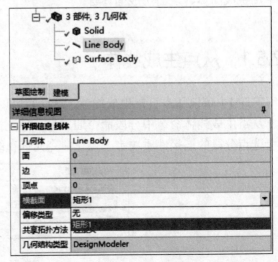

图 2-28　选取横截面

1．用户集成的横截面

在DM中可以使用"用户集成"命令中的横截面，此时无须画出横截面，只需在详细信息窗口中填写截面的属性即可，如图2-29所示。

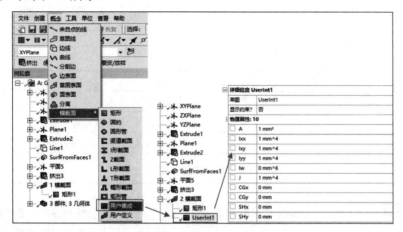

图 2-29　用户集成的横截面

详细信息窗口中的物理属性下的主要参数的含义如表2-2所示。

表 2-2　物理参数含义

参　数	含　义	参　数	含　义
A	截面面积	J	扭转常量
Ixx	X 轴的转动惯量	CGx	质心的 X 坐标
Ixy	惯性积	CGy	质心的 Y 坐标
Iyy	Y 轴的转动惯量	SHx	剪切中心的 X 坐标
Iw	翘曲常量	SHy	剪切中心的 Y 坐标

2．创建已定义的横截面

在DM中也可以创建用户定义的横截面，此时无须出横截面，只需基于已定义的闭合草图来创建截面的属性。创建用户定义的横截面的步骤如下。

（1）选择菜单栏中的"概念"→"横截面"→"用户定义"命令，此时在树形目录中会多一个空的横截面草图，如图2-30所示。

（2）单击"草图绘制"标签绘制所需的草图，绘制的草图要求是闭合的。

（3）返回"建模"标签下，单击"生成"按钮，即可生成横截面。此时DM会计算出横截面的属性并在细节窗口中列出，这些属性不能更改。

图 2-30　用户定义横截面

3．对齐横截面

在DM中，横截面默认的对齐方式是全局坐标系的+Y方向，若该方向会导致非法的对齐，则系统将会使用+Z方向。

在经典ANSYS环境下，横截面位于YZ平面中，用X方向作为切线方向，实际上这种定位差异对分析结果并没有影响。

在ANSYS Workbench中，线体横截面的颜色含义如表2-3所示。树形目录中的线体图标含义如表2-4所示。

表 2-3　线体颜色含义

线体颜色	含　义
紫色	线体的截面属性未赋值
黑色	线体赋予了截面属性且对齐合法
红色	线体赋予了截面属性但对齐非法

表 2-4　线体图标含义

图　　标	颜　　色	含　　义
✓	绿色	合法对齐的赋值横截面
✓	黄色	没有赋值横截面或使用默认对齐
❶	红色	非法的横截面对齐

4. 偏移横截面

将横截面赋给一个线体后，可以利用详细信息窗口中的属性指定横截面的偏移类型，主要有质心、剪切中心、原点、用户定义等，如图2-31所示。

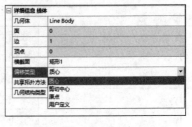

- 质心：该选项为默认选项，表示横截面中心和线体质心相重合。
- 剪切中心：表示横截面剪切中心和线体中心相重合，剪切中心和质心的图形显示看起来是一样的，但分析时使用的是剪切中心。
- 原点：横截面不偏移，按其在草图中的样式放置。

图 2-31　偏移横截面参数

- 用户定义：用户通过指定横截面 X 方向和 Y 方向上的偏移量来定义偏移量。

2.5.5　从线生成面体

从线建立面体是指用线体边作为边界创建面体，线体边不能有交叉的闭合回路，每个闭合回路都创建一个冻结表面体，回路应该形成一个可以插入模型的简单表面形状，包括平面、圆柱面、圆环面、圆锥面、球面和简单扭曲面等。

选择菜单栏中的"概念"→"边表面"命令，即可从线建立面体，如图2-32所示。

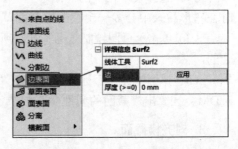

 无横截面属性的线体可以将表面模型连在一起，在此情况下线体仅仅起到确保表面边界有连续网格的作用。

图 2-32　从线生成面体

2.5.6 从草图生成面体

从草图生成面是指由草图作为边界创建面体，草图可以是单个或多个，但不能是自相交叉的闭合剖面。从草图生成面体的操作方法如图2-33所示。

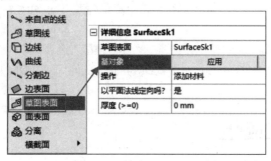

图 2-33 从草图生成面体

2.5.7 从面生成面体

从面生成面体是指由面直接创建面体，从面生成面体的操作方法如图2-34所示，相关参数的设置这里不再赘述。

图 2-34 从面生成面体

2.6 创建几何体的实例操作

下面通过一个简单的零件建模操作，介绍如何在DM中创建草图、如何由草图生成几何体等，并介绍通过线创建线体、通过面创建面体等操作。通过本节的学习，读者可以基本上掌握在ANSYS Workbench中的建模方法。

在后面章节的学习过程中将直接采用导入模型的建模方式，而不再单独对建模进行讲解。

2.6.1　进入 DM 界面

步骤01　在Windows系统下执行"开始"→"所有程序"→ANSYS 2022→Workbench 2022命令，启动
ANSYS Workbench 2022，进入主界面。

步骤02　在ANSYS Workbench主界面中执行单位→质量标准（kg, mm, s, ℃, mA, N, mV）命令，设置模
型单位。

步骤03　双击主界面工具箱中的"组件系统"→"几何模型"选项，即可在项目管理区创建分析项目A。

步骤04　双击项目A中的A2栏Geometry，进入DM界面，此时即可在DM中创建几何模型。

2.6.2　绘制零件底部圆盘

1．选择绘制草绘平面

步骤01　在DM设计树中选择XYPlane（XY平面），单击"草图绘制"标签，进入草图绘制环境，即可
在XY平面上绘制草图。

步骤02　单击图形显示控制工具栏中的"查看面/平面/草图"按钮 ，如图2-35所示。

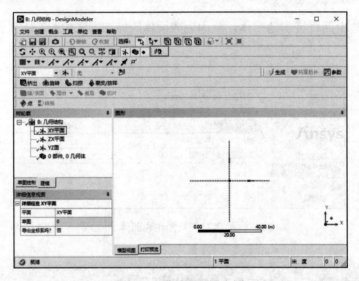

图 2-35　草绘平面示意图

 根据用户需要也可以自行创建草图绘制平面，而并非一定要在默认平面上绘制。

2．绘制拉伸草图

步骤01　选择绘图面板中的"圆"命令，以坐标原点为圆心绘制一个圆。

步骤02　选择维度面板中的"通用"命令，单击选择圆，尺寸位置为圆标注尺寸，此时圆上显示符号标
记D1，如图2-36所示。

步骤03　在参数列表中的"维度"下修改圆的尺寸参数D1为64mm。

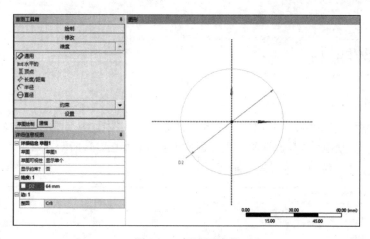

图 2-36　标注圆直径

3. 创建拉伸特征

步骤 01 单击几何建模工具栏中的"挤出"按钮，在参数列表中设置几何结构为Sketch1，设置"FD1，深度"为5mm，如图2-37所示。

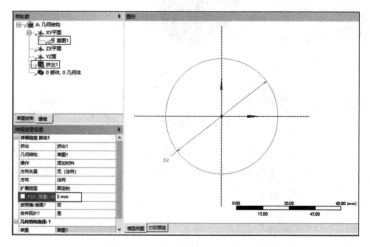

图 2-37　设置圆的拉伸值

步骤 02 在设计树中的"挤出"选项上右击，在弹出的快捷菜单中选择"生成"命令，即可生成拉伸特征，按住鼠标中键调整视图，得到的拉伸特征效果如图2-38所示。

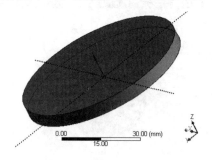

图 2-38　生成底部圆盘效果图

2.6.3 创建零件肋柱

1. 创建草图平面

步骤 01 单击"平面/草图控制"工具栏中的创建"新平面"按钮 ✈ 创建新平面,在参数列表中,将类型设置为"从面",并选择零件上表面作为基面,如图2-39所示,单击"应用"按钮完成选择。

步骤 02 单击"生成"按钮,生成草图平面。

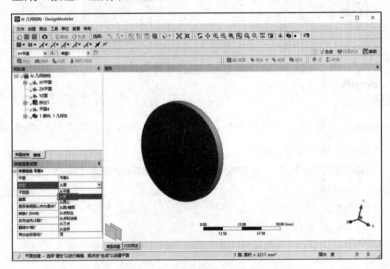

图 2-39 创建新平面

步骤 03 在DM设计树中选择刚刚创建的草绘平面,单击"草图绘制"标签,进入草图绘制环境。

步骤 04 单击"图形显示控制"工具栏中的"查看面/平面/草图"按钮 🔍,使草图绘制平面正视前方,方便绘制图形,如图2-40所示。

2. 创建草图

步骤 01 选择绘图面板中的"线"命令,绘制如图2-41所示的四边形。

步骤 02 选择约束面板中的"垂直"命令,单击左侧倾斜的直线,此时直线变为垂直。

步骤 03 选择维度面板中的"通用"命令,单击水平的直线,在适当的位置单击放置尺寸,此时尺寸符号标记为H12。利用同样的方法标注其他尺寸,效果如图2-42所示。

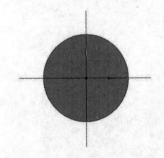

图 2-40 草图绘制平面正视前方

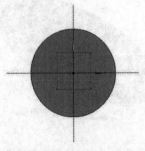

图 2-41 绘制四边形

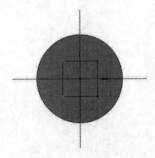

图 2-42 标注尺寸

步骤 **04** 在参数列表中的"维度"下修改尺寸参数H12、V5、V13为26mm，L10、L11为13mm。由此定义四边形的尺寸为以坐标原点为圆心的正方形，如图2-43所示。

尺寸参数在标注时，后面的数值会根据标注次数的不同而有所差异，但不影响标注的效果。

步骤 **05** 选择修改面板中的"圆角"命令，在其后的参数半径中设置尺寸为2.5mm，如图2-44所示。单击两两相邻的直线，即可将四边形的四个角绘制成为圆角，如图2-45所示。

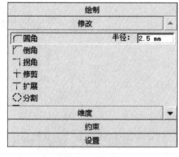

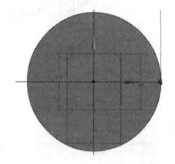

图 2-43 设置尺寸参数   图 2-44 圆角命令   图 2-45 圆角效果

3．拉伸生成体

步骤 **01** 单击几何建模工具栏中的"挤出"按钮，在参数列表中设置几何结构为草图2，设置"FD1，深度"为30mm，如图2-46所示。

步骤 **02** 在设计树中的"挤出2"选项上右击，在弹出的快捷菜单中选择"生成"命令，即可生成挤出特征，按住鼠标中键调整视图，得到的挤出特征效果如图2-47所示。

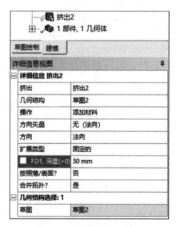

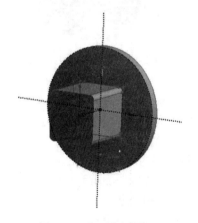

图 2-46 设置挤出参数   图 2-47 挤出特征效果

2.6.4 生成线体

步骤 **01** 选择菜单栏中的"概念"→"边线"命令，执行从边生成线体命令。

步骤 **02** 单击选择如图2-48所示的圆边，在参数设置列表中单击"应用"按钮，此时选中的边线呈绿色显示。

步骤 **03** 单击"生成"按钮，生成线体。此时设计树中显示刚刚创建的线体，如图2-49所示。

图 2-48　选中生成线体的边线

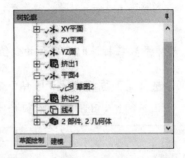

图 2-49　设计树中显示创建的线体

2.6.5　生成面体

步骤 **01** 选择菜单栏中的"概念"→"面表面"命令，执行通过面生成面体命令。

步骤 **02** 单击选择如图2-50所示的面，在参数设置列表中单击"应用"按钮，此时选中的面呈绿色显示。

步骤 **03** 单击"生成"按钮，生成面体。此时设计树中显示刚刚创建的面体，如图2-51所示。

图 2-50　选中生成面体的面

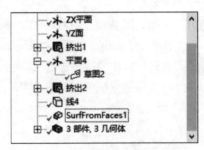

图 2-51　设计树中显示创建的面体

2.6.6　保存文件并退出

步骤 **01** 单击DM界面右上角的"关闭"按钮退出DM，返回Workbench主界面。

步骤 **02** 在Workbench主界面中单击常用工具栏中的"保存"按钮，将刚刚创建的模型文件保存为
char02-01。

步骤 **03** 单击右上角的"关闭"按钮，退出Workbench主界面，即可完成模型的创建。

2.7　外部模型导入实例操作

　　本实例将外部三维软件创建的三维模型导入ANSYS Workbench中进行概念建模，并创建相关的面体、
线体等。

2.7.1　外部几何模型导入

步骤 **01**　启动ANSYS Workbench 2022，创建几何结构分析项目A，导入char02-02.stp模型，如图2-52所示。

步骤 **02**　双击项目A中的A2栏"几何结构"选项，进入DM界面，此时在DM设计界面左侧的设计树中会出现 导入1 项，如图2-53所示。

步骤 **03**　在 导入1 上右击，在弹出的快捷菜单中选择"生成"命令，即可在图形界面显示如图2-54所示的零件。

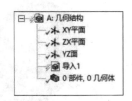

图 2-52　导入外部 CAD 文件　　　　图 2-53　设计树窗口　　　　图 2-54　显示零件

2.7.2　创建线体

步骤 **01**　选择菜单栏中的"概念"→"边线"命令，执行从边生成线体命令，如图2-55所示。

步骤 **02**　单击选择如图2-56所示的圆边，在参数设置列表中单击"应用"按钮，此时选中的边线呈绿色显示。

步骤 **03**　单击"生成"按钮，生成线体1。

步骤 **04**　利用上面的方法执行从边生成线体命令，单击选择如图2-57所示的圆边，在参数设置列表中单击"应用"按钮。

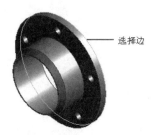

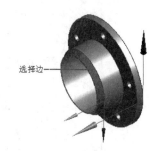

图 2-55　执行生成线体命令　　　图 2-56　选择模型的边　　　图 2-57　选择模型的边

步骤 **05**　单击"生成"按钮，生成线体2。

2.7.3 生成面体

步骤 **01** 选择菜单栏中的"概念"→"边面体"命令，执行通过边生成面体命令。

步骤 **02** 单击选择如图2-58所示的边，在参数设置列表中单击"应用"按钮，此时选中的面呈绿色显示。

步骤 **03** 单击"生成"按钮，生成面体Surf1。

步骤 **04** 选择菜单栏中的"概念"→"面表面"，执行通过面生成面体命令。

步骤 **05** 单击选择如图2-59所示的5个圆孔面，在参数设置列表中单击"应用"按钮，此时选中的面呈绿色显示。

  选择多个面体时，可以按住Ctrl键来实现。

步骤 **06** 单击"生成"按钮生成面体，此时设计树中显示刚刚创建的面体（共5个面体），如图2-60所示。

图 2-58 选中生成面体的边   图 2-59 选中生成面体的面   图 2-60 设计树中显示创建的面体

2.7.4 创建横截面

步骤 **01** 执行菜单栏中的"概念"→"横截面"→"圆形面"命令，如图2-61所示，此时圆环截面的显示如图2-62所示。

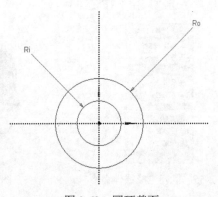

图 2-61 创建圆环截面   图 2-62 圆环截面

步骤 02 在参数列表中设置各参数：Ri=0.01m，Ro=0.02m，如图2-63所示，此时设计树如图2-64所示。

图 2-63　设置圆环截面参数　　　　　　　　　图 2-64　创建圆环截面后的设计树

2.7.5　为线体添加横截面

步骤 01 选择设计树中的线体，然后在参数设置列表横截面中选择截面CircularTube1，如图2-65所示，即可将圆环截面添加到线体上。

步骤 02 利用同样的方法，将圆环截面添加到另一线体上，如图2-66所示。

图 2-65　将圆环截面添加到线体 1　　　　　　图 2-66　将圆环截面添加到线体 2

2.7.6　保存文件并退出

步骤 01 单击DM界面右上角的"关闭"按钮退出DM，返回Workbench主界面。

步骤 02 在Workbench主界面中单击常用工具栏中的"保存"按钮，将刚刚创建的模型文件保存为char02-02。

步骤 **03** 单击右上角的"关闭"按钮,退出Workbench主界面,即可完成模型的创建。

2.8 本章小结

　　本章主要介绍了如何在ANSYS Workbench中建模,包括创建草图、3D几何体等,还介绍了如何导入外部CAD文件,以及如何进行概念建模等。在本章的最后给出了相关建模实例,通过实例能够使读者更好地掌握建模知识。

　　通常情况下,建模是在其他的CAD软件中进行的,然后导入Workbench中进行修改,以便进行网格划分,因此本章不再重点介绍如何绘制几何图形。

第3章
网格划分

 导言

    几何模型创建完毕后，需要对其进行网格划分以便生成包含节点和单元的有限元模型。网格划分在 ANSYS Workbench 2022 中是一个独立的工作平台，它可以为 ANSYS 不同的求解器提供对应的网格文件。有限元分析离不开网格的划分，网格划分的好坏将直接关系到求解的准确度以及速度。

    网格划分的目的是对流体和结构模型实现离散化，把求解域分解成可得到精确解的适当数量的单元。

 学习目标

    ※ 了解 ANSYS Workbench 网格划分平台。
    ※ 掌握四面体网格的划分方法。
    ※ 掌握 ANSYS Workbench 网格参数的设置。
    ※ 掌握扫掠网格划分的方法。
    ※ 掌握多区网格划分的方法。

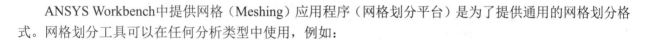

3.1　网格划分平台

    ANSYS Workbench中提供网格（Meshing）应用程序（网格划分平台）是为了提供通用的网格划分格式。网格划分工具可以在任何分析类型中使用，例如：

- FEA 仿真：包括结构动力学分析、显示动力学分析（AUTODYN、ANSYS LS/DYNA）、电磁场分析等。
- CFD 分析：包括 ANSYS CFX、ANSYS FLUENT 等。

3.1.1　网格划分特点

    在ANSYS Workbench中进行网格划分，具有以下特点：

- ANSYS 网格划分的应用程序采用的是 Divide & Conquer（分解克服）方法。
- 几何体的各部件可以使用不同的网格划分方法，即不同部件的体网格可以不匹配或不一致。

- 所有网格数据需要写入共同的中心数据库。
- 3D 和 2D 几何拥有各种不同的网格划分方法。

3.1.2 网格划分方法

ANSYS Workbench中提供的网格划分法可以在几何体的不同部位运用不同的方法。

1．对于三维几何体

对于三维几何体（3D）有如图3-1所示的几种不同的网格划分方法。

（1）自动划分法

自动设置四面体或扫掠网格划分，如果体是可扫掠的，则体将被扫掠划分网格，否则将使用四面体下的四面体网格划分器划分网格。同一部件的体具有一致的网格单元。

（2）四面体划分法

四面体划分法包括补丁适形划分法（Workbench自带功能）及补丁独立划分法（依靠ICEM CFD Tetra Algorithm软件包实现）。补丁独立划分法的参数设置如图3-2所示。

图 3-1 3D 几何体的网格划分法

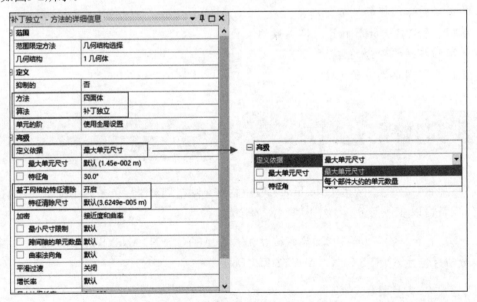

图 3-2 补丁独立划分法的参数设置

补丁独立网格划分时可能会忽略面及其边界，若在面上施加了边界条件，则不能忽略。它有两种定义方法：最大网格尺寸用于控制初始单元划分的大小；每个部件大约的单元数用于控制模型中期望的单元数（可以被其他网格划分控制覆盖）。

当基于网格的特征清除设为开启时，在"特征清除尺寸"选项中设置某一数值，程序会根据大小和角度过滤掉几何边。

（3）六面体主导划分法

首先生成四边形主导的面网格，然后得到六面体，最后根据需要填充棱锥和四面体单元。该方法适用于不可扫掠的体或内部容积大的体，而对体积和表面积比较小的薄复杂体、CFD无边界层的识别不适用。

（4）扫掠划分法

通过扫掠的方法进行网格划分，网格多是六面体单元，也可能是楔形体单元。

（5）多区划分法

多区及扫掠划分网格是一种自动几何分解方法。使用扫掠方法时，元件要被切成3个体来得到纯六面体网格。

2. 对于面体或壳二维几何

对于面体或壳二维（2D）几何，ANSYS Workbench提供的网格划分方法有以下4种。

- 四边形单元主导。
- 三角形单元。
- 均匀四边形/三角形单元。
- 均匀四边形单元。

3.1.3　网格划分技巧

不同的软件平台，网格的划分技巧也是不同的。针对ANSYS Workbench网格划分平台，网格的划分技巧如下。

1. 对于结构网格

- 可以通过细化网格来捕捉所关心部位的梯度（包括温度、应变能、应力能、位移等）。
- 结构网格大部分可划分为四面体网格，但首选网格是六面体单元。
- 有些显式有限元求解器需要六面体网格。
- 结构网格的四面体单元通常是二阶的（单元边上包含中节点）。

2. 对于CFD网格

- 可以通过细化网格来捕捉所关心部位的梯度（包括速度、压力、温度等）。
- 网格的质量和平滑度对结果的精确度至关重要（提高网格质量和平滑度会导致较大的网格数量，通常以数百万单元计算）。
- 大部分可划分为四面体网格，但首选网格是六面体单元。
- CFD 网格的四面体单元通常是一阶的（单元边上不包含中节点）。

3. 网格划分的注意事项

- 注意细节，几何细节是和物理分析息息相关的，不必要的细节会大大增加分析需求。
- 注意网格细化，复杂应力等区域需要较高密度的网格。
- 注意效率，大量的单元需要更多的计算资源（内存、运行时间），网格划分时需要在分析精度和资源使用方面进行权衡。

- 注意网格质量，在网格划分时，复杂几何区域的网格单元会变扭曲，由此导致网格质量降低，劣质的单元会导致较差的结果，甚至在某些情况下得不到结果。在 ANSYS Workbench 中有很多方法可用来检查单元网格的质量。

3.1.4 网格划分流程

在ANSYS Workbench中，网格的划分流程如下。

步骤01 设置划分网格目标的物理环境。
步骤02 设定网格的划分方法。
步骤03 设置网格参数（尺寸、控制、膨胀等）。
步骤04 创建命名选项。
步骤05 预览网格并进行必要的调整。
步骤06 生成网格。
步骤07 检查生成的网格质量。
步骤08 准备分析网格。

3.1.5 网格尺寸策略

对于划分不同分析类型的分析系统，网格尺寸的控制策略也不同，下面简单介绍力学分析及CFD分析的网格尺寸策略。

1. 力学分析网格尺寸策略

- 利用最小输入的有效方法来解决关键的特征。
- 定义或接受少数全局网格尺寸并设置默认值。
- 利用相关性和相关性中心进行全局网格调整。
- 根据需要可对体、面、边、影响球定义尺寸，可以对网格生成的尺寸施加更多的控制。

2. CFD网格尺寸策略

- 在必要的区域依靠高级尺寸功能细化网格，其中默认为曲率，根据需要可以选择接近。
- 识别模型的最小特征：设置能有效识别特征的最小尺寸，如果导致过于细化的网格需要在最小尺寸下作用一个固定尺寸，可以使用收缩控制来去除小边和面，以确保收缩容差小于局部最小尺寸。
- 根据需要可以对体、面、边或影响球定义软尺寸，可以对网格生成的尺寸设置更多的控制。

3.2 3D几何网格划分

所有的3D 网格划分方法都要求组成的几何为实体，若输入的是由面体组成的几何，则需要额外操作，将其转换为3D实体，才可进行3D网格划分，当然表面体仍可以使用表面网格划分法来划分。常见的3D网格基本形状如图3-3所示。

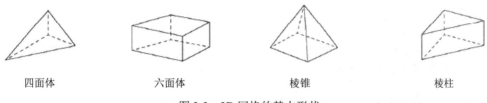

四面体　　　　　　　六面体　　　　　　　棱锥　　　　　　　棱柱

图 3-3　3D 网格的基本形状

其中四面体为非结构化网格，六面体通常为结构化网格，棱锥为四面体和六面体之间的过渡网格，棱柱由四面体网格被拉伸时生成。四面体网格划分在三维网格划分中是最简单的，因此本节将着重介绍四面体网格。

3.2.1　四面体网格的优缺点

四面体网格具有鲜明的优缺点。

- 优点：四面体网格可以施加于任何几何体，可以快速、自动生成；在关键区域容易使用曲度和近似尺寸功能自动细化网格；可以使用膨胀细化实体边界附近的网格（即边界层识别），边界层有助于面法向网格的细化，但在 2D（表面网格）中仍是等向的；为捕捉一个方向的梯度，网格在所有的三个方向细化，即等向细化。
- 缺点：在近似网格密度的情况下，单元和节点数高于六面体网格；网格一般不可能在一个方向排列；由于几何和单元性能的非均质性，故不适合薄实体或环形体；在使用等向细化时，网格数量急剧上升。

3.2.2　四面体网格划分时的常用参数

四面体网格划分时常用的参数如下。

- 最大、最小尺寸。
- 面、体尺寸。
- 高级尺寸。
- 增长比（对 CFD 逐步变化，避免突变）。
- 平滑（有助于获取更加均匀尺寸的网格）。

- 统计学。
- 网格质量。

3.2.3 四面体算法

在ANSYS Workbench网格划分平台下，有两种算法可以生成四面体网格，而且这两种算法均可用于CFD的边界层识别。

1．补丁适形

首先利用几何所有面和边的Delaunay或Advancing Front表面网格划分器生成表面网格，然后基于TGRID Tetra算法由表面网格生成体网格。

> 技巧提示　生成体网格的一些内在缺陷应在最小尺寸限度之下。

补丁适形算法包含膨胀因子的设定，用于控制四面体边界尺寸的内部增长率，CFD的膨胀层或边界层识别，可与体扫掠法混合使用产生一致的网格。

利用补丁适形生成四面体网格的操作步骤如下。

步骤01 右击网格，在弹出的快捷菜单中选择"插入"→"方法"命令，如图3-4所示，或者在工具栏中选择"网格"→"方法"命令，如图3-5所示。

步骤02 在网格参数设置栏中单击"几何结构"选项，在图形区域选择应用该方法的体，单击"应用"按钮。

图 3-4　快捷菜单

图 3-5　工具栏命令

步骤03 将定义栏的方法设置为"四面体"，如图3-6所示。将算法设置为"补丁适形"，如图3-7所示，即可使用补丁适形算法划分四面体网格。

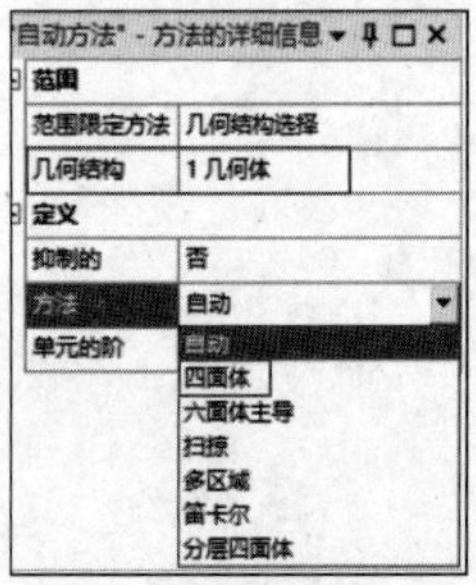

图 3-6　方法设置

图 3-7　算法设置

步骤**04** 按照上面的步骤可以对不同的部分使用不同的方法。

 多体部件可混合使用补丁适形四面体和扫掠方法生成共形网格，补丁适形方法有助于移除短边。

2．补丁独立

该算法用于生成体网格并映射到表面产生表面网格，如果没有载荷、边界条件或其他作用，则面和它们的边界（边和顶点）无须考虑。该算法是基于ICEM CFD Tetra的，Tetra部分具有膨胀应用。

补丁独立四面体的操作步骤与补丁适形相同，只是在设置算法时选择补丁独立即可。

 补丁独立对CAD许多面的修补均有用，包括碎面、短边、较差的面参数等。在没有载荷或命名选项的情况下，面和边无须考虑。

3.2.4 四面体膨胀

四面体膨胀的基本设置包括膨胀选项、前处理和后处理膨胀算法等，具体将在后面的章节中介绍，这里不再赘述。

3.3 网格参数设置

在利用ANSYS Workbench进行网格划分时，可以使用默认的设置，但要进行高质量的网格划分，还需要用户参与到网格的详细参数设置中去，尤其是对于复杂的零部件。

网格参数是在参数设置区进行的，同时该区还显示了网格划分后的详细信息。参数设置区包含显示、默认值、尺寸调整、质量、膨胀、高级、统计等信息，如图3-8所示。

划分网格目标的物理环境包括机械、非线性机械、电磁、CFD、显示及流体动力学等，如图3-9所示。设置完成后会自动生成相关物理环境的网格（如Mechanical、FLUENT、CFX等）。

图 3-8 网格参数设置   图 3-9 目标物理环境

在划分网格时，不同的分析类型需要有不同的网格划分要求。结构分析使用高阶单元划分较为粗糙的网格，CFD要求使用好的、平滑过渡的网格、边界层转化。不同的CFD求解器也有不同的要求，需要具体问题具体分析。

3.3.1 默认参数设置

关于默认参数的设置在前面的小节中已经介绍过了，这里仅介绍跨度角中心选项，如图3-10所示。跨度角中心有大尺度、中等及精细三个选项进行选择控制，效果如图3-11所示。

（a）大尺度　　　　　（b）中等　　　　　（c）精细

图 3-10　默认参数设置　　　　　　图 3-11　跨度角中心参数设置效果

3.3.2 尺寸调整

尺寸调整是在参数设置区进行设定的，尺寸调整包含的选项如图3-12所示。

- 全局尺寸控制：单元尺寸用来设置整个模型使用的单元尺寸，该尺寸将应用到所有的边、面和体的划分中。

 默认值是基于相关性和初始尺寸种子，在网格尺寸中可输入网格划分时需要的值，用于提高网格质量。

- 初始尺寸种子：初始尺寸种子用来控制每一个部件的初始网格种子，此时已定义单元的尺寸会被忽略，它包含"装配体"及"部件"两个选项。

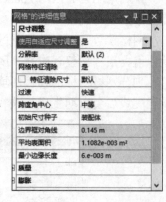

图 3-12　尺寸调整参数设置

　➤ 装配体：选择该设置时，不考虑抑制部件的数量，初始种子放入所有装配部件。由于抑制部件的存在，网格不会改变。

　➤ 部件：选择该设置时，初始种子在网格划分时放入个别特殊部件。由于抑制部件的存在，网格不会改变。

- 平滑网格：平滑是通过移动周围节点和单元的节点位置来改进网格质量的，包含低、中等、高三个选项可供选择。

- 过渡：过渡用于控制邻近单元增长比，包含快速、缓慢两个选项可供选择。通常情况下，CFD、Explicit 分析需要缓慢产生网格过渡，Mechanical、Electromagetics 需要快速产生网格过渡。
- 跨度角中心：跨度角中心用来设定基于边细化的曲度目标。控制网格在弯曲区域细分，直到单独单元跨越这个角，包含大尺度（60°~91°）、中等（24°~75°）、精细（12°~36°）三个选项可供选择，不同的跨度角中心的效果如图 3-13 所示。

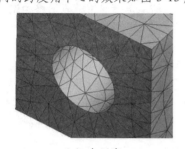
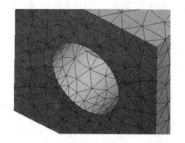

（a）大尺度　　　　　　　　　　　　　　（b）精细

图 3-13　不同跨度中心角对比

跨度中心角只有在使用自适应尺寸调整时才可使用。

3.3.3　膨胀控制

膨胀控制是通过边界法向挤压面边界网格转化实现的，主要应用于CFD（计算流体力学）分析中，用于处理边界层处的网格，实现从膨胀层到内部网格的平滑过渡，其中包括纯六面体及楔形体等，但这并不表示膨胀控制只能应用于CFD，在固体力学的FEM分析中，也可应用膨胀法来处理网格。

1. 膨胀选项

膨胀选项包括平滑过渡、总厚度、第一层厚度等选项，如图3-14所示。

（1）平滑过渡

该选项为默认选项，如图3-15所示，表示使用局部四面体单元尺寸计算每个局部的初始高度和总高度，以达到平滑的体积变化比。每个膨胀的三角形都有一个关于面积计算的初始高度，在节点处平均。这意味着对于均匀网格，初始高度大致相同；而对于变化网格，初始高度是不同的。

图 3-14　膨胀选项　　　　　　　　　　　图 3-15　"平滑过渡"默认选项

选择平滑过渡时，会出现过渡比选项，用于设置膨胀的最后单元层和四面体区域第一单元层间的体尺寸改变。

当求解器设置为 CFX 时，过渡比的默认体为0.77；对于其他物理选项(包括求解偏好设置为 Fluent 的 CFD)，过渡比的默认值为0.272。这是因为 Fluent 求解器是以单元为中心的，其网格单元等于求解器单元；而 CFX 求解器是以顶点为中心的，求解器单元是由双重节点网格构造的，因此会发生不同的处理。

（2）总厚度

总厚度用来创建常膨胀层，其参数如图3-16所示。可用层数的值和增长率来控制，以获得最大厚度控制的总厚度。不同于平滑过渡选项的膨胀，总厚度选项的膨胀的第一膨胀层和下列每一层的厚度都是常量。

（3）第一层厚度

第一层厚度用来创建常膨胀层，其参数如图3-17所示。可使用第一层高度、最大层数和增长率控制生成膨胀网格。不同于平滑过渡选项的膨胀，第一层高度选项的第一膨胀层和下列每一层的厚度都是常量。

2．膨胀算法

膨胀算法包括前、后期两个选项，如图3-18所示，各选项的使用方法如下。

  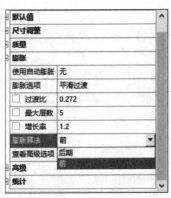

图 3-16　"总厚度"选项　　　图 3-17　"第一层厚度"选项　　　图 3-18　膨胀运算法则

- 前：是 TGrid 算法，该算法是所有物理类型的默认设置，运算时首先进行表面网格膨胀，然后生成体网格。前处理可以应用于扫掠和 2D 网格划分，但不支持邻近面设置不同的层数。
- 后期：是 ICEM CFD 算法，该算法是使用一种在四面体网格生成后作用的处理技术，只对补丁适形和补丁独立四面体网格有效。

3.3.4　网格质量

网格质量用来统计网格划分的结果，主要包括单元质量、纵横比及正交质量等方面的内容，如图3-19所示，这里不再详细讲解。

关于高级及其余相关参数的含义请参考ANSYS帮助文件，由于篇幅所限，这里不再赘述。

图 3-19　网格质量

3.4　扫掠网格划分

扫掠是指当创建六面体网格时先划分源面再延伸到目标面的一种网格划分方法，除源面及目标面以外的面都叫作侧面。扫掠方向或路径由侧面定义，源面和目标面间的单元层是由插值法建立并投射到侧面上去的。

　为划分比较完整的固体/流体网格，需要同时进行几个扫掠操作，为使可扫掠体得到共形网格，应将体组装进多体部件。

3.4.1　扫掠划分方法

使用扫掠划分方法能够实现可扫掠体六面体和楔形单元的有效划分。扫掠划分方法具有以下特点。

- 体相对源面和目标面的拓扑可实现手动或自动选择。
- 源面可划分为四边形和三角形面。
- 源面网格需要复制到目标面。
- 随着体的外部拓扑，生成六面体或楔形单元连接两个面。

一个可扫掠体需要满足下列条件。

- 包含不完全闭合空间。
- 至少有一个由边或闭合表面连接的从源面到目标面的路径。
- 没有硬性分割定义，在源面和目标面的相应边上可以有不同的分割数。

扫掠网格划分的操作步骤如下。

步骤 01　右击网格，在弹出的快捷菜单中执行"插入"→"方法"命令，如图3-20所示。

步骤 02　在网格参数设置栏中"几何结构"选项，在图形区域选择应用该方法的体，单击"应用"按钮，如图3-21所示。

步骤 03　将定义栏中的方法设置为"扫掠"，即可使用扫掠方法进行网格划分，如图3-22所示。

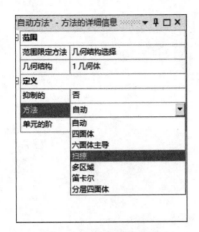

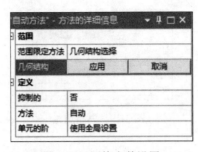

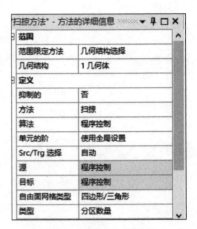

图 3-20　网格快捷菜单　　　　图 3-21　网格参数设置　　　　图 3-22　使用扫掠方法

在ANSYS Workbench网格划分中有3种六面体划分或扫掠方法。

- 普通扫掠方法：指单个源面对单个目标面的扫掠，该方法可以很好地处理扫掠方向拥有多个侧面的情况，扫掠时需要分解几何以使每个扫掠路径对应一个体。
- 薄扫掠方法：指多个源面对多个目标面的扫掠，该方法可以很好地替代壳模型中的面，以得到纯六面体网格。

当侧面相对于源面较大（通常指侧面与源面长径比大于1:5）、只有1个源面和1个目标面、扫掠方向沿路径改变时采用普通扫掠方法，反之则采用薄扫掠方法。

- 多区扫掠方法：是一种自由分解方法，支持多个源面对多个目标面的扫掠。

薄扫掠和多区扫掠方法的引入解决了普通扫掠方法难以解决的问题。薄扫掠方法善于处理薄部件的多个源面和目标面；多区扫掠方法提供非手动分解几何模型等自由分解方法，并支持多个源面和多个目标面的方法。

3.4.2　扫掠网格控制

使用扫掠方法进行网格划分时，网格的控制参数如图3-23所示。

- 自由面网格类型：包括四边形/三角形、全部四边形、全部三角形。
- 类型：包括单元尺寸、分区数量。

当扫掠几何包含许多扭曲/弯曲时，扫掠划分器会产生扭曲单元，从而导致网格划分失败，尤其是多步骤（如一系列的拉伸和旋转）创建的几何更容易产生问题，采用单个3D操作（例如采用扫掠操作代替一系列的拉伸和旋转操作）便可以避免该问题。

图 3-23　扫掠网格的控制参数

3.5 多区域网格划分

扫掠网格划分方法可以实现单个源面对单个目标面的扫掠,很好地处理扫掠方向的多个侧面。而本节要介绍的多区域网格划分为一种自由分解方法,可以实现多个源面对多个目标面的网格划分。

3.5.1 多区域划分方法

当划分相较于传统扫掠方法来说太复杂的单体部件、需要考虑多个源面和目标面、关闭对源面和侧面的膨胀、"薄"实体部件的源面和目标面不能正确匹配但关心目标侧面的特征时,就需要使用多区域网格划分法。

多区网格划分的操作步骤如下。

步骤 01 右击网格,如图3-24所示,在弹出的快捷菜单中执行"插入"→"方法"命令。

步骤 02 在网格参数设置栏中执行"几何结构"命令,在图形区域选择应用该方法的体,单击"应用"按钮,如图3-25所示。

步骤 03 将定义栏的方法设置为"多区域",即可使用多区方法进行网格划分,如图3-26所示。

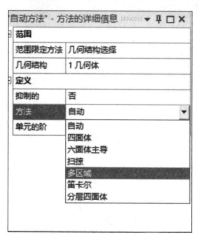

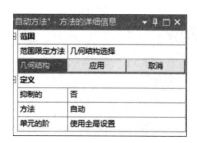

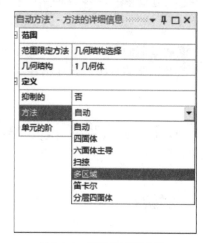

图 3-24　网格快捷菜单　　　　图 3-25　网格参数设置　　　　图 3-26　使用多区域方法

3.5.2 多区域网格控制

利用多区域方法进行网格划分时,网格的控制参数如图3-27所示。

- 映射的网格类型:包括六面体、六面体/棱柱、棱柱。
- 自由网格类型:包括不允许、四面体、四面体/金字塔、Hexa Dominant(六面体-支配)、六面体内核。
- Src/Trg 选择:包括自动、手动源。

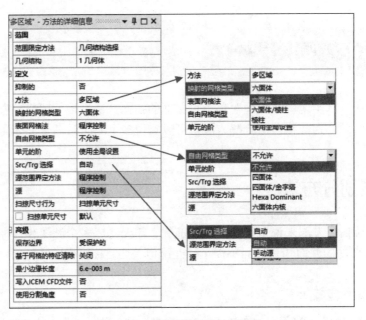

图 3-27 多区域网格的控制参数

3.6 网格划分案例

通过前面几节的学习，读者应该基本掌握了网格划分的方法。本节将通过实例来加强对网格划分的方法及思路的掌握，并介绍各网格参数的设置技巧。

3.6.1 自动网格划分案例

1. 启动Workbench并建立网格划分项目

步骤 **01** 在Windows系统下执行"开始"→"所有程序"→ANSYS 2022 →Workbench 2022命令，启动ANSYS Workbench 2022，进入主界面。

步骤 **02** 在ANSYS Workbench主界面中执行"单位"→"度量标准（tone,mm,s,℃,mA,N,mV）"命令，设置模型单位，如图3-28所示。

步骤 **03** 双击主界面工具箱中的"组件系统"→"网格"选项，即可在项目管理区创建分析项目A。

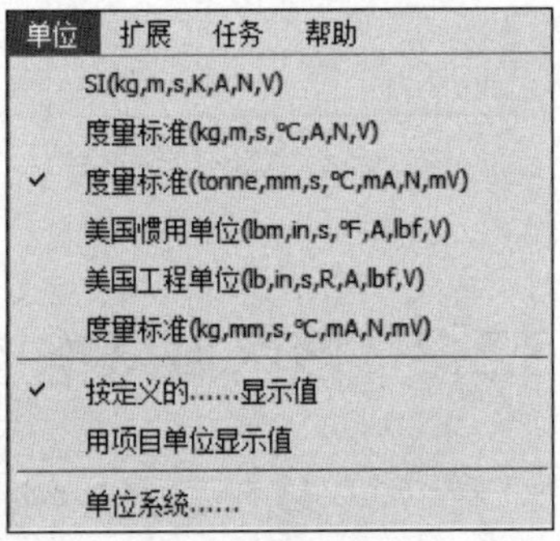

2. 导入创建几何体

步骤 **01** 在A2栏的"几何结构"选项上右击，在弹出的快捷菜单中执行"导入几何模型"→"浏览"命令，在弹出的"打开"对话框中选择文件路径，导入char03-01几何体文件，如图3-29所示。

图 3-28 设置单位

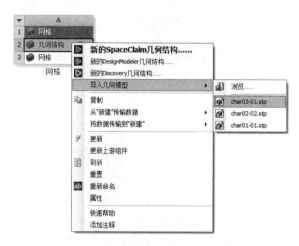

图 3-29　导入几何体

步骤 **02**　双击项目A中的A2栏"几何结构"选项，此时会进入DM界面，设计树中的"导入1"前显示✅，
表示需要生成，图形窗口中没有图形显示，如图3-30所示。

步骤 **03**　单击"生成"按钮，即可显示生成的几何体，如图3-31所示，此时可在几何体上进行其他操作，
本例无须进行操作。

图 3-30　生成前的 DM 界面

图 3-31　生成后的 DM 界面

步骤 **04**　单击DM界面右上角的"关闭"按钮，退出DM，返回Workbench主界面。

3．对模型进行网格划分

步骤 **01**　双击项目A中的A3栏"网格"选项，进入如图3-32所示的"网格-Meshing"界面，在该界面下
即可进行网格的划分操作。

步骤 **02**　选中"网格-Meshing界面"左侧中的"网格"选项，在参数设置列表中的"物理偏好"下设置
物理类型为"机械"，如图3-33所示。

步骤 **03**　执行控制工具栏中的"网格"→"方法"命令，此时会在设计树中添加"自动方法"项，如
图3-34所示。在自动方法的详细信息下的几何结构内选择需要划分的零件体模型，单击"应用"
按钮确认。

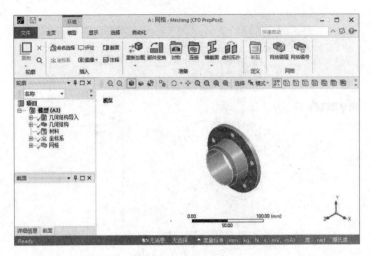

图 3-32 "网格-Meshing"界面

图 3-33 设置划分类型

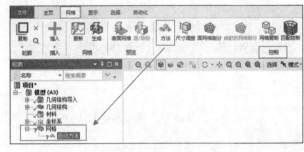

图 3-34 添加网格控制

步骤 04 在网格项上右击，在弹出的快捷菜单中执行"生成网格"命令，如图3-35所示。生成的网格效果如图3-36所示。

图 3-35 快捷菜单

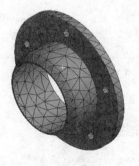

图 3-36 网格效果

4. 保存文件并退出

步骤 01 单击Meshing界面右上角的"关闭"按钮退出Meshing界面，并返回Workbench主界面。

步骤 02 在Workbench主界面中单击常用工具栏中的"保存"按钮，保存刚刚创建的模型文件。

步骤 03 单击主界面右上角的"关闭"按钮，退出Workbench，完成模型的网格划分。

3.6.2　网格划分控制案例

1. 启动Workbench并建立网格划分项目

步骤01　在Windows系统下执行"开始"→"所有程序"→ANSYS 2022→Workbench 2022命令，启动 ANSYS Workbench 2022，进入主界面。

步骤02　在ANSYS Workbench主界面中执行"Units（单位）"→"度量标准（kg,m,s,℃,A,N,V）"命令，设置模型单位。

步骤03　双击主界面工具箱中的"组件系统"→"网格"选项，在项目管理区创建分析项目A。

2. 导入创建几何体

步骤01　在A2栏的几何结构上右击，在弹出的快捷菜单中执行"导入几何模型"→"浏览"命令，如图3-37所示，此时会弹出"打开"对话框。

步骤02　在弹出的"打开"对话框中选择文件路径，导入char03-02几何体文件，此时A2栏几何结构后的 变为✓，表示实体模型已经存在。

步骤03　双击项目A中的A2栏"几何结构"选项，进入DM界面，设计树中导入1前显示，表示需要生成，图形窗口中没有图形显示。

图 3-37　导入几何体

步骤04　单击"生成"按钮，即可显示生成的几何体，如图3-38所示，此时可在几何体上进行其他操作，本例无须进行操作。

步骤05　单击DM界面右上角的"关闭"按钮，退出DM，返回Workbench主界面。

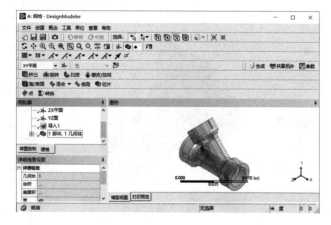

图 3-38　生成后的 DM 界面

3. 设置网格划分选项及默认网格显示

步骤01　双击项目A中的A3栏"网格"选项，进入如图3-39所示的"网格-Meshing"界面，在该界面下即可进行网格的划分操作。使用"菜单控制"→"方法"插入网格划分方法。

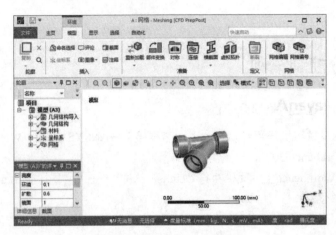

图 3-39　"网格-Meshing"界面

步骤 **02**　在目录树中单击"网格"选项，在界面下侧的网格的详细信息面板中设置物理偏好为"机械"。

步骤 **03**　在目录树中右击网格选项，在弹出的快捷菜单中选择"插入"→"方法"命令，在方法处选择"四面体"，算法为"补丁适形"，如图3-40所示。

步骤 **04**　在"网格"选项上右击，在弹出的快捷菜单中执行"生成网格"命令，如图3-41所示，生成的网格效果如图3-42所示。

步骤 **05**　单击"网格"选项，在参数设置列表中展开尺寸和统计项。在质量中选择"单元质量"选项，可以观察到网格划分后的状态，如图3-43所示。

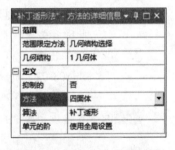

图 3-40　网格划分方法面板

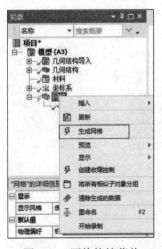

图 3-41　网格快捷菜单

图 3-42　网格效果

图 3-43　结构网格划分状态

4．CFD网格划分显示

步骤 **01**　在参数设置列表中将物理偏好改为CFD、求解器偏好改为Fluent，参数设置列表如图3-44所示。

步骤 **02**　在分析树中的"网格"选项上右击，在弹出的快捷菜单中执行"生成网格"命令。当弹出的网格划分进度条消失后生成的网格如图3-45所示。

图 3-44　CFD 网格划分状态

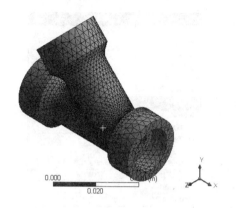

图 3-45　网格效果

5. 最大、最小尺寸控制

步骤01 在图形窗口中右击，在弹出的快捷菜单中执行"查看"→"顶部"命令，如图3-46所示，此时的视图如图3-47所示。

步骤02 单击工具栏中的"截面"按钮，如图3-48所示，在图形窗口中绘制一条直线，将图形剖开，如图3-49所示。

步骤03 按住鼠标中键，调整视图显示，以便观察剖切面的网格划分效果，如图3-50所示。

图 3-46　快捷菜单

图 3-47　调整后的视图效果

图 3-48　标准工具栏

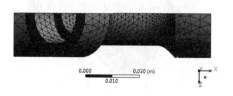

图 3-49　剖切效果

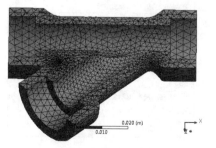

图 3-50　调整视图显示

步骤 **04** 在单元尺寸中输入5e-004m，如图3-51所示，执行生成"网格"命令生成网格，网格效果如图3-52所示。

图 3-51 参数设置列表

图 3-52 网格效果

6. 使用面尺寸

步骤 **01** 选中分析树中的"网格"选项，执行网格工具栏中的"控制"→"尺寸调整"命令，为网格划分添加尺寸调整，如图3-53所示，此时会在分析树中出现"尺寸调整"选项。

步骤 **02** 单击图形工具栏中"选择面"按钮，单击选择如图3-54所示的面。

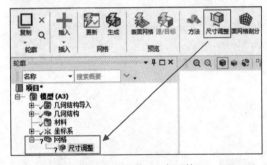

图 3-53 添加尺寸调整

图 3-54 选择面

步骤 **03** 在参数设置列表中单击几何模型后的"应用"按钮，完成面的选择，设置单元尺寸为2.e-003m，如图3-55所示。

步骤 **04** 执行"生成网格"命令生成网格，此时所选面的网格比邻近面的网格要细，如图3-56所示。

图 3-55 参数设置列表

图 3-56 网格效果

7. 保存文件并退出

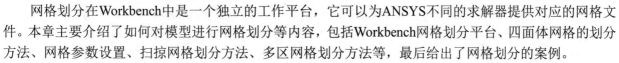

步骤 01 单击Meshing界面右上角的"关闭"按钮，退出"网格-Meshing"界面，返回Workbench主界面。

步骤 02 在Workbench主界面中单击常用工具栏中的"保存"按钮，保存刚刚创建的模型文件。

步骤 03 单击主界面右上角的"关闭"按钮，退出Workbench，完成模型的网格划分。

3.7 本章小结

　　网格划分在Workbench中是一个独立的工作平台，它可以为ANSYS不同的求解器提供对应的网格文件。本章主要介绍了如何对模型进行网格划分等内容，包括Workbench网格划分平台、四面体网格的划分方法、网格参数设置、扫掠网格划分方法、多区网格划分方法等，最后给出了网格划分的案例。

　　通过本章的学习，读者可以掌握对几何模型的网格划分方法，针对不同的求解器，可以了解并掌握不同的网格划分技巧。

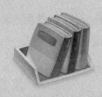

第4章

Mechanical 基础

 导言

在 ANSYS Workbench 中，Mechanical 是用来进行结构和热分析的。本章首先介绍 Mechanical 的工作环境、前处理操作，然后介绍如何在模型中施加载荷及约束等内容，最后介绍结果后处理等内容，而具体的结构分析及热分析等操作会在后面的章节中分别进行讲解。

 学习目标

※ 了解 Mechanical 操作环境。
※ 掌握如何在 Workbench 中添加材料。
※ 掌握 Mechanical 的前处理操作。
※ 掌握施加载荷及约束的方法。
※ 掌握 Mechanical 的后处理操作。

4.1 关于Mechanical

ANSYS Workbench中的Mechanical是利用ANSYS的求解器进行结构和热分析的。具体来讲，Mechanical可以提供以下有限元分析。

- 结构（静态和瞬态）：线性和非线性结构分析。
- 动态特性：模态、谐波、随机振动、柔体和刚体动力学。
- 热传递（稳态和瞬态）：求解温度场和热流等。温度由导热系数、对流系数、材料决定。
- 磁场：进行三维静磁场分析。
- 形状优化：使用拓扑优化技术显示可能发生体积减小的区域。

 Mechanical中可实现的功能是由用户的ANSYS许可文件决定的，根据许可文件的不同，Mechanical 可实现的功能也会有所不同。

Mechanical的基本分析步骤如下。

步骤 01 准备工作：确定分析类型（静态、模态等）、构建模型、单元类型等。
步骤 02 预处理：包括导入几何模型、定义部件材料特性、模型网格划分、施加负载和支撑、设置求解结果。

步骤**03** 求解模型：对模型开始求解。

步骤**04** 后处理：包括结果检查、求解合理性检查。

4.2 Mechanical基本操作

Mechanical是在一个单独的操作界面下进行的，本节将介绍"静态结构-Mechanical"界面的基本操作。

4.2.1 启动 Mechanical

在ANSYS Workbench中启动Mechanical的方法如图4-1所示，在Workbench主界面的项目管理区中，双击"模型"等栏目即可进入Mechanical操作环境。

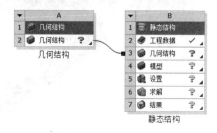

图 4-1 启动 Mechanical

4.2.2 Mechanical 操作界面

"静态结构-Mechanical"界面组成如图4-2所示，包括标题栏、菜单栏、工具栏、流程树、图形窗口、参数设置栏、信息窗口、状态栏等。

图 4-2 "静态结构-Mechanical"界面

1．标题栏与菜单栏

Mechanical标题栏中列出了采用的分析类型、产品名称以及ANSYS许可信息等内容，如图4-3所示。

图 4-3　标题栏与菜单栏

2．工具栏

工具栏为用户提供了快速访问功能，当光标在工具栏的按钮上时会出现功能提示。按住鼠标左键并拖动工具栏时，工具栏可以在Mechanical窗口的上部重新定位，如图4-4和图4-5所示。

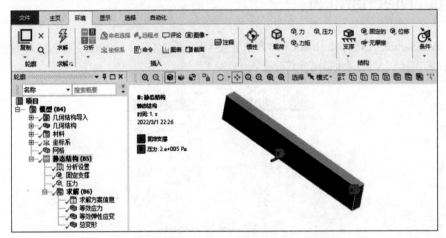

图 4-4　选择静态结构设置后工具栏界面

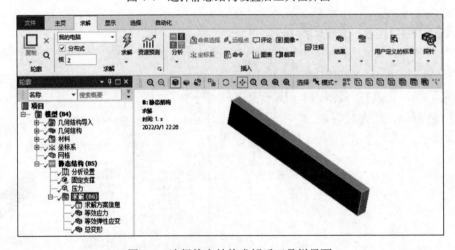

图 4-5　选择静态结构求解后工具栏界面

（1）环境工具栏

用于模型求解控制以及添加注释等操作，如图4-6所示。

（2）图形工具栏

用于选择几何和图形操作，如图4-7所示。

图 4-6　环境工具栏

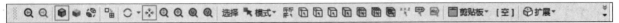

图 4-7　图形工具栏

 图形选择可以实现单个的选择或框选，主要由选择工具控制。

3．流程树

流程树为用户提供了一个模型的分析过程，包括模型、静态结构、网格、载荷和求解等。

- 模型：包含分析中所需的输入数据。
- 静态结构：包含载荷以及和分析有关的边界条件。
- 求解：包含结果和求解的相关信息。

流程树中所显示的图标含义如表4-1所示。

表 4-1　流程树中的图标含义

图　　标	图标含义
✔	表示分支完全定义
?	表示项目数据不完全（需要输入完整的数据）
✅	表示需要解决
❶	表示存在问题
✖	表示项目抑制（不会被求解）
✔	表示全体或部分隐藏
⚡	表示项目目前正在评估
⊖	表示映射面网格划分失败
✖	表示部分结构已进行网格划分
⚡	表示解决方案失败

4．参数设置栏

参数设置栏包含数据的输入和输出区域，其设置内容的改变取决于所选定流程树中的分支，参数的设置不再赘述。

5．图形窗口

图形窗口用来显示几何及分析结果等内容，另外还可以列出工作表（表格）、HTML报告以及打印预览选项等功能。

6．信息窗口

信息窗口通常显示求解结果的图、表等数据结果。

7．状态栏

状态栏中显示的通常为分析项目的单位、部件体的选择信息及求解分析过程中的提示信息等内容。

4.2.3 鼠标控制

在Mechanical中，正确使用鼠标可加快操作速度、提高工作效率，下面介绍在Mechanical中如何更好地使用鼠标。

鼠标右键用来选择几何实体或控制曲线的生成，可以选择的几何项目包括顶点、边、面、体，也可以操纵视图的旋转、平移、放大、缩小等。

 操作过程需要结合前面的图形工具栏进行相应的操作。

鼠标选取方式分为单个选取与框选两种，其具体方法如下。

- 单个选取方式：按住鼠标左键拖动可以进行多选，也可以按住 Ctrl 键和鼠标左键来选取或不选多个实体。
- 框选方式：从左向右拖动鼠标，选中完全在边界框内的实体；从右向左拖动鼠标，选中部分或全部在边界框内的实体。

在选择模式下，鼠标中键提供了图形操作的捷径，如表4-2所示。

表 4-2 鼠标操作

鼠标组合使用方式	作 用	鼠标组合使用方式	作 用
单击+拖动鼠标中键	动态旋转	滚动鼠标中键	视图放大或缩小
Ctrl+鼠标中键	拖动	鼠标右键+拖动	框放大
Shift +鼠标中键	动态缩放	右击，选择 Zoom to Fit	全视图显示

4.3 材料参数输入控制

在Workbench中由工程数据控制材料属性，它是每项工程分析的必要条件，作为分析项目的开始，工程数据可以单独打开。

4.3.1 进入工程数据应用程序

进入工程数据应用程序有以下两种方法。

- 通过拖放或双击添加工具箱中的组件系统，然后双击"工程数据"选项。
- 在静态结构分析项目中的工程数据上右击，在弹出的快捷菜单中选择"编辑"命令。

72

进入工程数据应用程序后，界面如图4-8所示，窗口中的数据是交互式层叠显示的。

图4-8　工程数据应用程序界面

4.3.2　材料库

在"工程数据应用程序"窗口中右击，在弹出的快捷菜单中选择"工程数据源"命令，如图4-9所示，此时窗口会显示"工程数据源"表，如图4-10所示。

在"工程数据源"表中选择A列表"数据源"下的材料后，在基本材料列表中会出现相应的材料库。

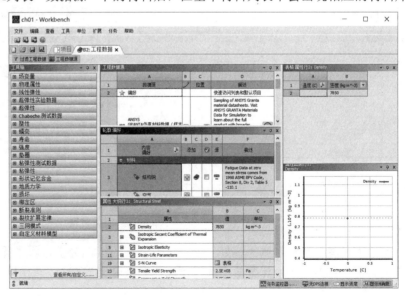

图4-9　快捷菜单　　　　　　　　　图4-10　显示工程数据源表的窗口

材料库中保存了大量的常用材料数据，选中相应的材料后，在选定的材料性能中可以看到默认的材料属性值，该属性值可以进行修改，以符合选用的材料特性。

对于工程数据源表的说明如下所示。

- A列数据源：显示的是材料库清单，其中A2偏好中的材料在每个分析项目中都会存在，无须由材料库添加到分析项目。
- B列 ✏ （编辑锁定）：当复选框为选中（☑）时，表示该材料库不能编辑；当复选框没有选中（☐）时，表示该材料库可以进行编辑操作。
- C列位置：当B列复选框没有选中时，可以浏览现有材料库或其位置。

 需要修改材料属性时，现有的材料库必须要解锁，而且这是永久修改，修改后的材料存储在该资料库中。对当前项目中的工程数据资料进行修改时，不会影响材料库。

4.3.3 添加材料

将现有的材料库中的材料添加到当前分析项目中，需要在数据源中的"一般材料"中单击材料后面B列中的"添加"按钮 ✚。此时在当前项目中定义的材料会被标记为 🗔，表明材料已经添加到分析项目中，添加过程如图4-11所示。

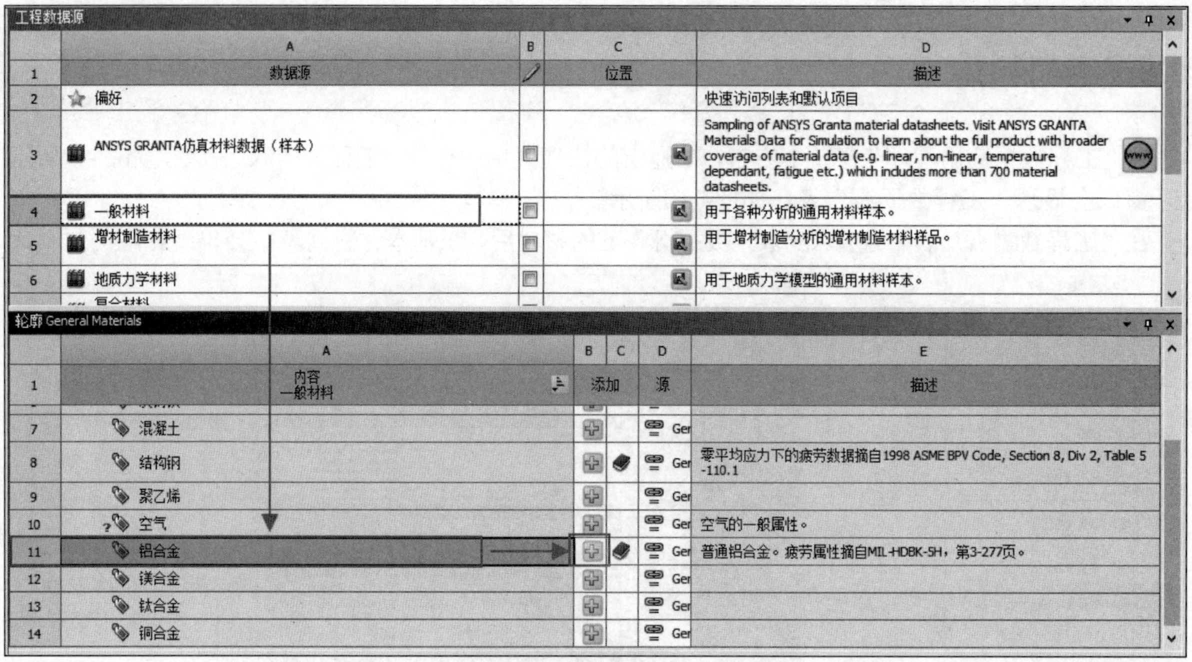

图 4-11　添加材料

如果需要将材料添加到"偏好"中，以方便在后续的分析过程中无须再添加此材料，需要在相应的材料上右击，在弹出的快捷菜单中选择"添加到收藏夹"命令，如图4-12所示。

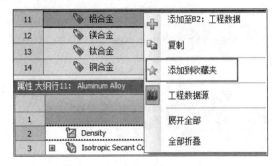

图 4-12　将材料添加到收藏夹

4.3.4　添加材料属性

工程数据中的工具箱中提供了大量的材料属性，通过工具箱可以定义现有的或新的材料属性。

工具箱中的材料属性包括物理属性、线性弹性、超弹性实验数据、超弹性、蠕变、寿命、强度、垫圈等，如图4-13所示。

对材料添加新属性的步骤如下。

步骤01　在"工程材料"列表中选择材料库的存储路径。

步骤02　单击"点击此处添加新材料"选项，在空白处输入材料名称（如new material），对新材料进行标识。此时在列表中添加了一种没有任何属性的材料。

步骤03　在工具箱中双击或拖动新材料所需的属性，将相应材料性能添加到"材料性能"列表中去。

步骤04　此时添加的材料性能没有数值，空白区显示为黄色，提示用户输入数值，如图4-14所示，可在空白处输入属性的值。

图 4-13　材料属性工具箱

步骤05　按照步骤（3）～（4）的操作方法将项目分析中用到的材料性能添加到材料中去，即可创建一种新材料。

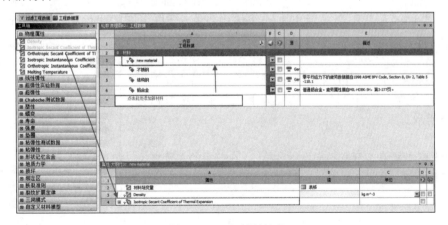

图 4-14　添加材料性能

4.4 Mechanical前处理操作

在Mechanical前处理操作中，模型树中列出了分析的基本步骤，流程的更新直接决定了工具、详细信息和图形窗口的更新。

4.4.1 几何结构

几何结构选项给出了模型的组成部分，通过该分支选项可以了解几何体的相关信息。

1. 几何结构

在模拟分析过程中，实体的体/面/部件（3D或2D）、只由面组成的面体、只由线组成的线体3种类型的实体都会被分析。

（1）实体

3D 实体是由带有二次状态方程的高阶四面体或六面体实体单元进行网格划分的。2D 实体是由带有二次状态方程的高阶三角形或四边形实体单元进行网格划分的。结构的每个节点含有3个平动自由度（DOF）或对热场有一个温度自由度。

（2）面体

面体是指几何上为2D、空间上为3D的体素，面体为有一层薄膜（有厚度）的结构，厚度为输入值。面体通常由带有6个自由度的线性壳单元进行网格划分。

（3）线体

线体是指几何上为一维、空间上为三维的结构，用来描述与长度方向相比，其他两个方向的尺寸很小的结构，截面的形状不会显示出来。线体由带有6个自由度的线性梁单元进行网格划分。

2. 为体添加材料属性

在进行项目分析时需要为体添加材料属性，添加时先从分析树中选取体，然后在参数设置列表材料下的任务下拉菜单中选取相应材料，如图4-15所示。

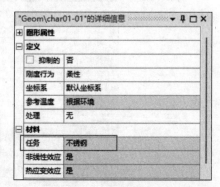

图 4-15 为体施加材料特性

4.4.2 接触与点焊

当几何体存在多个部件时，需要确定部件之间的相互关系。在ANSYS Workbench中是通过接触与点焊来确定部件之间的接触区域是如何相互作用的。

 在Workbench中若不进行接触或点焊设置，则部件之间不会相互影响。而多体部件不需要接触或点焊。

在结构分析中，接触和点焊可以防止部件的相互渗透，同时也提供了部件之间载荷传递的方法。在热分析中，接触和点焊允许部件之间的热传递。

1. 实体接触

在输入装配体时，Workbench会自动检测接触面并生成接触对。临近面用于检测接触状态。接触探测公差是在"连接"分支中进行设置的，如图4-16所示。

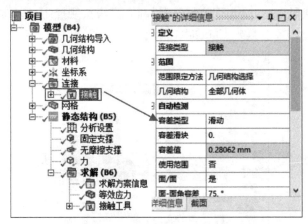

图 4-16 接触探测公差的设置

 接触使用的是二维几何体，某些接触允许表面到边缘、边缘到边缘和混合体/面接触。在进行分析之前需要检查生成的接触对是否符合实际情况，以避免造成错误的接触。

接触单元提供部件间的连接关系，每个部分维持独立的网格，网格类型可以不保持一致。

在模拟分析中，每个接触对都要定义接触面和目标面：将接触区域的一个表面视作接触面（C），另一表面即为目标面（T），则接触面不能穿透目标面。

当一面被设计为接触面而另一面被设计为目标面时为非对称接触；当两边互为接触面和目标面时为对称接触。默认的实体组件间的接触是对称接触，根据需要可以将对称接触类型改为非对称接触。

 对于面、边接触，面接触通常被设定为目标面，而边接触通常被指定为接触面。

ANSYS Workbench 2022中提供了5种不同的接触类型：绑定、无分离、粗糙、无摩擦及摩擦的。5种接触类型的特点如表4-3所示。

表 4-3　接触类型

接触类型	迭代次数	法向分离	切向滑移
绑定	一次	无间隙	不允许滑移
无分离	一次	无间隙	允许滑移
粗糙	多次	允许有间隙	允许滑移
无摩擦	多次	允许有间隙	不允许滑移
摩擦的	多次	允许有间隙	允许滑移

5种类型中，只有绑定、无分离两种接触方式是线性的，计算时只需要迭代一次，其他三种都是非线性的，需要迭代多次。

　在接触分支下单击某接触对时，与构成该接触对无关的部件会变为透明，以便观察。

2．高级实体接触

选择连接分支下的某接触对时，会出现高级接触控制，高级接触控制可以实现自动检测尺寸和滑动、对称接触、接触结果检查等。各参数分支如图4-17所示。

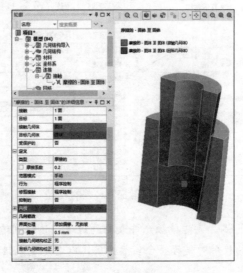

图 4-17　实体接触参数

3．点焊

点焊提供的是离散点接触组装方法，点焊通常是在CAD软件中定义，只有在Mechanical支持的DM和Unigraphics中可以定义点焊。关于点焊的相关问题在此不做讲解，请参考相关的帮助文件。

4.4.3　坐标系

在Mechanical中，坐标系可用于网格控制、质量点确定及指定方向的载荷和结果分析等。坐标系通常不显示，可以通过在模型树下进行添加得到，坐标系的相关参数如图4-18所示。

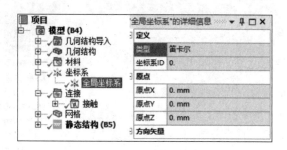

图 4-18　坐标系的相关参数

当模型是基于CAD的原始模型时，Mechanical会自动添加全局坐标系，同时也可以从CAD系统中导入局部坐标系。

4.4.4　分析设置

在Mechanical中，分析设置提供了一般的求解过程控制，具体可以在如图4-19所示的 "分析设置"的详细信息各分支中进行设置。

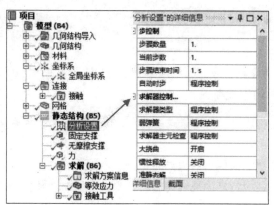

图 4-19　分析设置的相关参数

1．步控制

求解步控制包括人工时间步控制和自动时间步控制两种方式。

人工时间步控制需要指定分析中的分析步数目和每步的终止时间。

在静态分析中可以设置多个分析步，并一步一步地求解，终止时间被用于确定载荷步和载荷子步的追踪器。

 求解过程中可以一个分析步一个分析步地查看结果。在给出的图表里可以指定每个分析步的载荷值。求解完成后可以选择需要的求解步，查看每个独立步骤的结果。

2．求解控制

求解控制包括直接求解（ANSYS中为稀疏矩阵法）及迭代求解（ANSYS中为PGC，即预共轭梯度法）两种求解方式。

3. 分析数据管理器

分析数据管理器的相关参数设置如图4-20所示。

- 求解器文件目录：给出相关分析文件的保存路径。
- 进一步分析：指定求解中是否要进行后续分析（如预应力分析等），若在项目区里指定了耦合分析，将自动设置该选项。
- 废除求解器文件目录：求解中的临时文件夹。
- 保存 MAPDL db：设置是否保存 ANSYS DB 分析文件。
- 删除不需要的文件：在 Mechanical APDL 中可以选择保存所有文件以备使用。
- 非线性求解方案：非线性求解默认关闭。

图 4-20　分析数据管理器的参数

- 求解器单元：包含主动系统和手动两个选项。
- 求解器单元系统：如果以上设置是人工设置，则当 Mechanical APDL 共享数据时，就可以选择 8 个求解单位系统中的任何一个来保证一致性。

4.5　施加载荷和约束 ▶

载荷和约束是Mechanical求解计算的边界条件，它们是以所选单元自由度的形式定义的。在Mechanical中提供了4种类型的约束载荷。

- 惯性载荷：专指施加在已被定义的质量点上的力，惯性载荷施加在整个模型上，进行惯性计算时必须输入材料的密度。
- 结构载荷：指施加在系统零部件上的力或力矩。
- 结构约束：限制部件在某一特定区域内的移动，也就是限制部件的一个或多个自由度。
- 热载荷：施加热载荷时系统会产生一个温度场，使模型中发生热膨胀或热传导，进而在模型中进行热扩散。

 载荷和约束是有方向的，它们的方向分量可以在整体坐标系或局部坐标系中定义，定义的方法为：在参数设置窗口中将定义类型改为分量，然后在下拉菜单选择相应的坐标系即可。

4.5.1　施加载荷

利用ANSYS Mechanical进行结构分析时，需要施加的载荷有多种，下面选择较为常见的进行介绍，其他在实际工程中用到的载荷请查阅相关的帮助文件。

1. 惯性载荷

惯性载荷是通过施加加速度实现的，加速度是通过惯性力施加到结构上的，惯性力的方向与所施加的加速度方向相反，它包括加速度、标准地球重力、旋转速度及旋转加速度等，如图4-21所示。

- 加速度：该加速度指的是线性加速度，单位为长度比上时间的平方，它施加在整个模型上，可以定义为分量或矢量的形式。
- 标准地球重力：重力加速度的方向定义为整体坐标系或局部坐标系中的一个坐标轴方向。

图4-21 惯性载荷菜单

 标准地球重力的值是定值，在施加重力加速度时，需要根据模型所选用的单位制系统确定它的值。

- 旋转速度：指整个模型以给定的速率绕旋转轴转动，它可以以分量或矢量的形式定义，输入的单位可以是弧度每秒（默认选项），也可以是度每秒。
- 旋转加速度：指整个模型以给定的加速率绕旋转轴转动，它可以以分量或矢量的形式定义。

2. 力载荷

在Mechanical中，力载荷集成到结构分析的载荷下拉菜单中，它是进行结构分析所必备的，掌握各载荷的施加特点才能更好地将其应用到结构分析中去，力载荷的施加菜单如图4-22所示。

- 压力：该载荷以与面正交的方向施加在面上，指向面内为正，反之为负，单位是单位面积的力。
- 静液力压力：该载荷表示在面上（实体或壳体）施加一个线性变化的力，模拟结构上的流体载荷。流体可能处于结构内部，也可能处于结构外部。

图4-22 力载荷菜单

 施加该载荷时，需要指定加速度的大小和方向、流体密度、代表流体自由面的坐标系。对于壳体，还需要提供一个顶面/底面选项。

- 力：力可以施加在点、边或面上。它将均匀地分布在所有实体上，单位是质量与长度的乘积比上时间的平方，可以以矢量或分量的形式定义集中力。
- 远程力：是指给实体的面或边施加一个远离的载荷。施加该载荷时需要指定载荷的原点（附着于几何上或用坐标指定），该载荷可以以矢量或分量的形式定义。
- 轴承载荷：是指使用投影面的方法将力的分量按照投影面积分布在压缩边上。轴承载荷可以以矢量或分量的形式定义。

 施加轴承载荷时，不允许存在轴向分量；每个圆柱面上只能使用一个轴承载荷。在施加该载荷时，若圆柱面是断开的，则一定要选中它的两个半圆柱面。

- 螺栓预紧力：是指给圆柱形截面施加预紧力，以模拟螺栓连接，包括预紧力（集中力）或调整量（长度）。在使用该载荷时需要给物体在某一方向上的预紧力指定一个局部坐标系。

 求解时会自动生成两个载荷步：LS1（施加有预紧力、边界条件和接触条件）、LS2（预紧力部分的相对运动是固定的，同时施加一个外部载荷）。螺栓预紧力只能用于三维模拟，且只能用于圆柱形面体或实体，使用时需要精确地利用网格划分（在轴向上至少需要两个单元）。

- 力矩：对于实体，力矩只能施加在面上，如果选择了多个面，力矩则均匀分布在多个面上；对于面，力矩可以施加在点、边或面上。当以矢量形式定义时遵守右手螺旋法则。力矩的单位是力乘以距离。
- 线压力：线压力只能用于三维模拟中，它是通过载荷密度形式给一个边上施加一个分布载荷。

 线压力的定义方式有幅值和向量、幅值和分量方向（总体或者局部坐标系）、幅值和切向三种。

3. 热载荷

热载荷用于在结构分析中施加一个均匀的温度载荷，施加该载荷时必须制定一个参考温度。由于温度差的存在，会在结构中导致热膨胀或热传导。

4.5.2 施加约束

在模型中除了要施加载荷外，还要施加约束，约束有时也称为边界条件，常见的约束如图4-23所示。其他在实际工程中用到的约束请查阅相关的帮助文件。

- 固定的：用于限制点、边或面的所有自由度，对于实体而言，将限制 X、Y、Z 方向上的移动；对于面体和线体而言，将限制 X、Y、Z 方向上的移动和绕各轴的转动。
- 位移：用于在点、边或面上施加已知位移，该约束允许给出 X、Y、Z 方向上的平动位移（在自定义坐标系下），当为 0 时表示该方向是受限的，当空白时表示该方向自由。
- 弹性支撑：该约束允许在面边、界上模拟弹簧的行为。基础的刚度为使基础产生单位法向偏移所需要的压力。

图 4-23　约束菜单

- 无摩擦：用于在面上施加法向约束（固定），对实体而言可用于模拟对称边界约束。
- 圆柱形支撑：该约束为轴向、径向或切向约束提供单独的控制，通常施加在圆柱面上。
- 仅压缩支撑：该约束只能在正常压缩方向上施加约束，可以用来模拟圆柱面上受销钉、螺栓等的作用，求解时需要进行迭代（非线性）。
- 简单约束：可以将其施加在梁或壳体的边缘或者顶点上，用来限制平移，但是允许旋转并且所有的旋转都是自由的。

4.6 模型求解

所有的设置完成之后都需要对模型进行求解，在Mechanical中有直接求解器与迭代求解器两种求解器。通常情况下，求解器是自动选取的，当然也可以预先设定求解器。

在ANSYS Workbench Mechanical中求解的方法有以下两种。

- 单击菜单栏的"求解"按钮，如图 4-24 所示，开始求解模型。
- 在模型树中的分支上右击，在弹出的快捷菜单中选择"求解"命令，开始求解模型，如图 4-25 所示。

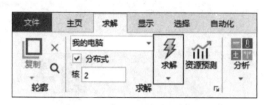

图 4-24　工具栏中的求解命令

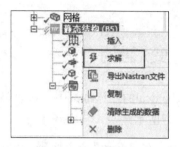

图 4-25　快捷键中的求解命令

4.7　结果后处理

模型求解结束之后，即可进入后处理。通过后处理操作可以得到多种不同的结果，主要包括：各方向变形及总变形、应力应变分量、接触输出、支座反力等。

 在Mechanical中，结果通常是在计算前指定的，但也可以在计算完成后指定。如果计算后指定求解结果，则单击评估所有结果按钮，即可检索结果而无须重新对模型进行求解。

4.7.1　结果显示

在Mechanical中，所有的计算结果都是以结果云图和矢量图的方式显示的，利用如图4-26所示的结果显示工具栏可以改变结果的比例等相关结果的显示参数。

图 4-26　结果显示工具栏

4.7.2 变形显示

在Mechanical的计算结果中，可以显示模型的变形量，主要包括总计及定向，如图4-27所示。

- 总计：整体变形是一个标量，由下式决定：

$$U_{total}= \sqrt{U_x^2 + U_y^2 + U_z^2}$$

图 4-27　变形量分析选项

- 定向：包括 x、y 和 z 方向上的变形，它们是在方向中指定的，并显示在整体或局部坐标系中。

4.7.3 应力和应变

在Mechanical中有限元分析中给出的应力和应变（指弹性应变）的分析选项如图4-28、图4-29所示。

图 4-28　应力分析选项

图 4-29　应变分析选项

在分析结果中，应力和应变有6个分量（x、y、z、xy、yz、xz），热应变有3个分量（x、y、z）。对应力和应变而言，其分量可以在Normal（x、y、z）和Shear（xy、yz、xz）下指定，而热应变是在稳态热中指定的。

由于应力为一个分量，因此单从应力分量上很难判断出系统的响应。在Mechanical中可以利用安全系数对系统响应做出判断，它主要取决于所采用的强度理论。使用每个安全系数的应力工具都可以绘制出安全边界及应力比。

4.7.4 接触结果

在Mechanical中执行求解工具栏中的"工具"→"接触工具"命令，如图4-30所示，可以得到接触分析结果。

接触工具下的接触分析可以求解相应的接触分析结果，包括摩擦应力、压力、滑动距离等，如图4-31所示。

图 4-30　接触分析工具　　　　　　　　　　　图 4-31　接触分析选项

4.7.5　自定义结果显示

在Mechanical中，除了可以查看标准结果外，还可以根据需要插入自定义结果，包括数学表达式和多个结果的组合等。

执行求解工具栏中的用户定义的结果命令，如图4-32所示。

在自定义结果显示的参数设置列表中，表达式允许使用各种数学操作符号，包括平方根、绝对值、指数等，如图4-33所示。

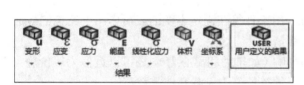

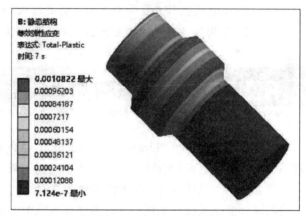

图 4-32　求解菜单　　　　　　　　　　　图 4-33　自定义结果显示

4.8　本章小结

本章介绍了Mechanical的工作环境、前处理等内容，重点讲解了如何在模型中施加载荷及约束、如何进行结果后处理等内容。本章内容主要是为后面相关章节的学习奠定基础，具体的结构分析及热分析等操作将会在后面的章节中分别进行讲解。

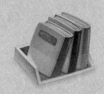

第 5 章

线性静态结构分析

📥 导言

在工程应用中，经常需要计算在固定不变的载荷作用下的结构效应，主要有平面应力、平面应变、轴对称、梁及桁架分析、壳分析、接触分析等问题的求解，这些问题都是线性静态结构问题。线性静态结构分析是有限元（FEM）分析中最基础的内容，通过充分学习本章内容可以为后面的学习打下坚实的基础。

📥 学习目标

※ 掌握线性静态结构分析的基本过程。
※ 通过实例掌握线性静态结构分析的方法。
※ 掌握线性静态结构分析的载荷及约束加载方法。
※ 掌握线性静态结构分析的结果检查方法。

5.1 线性静态结构分析概述 ▶

线性静态结构分析（Lines Static Structural Analysis）用于计算在固定不变的载荷作用下结构的效应，它不考虑惯性和阻尼的影响，如结构随时间变化载荷等情况。

静力分析可以计算固定不变的惯性载荷对结构的影响（如重力和离心力），还可以近似为等价静力作用的随时间变化载荷（如通常在许多建筑规范中所定义的等价静力风载和地震载荷）。

在经典力学理论中，物体的动力学通用方程为：

$$[M]\{\ddot{x}\}+[C]\{\dot{x}\}+[K]\{x\}=\{F(t)\}$$

其中$[M]$为质量矩阵，$[C]$为阻尼矩阵，$[K]$为刚度系数矩阵，$\{x\}$为位移矢量，$\{F\}$为力矢量。在线性静态结构分析中，力与时间无关，因此位移$\{x\}$可以由下面的矩阵方程解出：

$$[K]\{x\}=\{F\}$$

在线性静态结构分析中，假设$[K]$为一个常量矩阵且必须是连续的，材料必须满足线弹性、小变形理论，边界条件允许包含非线性的边界条件，$\{F\}$为静态加载到模型上的力，该力不随时间变化，不包括惯性影响因素（质量、阻尼等）。

静力分析用于计算由不包括惯性和阻尼效应的载荷作用于结构或部件上引起的位移、应力、应变和力等。假定载荷和响应是固定不变的，即假定载荷和结构的响应随时间的变化而缓慢变化。静力分析所施加的载荷包括以下4种。

- 外部施加的作用力和压力。
- 稳态的惯性力（如中力和离心力）。
- 位移载荷。
- 温度载荷。

5.2 线性静态结构的分析流程

在ANSYS Workbench左侧工具箱中Analysis Systems下的Static Structural上按住鼠标左键拖动到项目管理区，或双击Static Structural选项，即可创建静态结构分析项目，如图5-1所示。

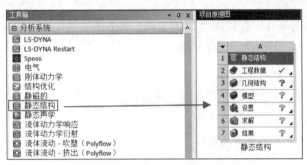

图 5-1　创建线性静态结构分析项目

当进入"静态结构-Mechanical"界面后，选中模型树中的"分析设置"即可进行分析参数的设置，如图5-2所示。

线性静态结构分析的求解步骤如下。

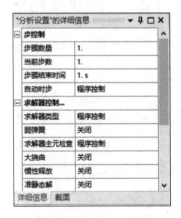

步骤 01　建立有限元模型，设置材料特性。

步骤 02　定义接触区域。

步骤 03　定义网格控制并划分网格。

步骤 04　施加载荷和边界条件。

步骤 05　对问题进行求解。

步骤 06　进行结果评价和分析（结果后处理）。

详细的设置参数在前面的章节中已经介绍过，这里仅做简单的讲解，不再赘述，如想深入了解相关内容，请参考前面的章节进行学习。

图 5-2　分析参数设置

5.2.1　几何模型

在ANSYS Workbench的静态结构分析中，支持的几何模型类型包括实体、面体、线体和点质量4种。

- 实体：实体中程序默认的单元为 10 节点的四面体单元及 20 节点的六面体单元。
- 面体：面体首先需要确定其厚度，然后采用 4 节点的四边形单元划分网格。
- 线体：首先在 DM 里定义线体的截面和方向，并自动导入模拟中，线体实际采用的是 2 节点单元划分网格，该单元支持界面定义及其偏置。
- 点质量：点质量只能与面体一起使用，并假设它们之间没有刚度。点质量是指在模型中添加一个质量点来模拟结构中没有明确建模的重量体。用户可以通过在自定义的坐标系中指定（x、y、z）坐标值或通过选择顶点/边/面指定质量点的位置。

 质量点只受加速度、重力加速度和角加速度的影响，本身不存在转动特性。质量点是在参数设置栏中的参数中设置的。

5.2.2 材料特性

在Workbench静态结构分析中，材料属性仅需要给出杨氏模量和泊松比即可。材料参数是在工程数据中输入的。设置材料特性时，需要注意以下问题。

- 当存在惯性载荷时，需要给出材料密度。
- 当施加了一个均匀的温度载荷时，需要给出热膨胀系数，但不需要指定导热系数。
- 若想得到应力结果，需要给出应力极限。
- 在进行疲劳分析时需要定义疲劳属性。

5.2.3 定义接触区域

根据工程的实际情况需要，当导入实体装配体时，程序会在实体之间自动创建接触对。接触对具有以下特点。

- 面对面接触时允许两个实体边界划分的单元不匹配。
- 在树形窗口接触下的容差控制中，可以使用滚动条来指定自动接触检查的容差。

ANSYS Workbench中有4种接触类型，分别为绑定接触、不分离接触、无摩擦接触及粗糙接触，在前面的章节中已经介绍，这里不再赘述。

5.2.4 划分网格

网格划分是进行静态结构分析的基础，结果分析的准确与否与网格有着直接的关系，网格划分的相关内容在前面的章节中已进行讲解，这里不再赘述。

5.2.5　施加载荷和边界条件

载荷和约束是以所选单元的自由度的形式来定义。实体的自由度是x、y和z方向上的平移（壳体需要加上绕x、y和z轴转动的旋转自由度）。

在Mechanical线性静态结构分析中，可以使用4种类型的约束载荷，包括惯性载荷、结构载荷、结构约束、热载荷，请查阅前面的章节内容，这里不再赘述。

5.2.6　模型求解控制

"分析设置"的详细信息中提供了一般的求解过程控制，包括步控制、求解器控制、分析数据管理等，请查阅前面的章节内容，这里不再赘述。

当所有的设置完成之后需要对模型进行求解，单击标准工具箱里的"求解"按钮 ✐ ，即可开始求解模型。

5.2.7　结果后处理

模型求解完毕后，需要对结果进行分析，请查阅上一章的相关内容，这里不再赘述。

5.3　风力发电机叶片静态结构分析　▶

本节将通过对风力发电机的叶片结构分析，让读者掌握线性静态结构分析的基本过程，实例的模型已经建好，在进行分析时直接导入即可。

5.3.1　问题描述

如图5-3所示为一个长为4500mm的风力发电机叶片，叶片厚度为0.02m，其中叶根端固定，压力面承受20Pa风压，请对其进行结构分析，求出其应力、应变以及挠度、疲劳特性等参数。

材料：选择系统默认的不锈钢材料及自定义铝合金材料进行分析，其中铝合金材料特性为：弹性模量E（75×10^3 MPa）、泊松比μ（0.25）、密度DENS（2.7g/cm³）。

模型：char05-01.iges。

图 5-3　模型文件

5.3.2 建立分析项目

步骤01 在Windows系统下执行"开始"→"所有程序"→ANSYS 2022→Workbench 2022命令,启动ANSYS Workbench 2022,进入主界面。

步骤02 在ANSYS Workbench主界面中,双击主界面工具箱中的"组件系统"→"几何结构"选项,即可在项目管理区创建分析项目A。在工具箱中的"分析系统"→"静态结构"上按住鼠标左键拖动到项目管理区中,当项目A的几何结构呈红色高亮显示时,松开鼠标创建项目B,此时相关联的数据可共享,如图5-4所示。

图5-4 创建分析项目

 本例是线性静态结构分析,创建项目时可直接创建项目B,而不创建项目A,几何体的导入可在项目B中的B3栏的几何结构中创建。本例的创建方法在对同一模型进行不同的分析时会经常用到。

5.3.3 导入几何体

步骤01 在A2栏的"几何结构"上右击,在弹出的快捷菜单中选择"导入几何模型"→"浏览"命令,如图5-5所示,此时会弹出"打开"对话框。

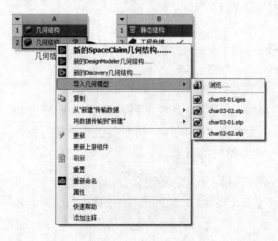

图5-5 导入几何体

步骤 02 在弹出的"打开"对话框中选择文件路径，导入char05-01.iges几何体文件，此时A2栏Geometry后的 ❓ 变为 ✔，表示实体模型已经存在。

步骤 03 双击项目A中的A2栏的"几何结构"选项，进入DM界面，设计树中导入1前显示 ✎，表示需要生成，图形窗口中没有图形显示，如图5-6所示。

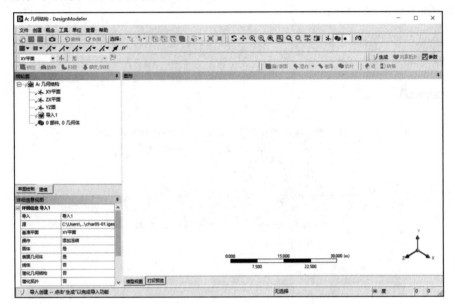

图 5-6 生成前的 DM 界面

步骤 04 单击"生成"按钮，即可显示生成的几何体，如图5-7所示，此时可在几何体上进行其他操作，本例无须进行操作。

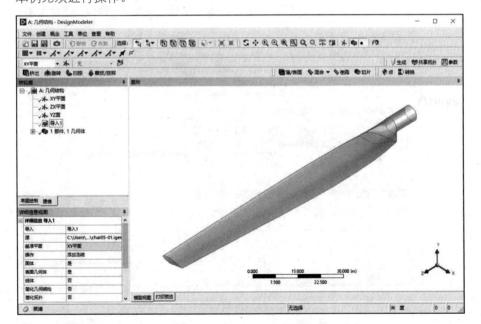

图 5-7 生成后的 DM 界面

步骤 05 单击DM界面右上角的"关闭"按钮，退出DM，返回Workbench主界面。

5.3.4 添加材料库

1. 在材料库中添加不锈钢材料

步骤01 双击项目B中的B2栏"工程数据"选项,进入如图5-8所示的材料参数设置界面,在该界面下即可设置材料参数。

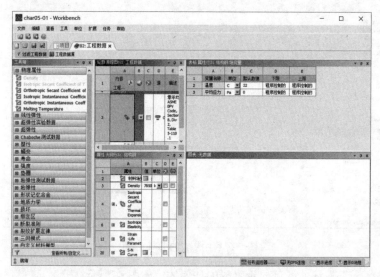

图5-8 材料参数设置界面

步骤02 在界面的空白处右击,在弹出快捷菜单中选择"工程数据源"命令,界面如图5-9所示。

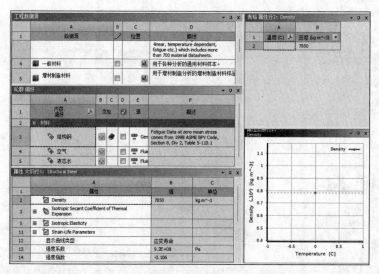

图5-9 材料参数设置界面

步骤03 在工程数据源表中选择A4栏"一般材料",然后单击轮廓General Materials表中B4栏的"添加"按钮 ➕ ,此时在C4栏中会显示 📄 (使用中的)标识,如图5-10所示,表示材料添加成功。

步骤 04 同步骤（2），在界面的空白处右击，在弹出快捷菜单中取消选择"工程数据源"命令，返回初始界面。

步骤 05 根据实际工程材料的特性，在"属性 大纲行3：不锈钢"表中可以修改材料的特性，如图5-11所示，本例采用的是默认值。

图 5-10　添加材料

图 5-11　材料参数修改窗口

步骤 06 利用同样的方法将"结构钢"添加到模型材料库中去。

2. 在材料库中自定义铝合金材料

步骤 01 在材料参数设置界面下单击"轮廓原理图B2：工程数据"下的A*栏"点击此处添加新材料"，将材料命名为User material，如图5-12所示，按Enter键，创建新材料，此时材料名称前显示为 ，表明材料没有任何参数。

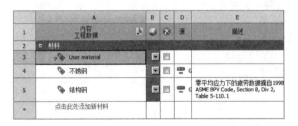

图 5-12　命名材料

步骤 02 为材料添加属性。选中刚刚创建的 User Material材料，双击窗口左侧材料属性工具箱中的"物理特性"下的"密度"（Density），如图5-13所示，此时会将材料特性添加到"属性 大纲行3：User Material"下。

步骤 03 利用同样的方法，双击窗口左侧材料属性工具箱中的"线性弹性"下的 Isotropic Elasticity ，此时会将材料特性添加到"属性 大纲行3：User Material"中，如图5-14所示。

步骤 04 在"属性 大纲行3：User Material"中的B5栏的下拉列表中选择"杨氏模量与泊松比"，该选项为默认选项，如图5-15所示。

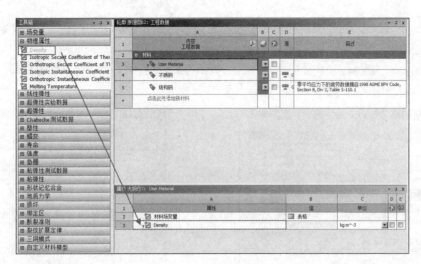

图 5-13　添加材料属性

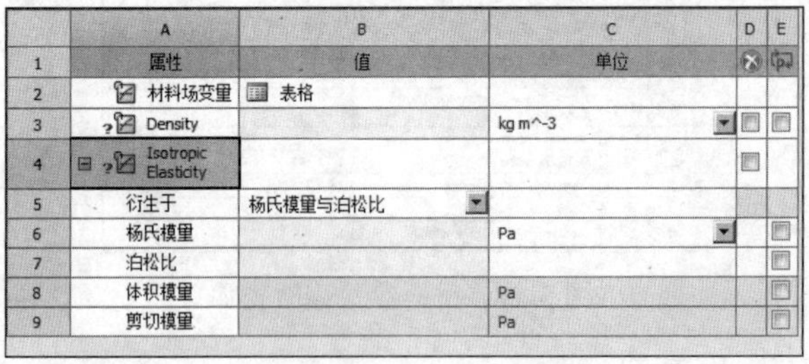

图 5-14　添加材料特性　　　　　　　　　　　图 5-15　设置材料特性

步骤05 在显示为黄色的区域中输入材料参数值，其中弹性模量E为 75×10^3 MPa、泊松比 μ 为0.25、密度 DENS为2.7g/cm³，如图5-16所示。

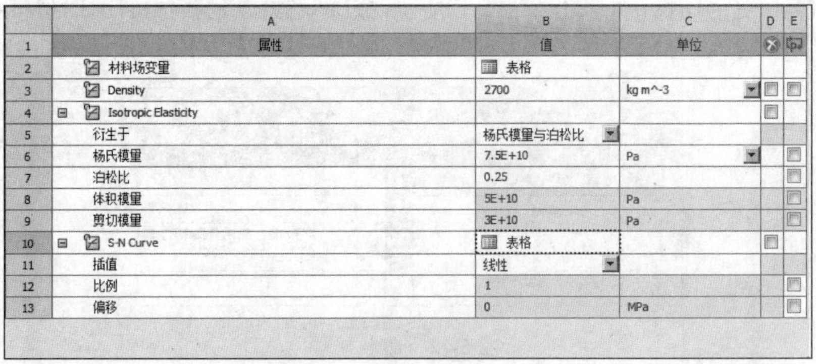

图 5-16　设置材料特性参数值

步骤06 为材料添加疲劳属性：选中  User Material材料，双击窗口左侧材料属性工具箱中的"寿命"下的 "S-N Curve"，插值选择线性，此时会将材料特性添加到"属性　大纲行3：User Material"下， 如图5-17所示。

步骤07 在B9栏下选择表格，然后在"表格　属性行10"列表中输入疲劳参数值，如图5-18所示，曲线 如图5-19所示。

步骤08 单击工具栏中的"项目"按钮，返回Workbench主界面，材料库添加完毕。

图 5-17　添加疲劳材料特性

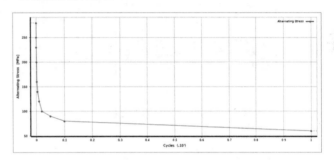

图 5-18　输入疲劳参数值

图 5-19　疲劳曲线

5.3.5　添加模型材料属性

步骤 01　双击项目B中的B4栏模型项，进入"静态结构-Mechanical"界面，在该界面下即可进行网格的划分、分析设置、结果观察等操作，如图5-20所示。

图 5-20　"静态结构-Mechanical"界面

步骤 02 在"静态结构-Mechanical"界面中执行"单位"→"度量标准（m,kg,N,s,V，A）"命令，设置分析单位，如图5-21所示。

此时分析树几何结构前显示的为问号?，表示数据不完全，需要输入完整的数据。

步骤 03 选择"静态结构-Mechanical"界面左侧模型树中"几何结构"选项下的"TRIMSURF"，此时即可在"TRIMSURF"的详细信息中添加厚度为20mm、材料为不锈钢的模型，如图5-22所示。此时分析树Geometry前的**?**变为**✓**，表示参数已经设置完成。

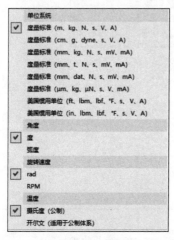

图 5-21　设置单位

图 5-22　添加材料

在后面的分析中单击参数列表中材料下任务黄色区域后的 ▶ 按钮，此时会出现刚刚设置的铝合金材料，选中后即可将其添加到模型中去。

5.3.6　划分网格

步骤 01 选中分析树中的"网格"选项，执行网格工具栏中的"控制"→"尺寸调整"命令，为网格划分添加尺寸调整，如图5-23所示，此时会在分析树中出现"尺寸调整"选项。

步骤 02 单击图形工具栏中"选择边"按钮。在图形窗口中选择如图5-24所示的边，在参数设置列表中单击"几何结构"后的"应用"按钮，完成边的选择，设置单元尺寸为1mm，如图5-25所示。

图 5-23　添加尺寸调整

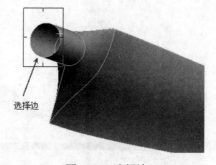

选择边

图 5-24　选择边

步骤 03 在模型树中的"网格"选项上右击，在弹出的快捷菜单中选择"生成网格"命令 ，最终的网格效果如图5-26所示。

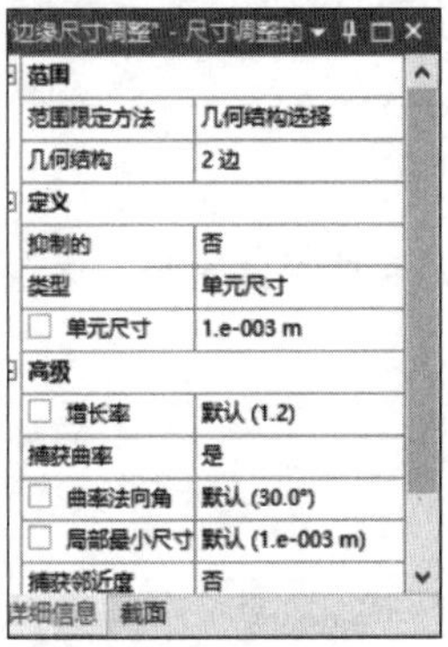

图 5-25　设置参数

图 5-26　网格效果

5.3.7　施加载荷与约束

1. 施加固定约束

步骤 01 选中分析树中的"静态结构（B5）"选项，执行环境工具栏中"支撑"→"固定的"命令，为模型添加约束，如图5-27所示。

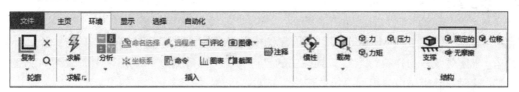

图 5-27　添加约束

步骤 02 单击图形工具栏中"选择边"按钮 ，在图形窗口中选择如图5-28所示的边，在参数设置列表中单击"几何结构"后的"应用"按钮，完成边的选择。

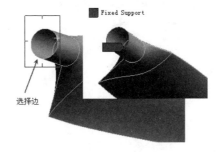

图 5-28　选择边

2. 在压力面上施加压力

步骤 01 执行环境工具栏中的"载荷"→"压力"命令，为模型施加压力，如图5-29所示。

步骤 02 单击图形工具栏中"选择面"按钮 ，单击点选如图5-30所示的面。

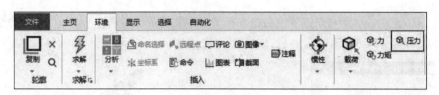

图 5-29　施加压力

步骤 03 在参数设置列表中单击"几何结构"后的"应用"按钮，完成面的选择，设置大小为20Pa，如图5-31所示，选择的面变为如图5-32所示。

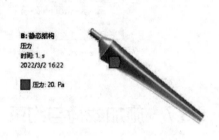

图 5-30　选择面　　　　　　　图 5-31　参数设置　　　　　　图 5-32　施加载荷后的面

5.3.8　设置求解

步骤 01 选择"静态结构-Mechanical"界面左侧模型树中的"求解（B6）"选项。

步骤 02 求解等效应力：执行求解工具栏中的"应力"→"等效（von-Mises）"命令，如图5-33所示，此时在分析树中会出现"等效应力"选项。

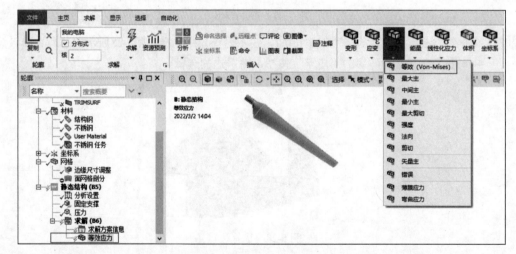

图 5-33　添加"应力求解"选项

步骤 03 求解等效应变：同步骤（2），执行求解工具栏中的"应变"→"等效（von-Mises）"命令，如图5-34所示，此时在分析树中会出现"等效弹性应变"选项。

步骤 04 提取叶片结构疲劳特性：执行求解工具栏中的"工具箱"→"疲劳工具"命令，如图5-35所示，此时在分析树中会出现"疲劳工具"选项，如图5-36所示。

图 5-34 添加"应变求解"选项 　图 5-35 执行"疲劳工具"命令 　图 5-36 "疲劳工具"工具栏

步骤 05 求解叶片结构疲劳寿命：执行疲劳工具工具栏中的"等值线图"→"寿命"命令，如图5-37所示，此时在分析树中会出现"寿命"选项。

图 5-37 添加疲劳寿命求解项

步骤 06 求解叶片结构疲劳安全系数：执行疲劳工具工具栏中的"等值线图"→"安全系数"命令，此时在分析树中会出现"安全系数"选项。

步骤 07 在参数设置列表中设置叶片结构的设计寿命为1×10^7次循环，如图5-38所示。

图 5-38 设计寿命

5.3.9 求解并显示求解结果

步骤 01 在模型树中的"求解（B6）"选项上右击，在弹出的快捷菜单中选择"求解"命令。

步骤 02 求解完成后，此时的设计树显示如图5-39所示，表示前面的设置存在问题。本例中主要是因为不锈钢材料没有设置疲劳数据。

步骤 **03** 在设计树中的疲劳工具上右击，在弹出的快捷菜单中选择"删除"命令，将疲劳工具"结果后处理"选项删除，如图5-40所示。

步骤 **04** 同步骤（1），在模型树中的"求解（B6）"选项上右击，在弹出的快捷菜单中选择"求解"命令 ⚡，此时会弹出进度显示条，表示正在求解，当求解完成后进度条自动消失，求解后的设计树如图5-41所示。

步骤 **05** 应力分析云图：单击模型树中"求解（B6）"下的"等效应力"选项，此时在图形窗口中会出现如图5-42所示的应力分析云图。

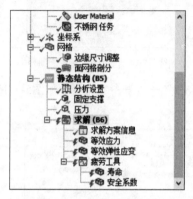
图 5-39　设计树的显示

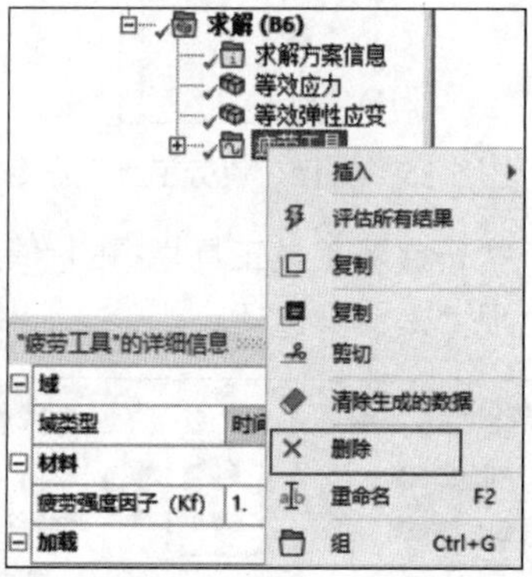

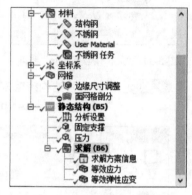
图 5-40　删除疲劳求解项前的设计树

图 5-41　求解完成的设计树

步骤 **06** 应变分析云图：单击模型树中"求解（B6）"下的"等效弹性应变"选项，此时在图形窗口中会出现如图5-43所示的应变分析云图。

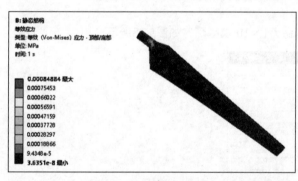
图 5-42　等效应力分析云图

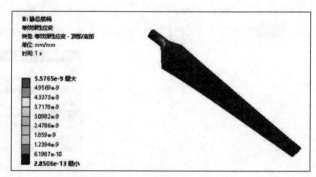
图 5-43　等效弹性应变分析云图

5.3.10　更改材料观察分析结果

步骤 **01** 选择"静态结构-Mechanical"界面左侧分析树中"几何结构"选项下的"TRIMSURF"，此时即可在 "TRIMSURF"的详细信息中修改模型的材料为User Material，如图5-44所示。

步骤 **02** 在模型树中的"求解（B6）"选项上右击，在弹出的快捷菜单中选择"求解"命令 ⚡，此时会弹出进度显示条，表示正在求解，当求解完成后进度条自动消失。

步骤 **03** 应力分析云图：单击模型树中"求解（B6）"下的"等效应力"选项，此时在图形窗口中会出现如图5-45所示的应力分析云图。

图 5-44　更改材料

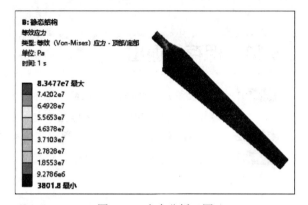

图 5-45　应力分析云图

步骤 **04**　应变分析云图：单击模型树中"求解（B6）"下的"等效弹性应变"选项，此时在图形窗口中会出现如图5-46所示的应变分析云图。

步骤 **05**　参照上述设置，为"结果后处理"选项添加提取叶片结构疲劳特性，此时的设计树如图5-47所示。

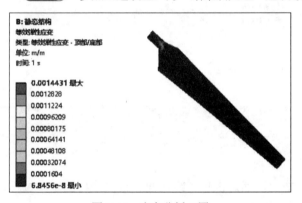

图 5-46　应变分析云图

图 5-47　添加疲劳求解项的设计树

步骤 **06**　在模型树中的"疲劳工具"选项上右击，在弹出的快捷菜单中选择"评估所有结果"命令，此时会弹出进度条，当评估完成后进度条自动消失。

步骤 **07**　叶片结构疲劳寿命：单击模型树中"求解（B6）"下疲劳工具后的"寿命"选项，此时在图形窗口中会出现如图5-48所示的寿命分析云图。

步骤 **08**　叶片结构疲劳安全系数：单击模型树中"求解（B6）"下疲劳工具后的"安全系数"选项，此时在图形窗口中会出现如图5-49所示的安全系数分析云图。

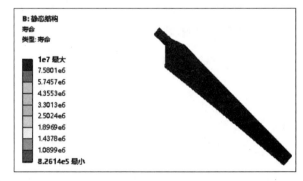

图 5-48　寿命分析云图

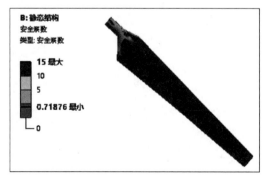

图 5-49　安全系数分析云图

5.3.11 保存与退出

步骤01 单击"静态结构-Mechanical"界面右上角的"关闭"按钮退出Mechanical,返回Workbench主界面。此时主界面的项目管理区中显示的分析项目均已完成,如图5-50所示。

步骤02 在Workbench主界面中单击常用工具栏中的"保存"按钮,保存包含有分析结果的文件。

步骤03 单击右上角的"关闭"按钮,退出Workbench主界面,完成项目分析。

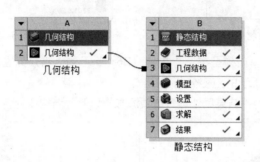

图 5-50 项目管理区中的分析项目

5.4 本章小结

本章首先简明扼要地介绍了线性静态结构的基本知识,然后讲解了线性静态结构分析的基本过程,最后给出了线性静态结构分析的一个典型实例——风力发电机叶片静态结构分析。

通过本章的学习,读者可以掌握线性静态结构的分析流程、载荷和约束的加载方法,以及结果后处理方法等相关知识。

第6章

模 态 分 析

 导言

模态分析主要用于确定结构和机器零部件的振动特性（固有频率和振型），也是其他动力学分析（如谐响应分析、瞬态动力学分析以及谱分析等）的基础。本章介绍了动力学分析中较为简单的部分——模态分析。通过本章的学习，即可掌握 ANSYS Workbench 在模态分析中的应用。

学习目标

※ 了解模态分析。
※ 掌握模态分析过程。
※ 通过案例掌握振动特性问题的求解方法。
※ 掌握模态分析的结果检查方法。

6.1 模态分析概述

模态分析亦即自由振动分析，是研究结构动力特性的一种近似方法，是系统辨别方法在工程振动领域中的应用。模态是机械结构的固有振动特性，每一个模态具有特定的固有频率、阻尼比和模态振型。模态参数可以由计算或试验分析取得，这样一个计算或试验分析过程称为模态分析。

模态分析的经典定义是将线性定常系统振动微分方程组中的物理坐标变换为模态坐标，使方程组解耦，成为一组以模态坐标及模态参数描述的独立方程，以便求出系统的模态参数。坐标变换的变换矩阵为模态矩阵，其每列为模态振型。

对于模态分析，振动频率 ω_i 和模态 ϕ_i 是由下面的方程计算求出的：

$$([K] - \omega_i^2 [M])\{\phi_i\} = 0$$

模态分析的最终目标是识别出系统的模态参数，为结构系统的振动特性分析、振动故障诊断和预报、结构动力特性的优化设计提供依据。模态分析应用可归结为以下几点。

- 评价现有结构系统的动态特性。
- 在新产品设计中进行结构动态特性的预估和优化设计。
- 诊断及预报结构系统的故障。
- 控制结构的辐射噪声。
- 识别结构系统的载荷。

受不变载荷作用产生应力作用下的结构可能会影响固有频率，尤其是对于那些在某一个或两个尺度上很薄的结构，因此在某些情况下执行模态分析时可能需要考虑预应力的影响。

进行预应力分析时首先需要进行静力结构分析（Static Structural Analysis），计算公式为：

$$[K]\{x\} = \{F\}$$

得出的应力刚度矩阵用于计算结构分析（$[\sigma_0] \rightarrow [S]$），这样原来的模态方程即可修改为：

$$\left([K+S] - \omega_i^2 [M]\right)\{\phi_i\} = 0$$

上式即为存在预应力的模态分析公式。

执行预应力模态分析（即带有预应力的自由振动分析）过程与进行标准的自由振动分析过程基本相同，但要注意以下事项。

- 必须通过施加载荷（结构或热载荷）的方式来确定结构的最初应力状态。
- 线性静态结构分析的结果能够在模型树求解分支里获得，而不是在模态分支里获得。
- 模态分支里的应力或应变结果是一个特殊模态的相对应力/应变值。
- 求解分支里的应力/应变/位移结果是静载荷的真实的应力/应变/位移值。

6.2 Workbench模态分析流程

在ANSYS Workbench左侧工具箱中分析系统下的"模态"选项上双击，或按住鼠标左键拖动到项目管理区，即可创建模态分析项目，如图6-1所示。

在进行预应力模态分析时，需要首先进行结构静态分析，得出的应力结果作为模态分析的结构参数，然后进行模态分析。

创建静态结构分析项目A后，在工具箱中的"分析系统"→"模态"上按住鼠标左键拖动到项目管理区中，如图6-2所示。当项目A的求解呈红色高亮显示时，放开鼠标创建模态分析项目B，此时相关联的数据共享，如图6-3所示。

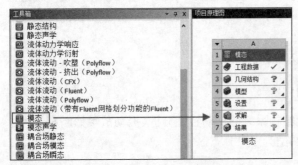

图6-1　创建模态分析项目

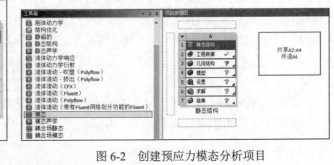

图6-2　创建预应力模态分析项目

在模态模块下，模态分析与线性静力分析的过程非常类似，其求解步骤如下。

步骤01 建立有限元模型，设置材料特性。

步骤02 定义接触区域。

步骤 **03** 定义网格控制并划分网格。

步骤 **04** 施加载荷和边界条件。

步骤 **05** 定义分析类型。

步骤 **06** 设置求解频率选项。

步骤 **07** 对问题进行求解。

步骤 **08** 进行结果评价和分析。

详细的设置参数在前面的章节中已经介绍，这里仅做简单的讲解，不再赘述，如想深入了解相关内容，请参考前面的章节进行学习。

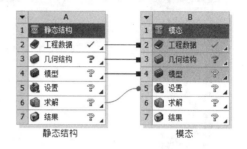

图 6-3 创建模态分析后的项目

6.2.1 几何体和质点

模态分析支持的几何体有实体、面体和线体等。模态分析过程可以使用质点，但是质点在模态分析中只有质量（无硬度），并不改变结构的刚度，因此质量点的存在会降低结构自由振动的频率。

模态分析中必须指定的材料属性包括杨氏模量、泊松比和密度。

6.2.2 接触区域

当进行装配体的模态分析时，会存在接触问题。但是由于模态分析是纯粹的线性分析，故而采用的接触不同于非线性分析中的接触类型，具体如表6-1所示。

表 6-1 接触特点

接触类型	线性屈曲分析		
	初始接触	内 Pinball 区域	外 Pinball 区域
绑定	绑定	绑定	自由
无分离	无分离	无分离	自由
粗糙	绑定	自由	自由
摩擦的	无分离	自由	自由

粗糙接触和摩擦接触：在内部表现为黏结或不分离时采用；若有间隙存在，则非线性接触行为将是自由无约束的（例如接触不存在）。

绑定和不分离的接触情形将取决于Pinball区域的大小。

6.2.3 分析类型

在Workbench的工具栏中的"模态"选项下双击，指定模型的分析类型——模态分析，如图6-4所示。

进入"模态-Mechanical"界面，即可在模态中进行模态阶数与频率变化范围的设置，如图6-5所示。

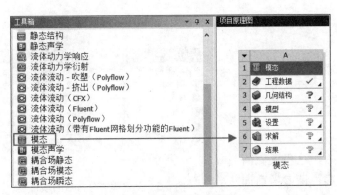
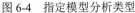

图 6-4 指定模型分析类型   图 6-5 设置模态阶数与频率变化范围

- 最大模态阶数：用于提取的模态阶数，限制在 1~200（默认为 6）。
- 限制搜索范围：用于指定频率变化的范围（默认为 $0 \sim 10^8 \mathrm{Hz}$）。

6.2.4 载荷和约束

模态分析中不存在结构和热载荷，但在计算有预应力的模态分析时则需要考虑载荷，因为预应力是由载荷产生的。

对于模态分析中的约束有以下几种情况需要考虑。

- 对于不存在或只存在部分的约束，刚体模态将被检测，这些模态将处于 0Hz 附近。与静态结构分析不同，模态分析不要求禁止刚体运动。
- 模态分析中的边界条件很重要，它能影响零件的振型和固有频率，在分析中需要仔细考虑模型是如何被约束的。
- 压缩约束是针对非线性的，因此在模态分析中不能使用。

6.2.5 求解模型

模态分析求解结束后，求解分支会显示一个图标、频率和模态阶数，如图6-6所示。从图表或图形中可以选择需要的振型或全部振型进行显示。

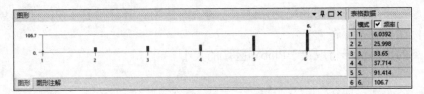

图 6-6 模态分析结果

在ANSYS Workbench中，可以根据需要确定求解某阶模态的振型，方法如下：在模态分析的图表窗口中右击，在弹出的快捷菜单中选择"创建模型形状结果"命令，如图6-7所示。由此可以将某频率下的振型总变形结果嵌入到分析树中。

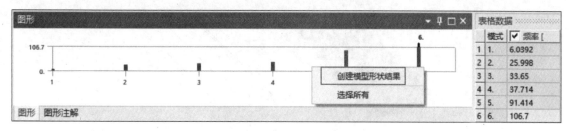

图 6-7　创建模态振型

在模态分析中，由于结构上没有激励作用，因此振型只是与自由振动相关的相对值。分析完成后可以在详细列表里看到每个结果的频率值。应用图形窗口下方的时间标签的动画工具栏可以查看振型，如图6-8所示。

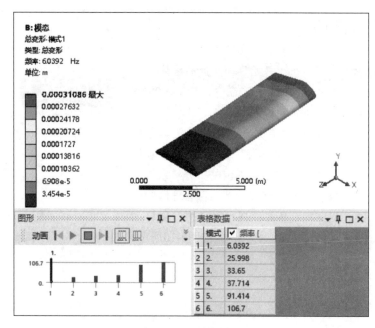

图 6-8　动画播放控制

6.3　飞机机翼模态分析

本节将通过对飞机机翼的模态进行分析，让读者掌握模态分析的基本过程。实例的模型已经建好，在进行分析时直接导入即可。

6.3.1　问题描述

某模型飞机的机翼如图6-9所示，其横截面在长度方向上是一致的，其中机翼的一端固定在飞机机体上，另一端为自由端，试对机翼进行模态分析，并求解其模态自由度。

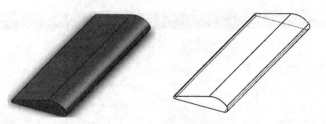

图 6-9　模型文件

材料：选用系统默认的钛合金。

模型：char06-01。

6.3.2　建立分析项目

步骤01　在Windows系统下执行"开始"→"所有程序"→
ANSYS 2022→Workbench 2022命令，启动ANSYS
Workbench 2022，进入主界面。

步骤02　在ANSYS Workbench主界面双击主界面工具箱中
的"组件系统"→"几何结构"选项，即可在项目
管理区创建分析项目A。在工具箱中的"分析系统"
→"模态"上按住鼠标左键拖动到项目管理区中，
当项目A的几何结构红色高亮显示时，放开鼠标创
建项目B，此时相关联的数据可共享，如图6-10所示。

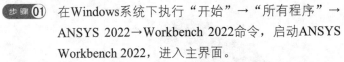

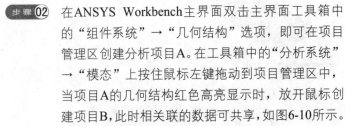

图 6-10　创建分析项目

6.3.3　导入几何体

步骤01　在A2栏的几何结构上右击，在弹出的快捷菜单中
执行"导入几何模型"→"浏览"命令，如图6-11
所示，此时会弹出"打开"对话框。

步骤02　在弹出的"打开"对话框中选择文件路径，导入
char06-01几何体文件，此时A2栏Geometry后的❓
变为✔，表示实体模型已经存在。

步骤03　双击项目A中的A2栏"几何结构"选项，此时会
进入DM界面，设计树中Import1前显示⚡，表示需
要生成，图形窗口中没有图形显示。

步骤04　单击"生成"按钮，即可显示生成的几何体，如
图6-12所示，此时可在几何体上进行其他操作，本
例无须进行操作。

图 6-11　导入几何体

步骤05　单击DM界面右上角的"关闭"按钮，退出DM，返回Workbench主界面。

图 6-12　生成后的 DM 界面

6.3.4　添加材料库

步骤 01　双击项目B中的B2栏"工程数据"选项，进入如图6-13所示的材料参数设置界面，在该界面下即可进行材料参数的设置。

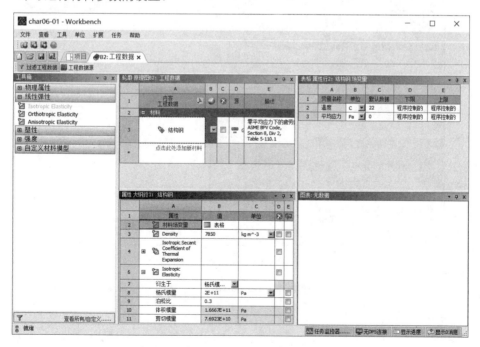

图 6-13　材料参数的设置界面

步骤 02 在界面的空白处右击，在弹出的快捷菜单中执行"工程数据源"命令，此时的界面如图6-14所示。

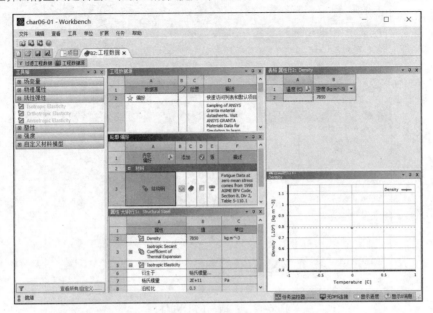

图 6-14　执行"工程数据源"命令后的界面

步骤 03 在工程数据源表中选择A4栏"一般材料"，然后单击轮廓General Materials表中B13栏的"添加"按钮，此时在C14栏中会显示"使用中的"标识，如图6-15所示，表示材料添加成功。

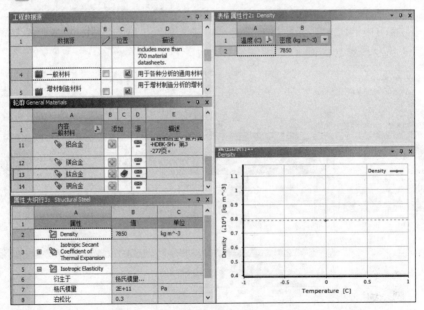

图 6-15　添加材料

步骤 04 同步骤（2），在界面的空白处右击，在弹出的快捷菜单中取消选择"工程数据源"命令，返回初始界面。

步骤 05 根据实际工程材料的特性，在"属性 大纲行4：钛合金"表中可以修改材料的特性，如图6-16所示，本实例采用的是默认值。

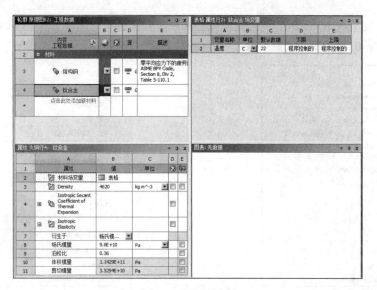

图 6-16　修改材料特性

6.3.5　修改模型材料属性

步骤 01　双击项目管理区中项目B的B4栏"模型"选项，进入"模态-Mechanical"界面，如图6-17所示，在该界面下即可进行网格的划分、分析设置、结果观察等操作。

图 6-17　"模态-Mechanical"界面

步骤 02　在"模态-Mechanical"界面中执行"工具"→"单位"→"度量标准（mm,kg,N,s,mV,mA）"命令，设置分析单位，如图6-18所示。

步骤03 选择"模态-Mechanical"界面左侧模型树中"几何结构"选项下的"char06-01"，此时即可在
"char06-01"的详细信息中修改模型的材料为"钛合金"，如图6-19所示。

图 6-18　设置单位

图 6-19　修改模型材料

6.3.6　划分网格

步骤01 选中分析树中的"网格"选项，执行网格工具栏中"控制"→"尺寸调整"命令，为网格划分
添加尺寸调整，如图6-20所示，此时会在分析树中出现"尺寸调整"选项。

图 6-20　添加尺寸调整

步骤02 单击图形工具栏中"选择面"按钮，在图形窗口中选择如图6-21所示的面，在参数设置列表中
单击"几何结构"后的"应用"按钮，完成边的选择，设置单元尺寸为100mm，如图6-22所示。

步骤03 在模型树中的"网格"选项上右击，在弹出的快捷菜单中选择"生成网格"命令，生成的网
格效果如图6-23所示。

图 6-21　选择面

图 6-22　参数设置列表

图 6-23　网格效果

6.3.7　施加固定约束

步骤 01　选中分析树中的"模态（B5）"选项，执行环境工具栏中"结构"→"固定的"命令，为模型添加约束。

步骤 02　单击图形工具栏中"选择面"按钮，在图形窗口中选择如图6-24所示的面，在参数设置列表中单击"几何结构"后的"应用"按钮，完成面的选择。

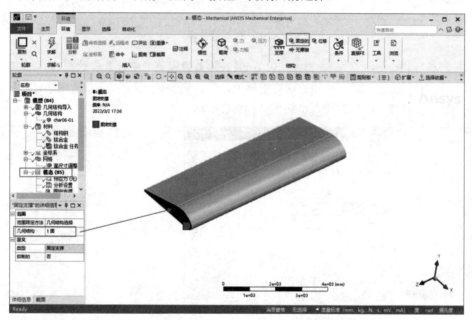

图 6-24　添加约束及选择面

6.3.8　设置求解

步骤 01　选择"模态-Mechanical"界面左侧模型树中的"分析设置"选项，在该选项下可以设置求解模态数、求解方法等，这里采用默认设置，如图6-25所示，求解模型的前六阶模态。

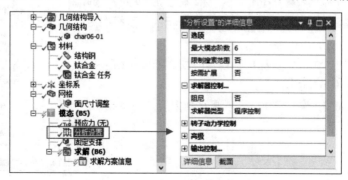

图 6-25　设置模态求解参数

步骤 **02** 选择"模态-Mechanical"界面左侧模型树中的"求解（B6）"选项，此时会出现求解工具栏。

步骤 **03** 求解总变形：执行求解工具栏中的"变形"→"总计"命令，如图6-26所示，此时在分析树中会出现"总变形"选项。

图 6-26　总变形设置

步骤 **04** 按F2快捷键，更名为"总变形-模式1"，并在参数设置列表中设置参数模式为1，如图6-27所示。

步骤 **05** 利用同样的方法，添加其他的模态求解项，"总变形-模式2"对应二阶模态，"总变形-模式3"对应三阶模态，依次类推，最终设计树如图6-28所示。

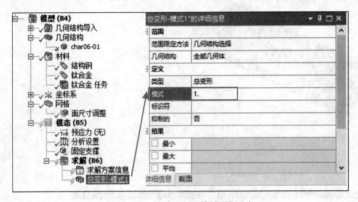

图 6-27　总变形参数设置列表

图 6-28　最终设计树

6.3.9　求解并显示求解结果

步骤 **01** 在模型树中的"求解（B6）"选项上右击，在弹出的快捷菜单中选择"求解"命令，如图6-29所示。

步骤 **02** 选择模型树中"求解（B6）"下的"总变形-模式1"选项，此时在图形窗口中会出现如图6-30所示的一阶模态振型。

步骤 **03** 利用同样的方法，可以观察其他各阶模态的分析结果，如图6-31～图6-35所示。

步骤 **04** 在Mechanical图形窗口下方，可以观察到模型的固有频率，如图6-36所示。

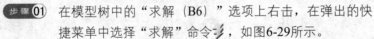
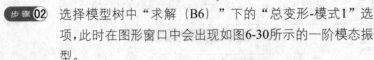

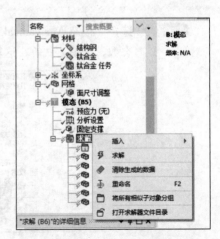

图 6-29　快捷菜单及求解命令

图 6-30　一阶模态振型

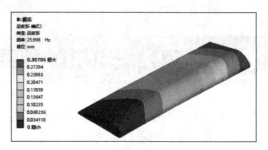

图 6-31　二阶模态振型

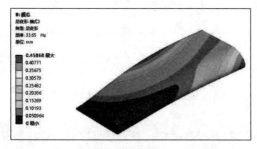

图 6-32　三阶模态振型

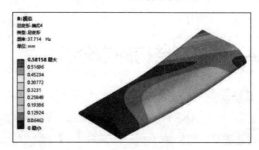

图 6-33　四阶模态振型

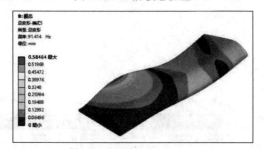

图 6-34　五阶模态振型

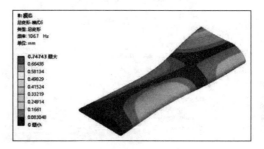

图 6-35　六阶模态振型

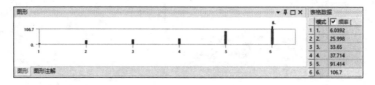

图 6-36　模型固有频率

6.3.10　保存与退出

步骤 01　单击"静态结构-Mechanical"界面右上角的"关闭"按钮"退
出模态-Mechanical"，返回Workbench主界面。此时主界面
中的项目管理区中显示的分析项目均已完成，如图6-37所示。

步骤 02　在Workbench主界面中单击常用工具栏中的"保存"按钮，
保存包含有分析结果的文件。

步骤 03　单击主界面右上角的"关闭"按钮，退出Workbench，完成
项目分析。

图 6-37　项目管理区中的分析项目

6.4 风力发电机叶片预应力模态分析 ▶

在静态结构分析中，已经对叶片的静态进行了求解，本节将通过对叶片的模态及有预应力的模态进行分析，让读者掌握模态分析的基本过程。实例的模型采用上一章节中的模型，包括网格划分等在此不再赘述。

6.4.1 打开结构静态分析

步骤 01 在Windows系统下执行"开始"→"所有程序"→ANSYS 2022→Workbench 2022命令，启动ANSYS Workbench 2022，进入主界面。

步骤 02 选择菜单栏中的文件→打开命令，此时会出现"打开"对话框，在对话框中的"查找范围"选项中选择"chapter06"→"char06-02"文件，如图6-38所示，打开静态结构分析项目，如图6-39所示。

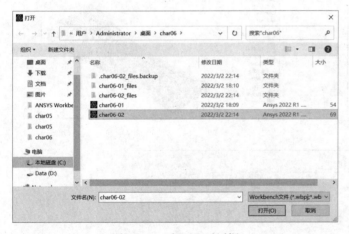

图 6-38 "打开"对话框

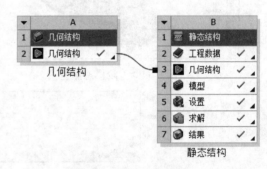

图 6-39 静态结构分析项目

6.4.2 创建预应力模态分析项目

步骤 01 在工具箱中的"分析系统"→"模态"上按住鼠标左键拖动到项目管理区中，当项目B的"求解（B6）"选项呈红色高亮显示时，放开鼠标创建项目C，此时相关联的数据可共享，如图6-40所示。

步骤 02 双击项目管理区中项目C的C5"设置"选项，进入"模态-Mechanical"界面，如图6-41所示，在该界面下即可进行预应力模态分析设置、结果观察等操作。

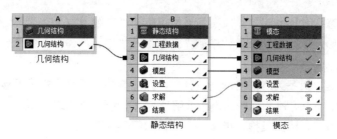

图 6-40　创建预应力模态分析项目

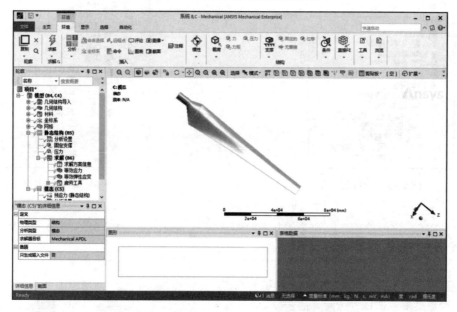

图 6-41　应力模态分析的"模态-Mechanical"界面

6.4.3　结果后处理

 步 骤 01　选择"模态-Mechanical"界面左侧模型树中"模态（C5）"下的"分析设置"选项，在该选项下可以设置求解模态数、求解方法等，这里采用默认设置，如图6-42所示，求解模型的前六阶模态。

图 6-42　设置模态求解参数

步骤 **02** 选择"模态-Mechanical"界面左侧模型树中的"求解（C6）"选项。

步骤 **03** 求解总变形：执行求解工具栏中的"变形"→"总计"命令，如图6-43所示，此时在分析树中会出现"总变形"选项。

步骤 **04** 按F2快捷键，更名为"总变形-模式1"，并在参数设置列表中设置参数模式为1。

步骤 **05** 利用同样的方法，添加其他的模态求解项，"总变形-模式2"对应二阶模态，"总变形-模式3"对应三阶模态，以此类推，最终的设计树如图6-44所示。

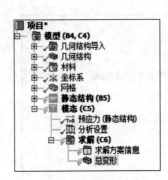
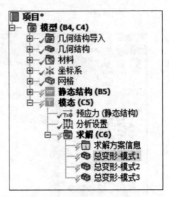

图 6-43　分析树　　　　　　　　　　　图 6-44　最终设计树

6.4.4　求解并显示求解结果

步骤 **01** 在模型树中的"求解（C6）"选项上右击，在弹出的快捷菜单中选择"求解"命令⚡。

步骤 **02** 选择模型树中"求解（B6）"下的"Total Deformation-Mode 1"选项，此时在图形窗口中会出现如图6-45所示的一阶模态振型。

步骤 **03** 利用同样的方法，可以观察其他各阶模态的分析结果，如图6-46、图6-47所示。

步骤 **04** 在"模态-Mechanical"图形窗口下方，可以观察到模型的固有频率，如图6-48所示。

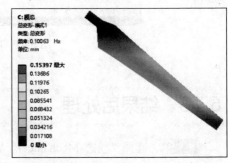

图 6-45　一阶模态振型

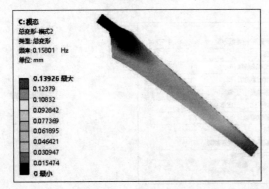
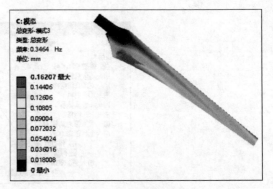

图 6-46　二阶模态振型　　　　　　　　图 6-47　三阶模态振型

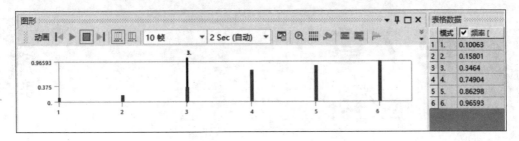

图 6-48　模型的固有频率

这里针对自定义材料User Material进行分析，模型设置中其他材料的分析过程基本相同，不再赘述。

6.4.5　保存与退出

步骤 01　单击"模态-Mechanical"界面右上角的"关闭"按钮退出"模态-Mechanical"，返回Workbench
主界面。此时主界面中的项目管理区中显示的分析项目均已完成，如图6-49所示。

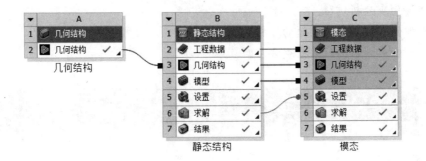

图 6-49　项目管理区中的分析项目

步骤 02　在Workbench主界面中单击常用工具栏中的"保存"按钮，保存包含有分析结果的文件。

步骤 03　单击主界面右上角的"关闭"按钮，退出Workbench，完成项目分析。

6.5　本章小结

　　本章首先简明扼要地介绍了模态分析的基本知识，然后讲解了模态分析的基本过程，最后给出了两
个典型实例——飞机机翼模态分析及风力发电机叶片的预应力模态分析。

　　通过本章的学习，读者可以掌握模态分析流程、载荷和约束的加载方法，以及结果后处理方法等相
关知识。

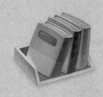

第7章
谐响应分析

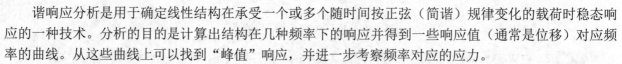 导言

　　谐响应分析主要用来确定线性结构在承受持续的周期载荷时的周期性响应（谐响应）。谐响应分析能够预测结构的持续动力学特性，从而验证其设计能否成功地克服共振、疲劳及其他受迫振动引起的有害效果。通过本章的学习，即可掌握在 ANSYS Workbench 中如何进行谐响应分析。

　　学习目标

※　了解谐响应分析。
※　掌握谐响应分析过程。
※　通过案例掌握谐响应问题的分析方法。
※　掌握谐响应分析的结果检查方法。

7.1　谐响应分析概述　▶

　　谐响应分析是用于确定线性结构在承受一个或多个随时间按正弦（简谐）规律变化的载荷时稳态响应的一种技术。分析的目的是计算出结构在几种频率下的响应并得到一些响应值（通常是位移）对应频率的曲线。从这些曲线上可以找到"峰值"响应，并进一步考察频率对应的应力。

　　谐响应分析技术只计算结构的稳态受迫振动。发生在激励开始时的瞬态振动不在谐响应分析中考虑。谐响应分析是一种线性分析。任何非线性特性，如塑性和接触（间隙）单元，即使被定义了也将被忽略，但在分析中可以包含非对称系统矩阵，如分析流体——结构相互作用问题。谐响应分析同样也可以分析有预应力的结构，如小提琴的弦（假定简谐应力比预加的拉伸应力小得多）。

　　对于谐响应分析，其运动方程为：

$$(-\omega^2[M]+i\omega[C]+[K])(\{\phi_1\}+i\{\phi_2\})=(\{F_1\}+i\{F_2\})$$

　　这里假设刚度矩阵$[K]$、质量矩阵$[M]$是定值，要求材料是线性的、使用小位移理论（不包括非线性）、阻尼为$[C]$、简谐载荷为$[F]$。

谐响应分析的输入条件包括以下两点：

● 已知幅值和频率的简谐载荷（力、压力和强迫位移）。

- 简谐载荷可以是具有相同频率的多种载荷，力和位移可以相同或者不相同，但是压力分布载荷和体载荷只能指定零相位角。

谐响应分析输出的分析结果包括以下两点：

- 每个自由度的谐响应位移，通常情况下谐响应位移和施加的载荷是不相同的。
- 应力和应变等其他导出值。

谐响应分析通常用于以下结构的设计与分析。

- 旋转设备（如压缩机、发动机、泵、涡轮机械等）的支座、固定装置和部件等。
- 受涡流影响的结构，包括涡轮叶片、飞机机翼、桥和塔等。

进行谐响应分析的目的是确保一个给定的结构能承受不同频率的各种正弦载荷（例如以不同速度运行的发动机）；探测共振响应，必要时可避免其发生（例如借助于阻尼器来避免共振等）。

7.2 谐响应分析流程

在 ANSYS Workbench 左侧工具箱中分析系统下的"谐波响应"选项上按住鼠标左键拖动到项目管理区，或双击"谐波响应"选项，即可创建谐响应分析项目，如图 7-1 所示。

当进入"谐波响应-Mechanical"后，选中分析树中的"分析设置"选项即可进行分析参数的设置，如图 7-2 所示，在谐响应分析中不支持非线性特性。

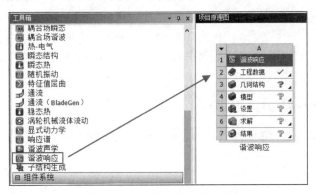

图 7-1　创建谐响应分析项目

图 7-2　分析参数设置

在"谐波响应-Mechanical"模块下，谐响应分析与模态分析的过程非常类似，其求解步骤如下。

步骤 01　建立有限元模型，设置材料特性。
步骤 02　定义接触区域。
步骤 03　定义网格控制并划分网格。
步骤 04　施加载荷和边界条件。
步骤 05　定义分析类型。
步骤 06　设置求解频率选项。
步骤 07　对问题进行求解。

步骤 08 进行结果评价和分析。

谐响应分析类似于模态分析,分析的注意事项及详细的设置参数在前面的章节中已经介绍,这里不再赘述,如想深入了解相关内容,请参考前面的章节进行学习。下面仅对谐响应的简谐载荷的施加、求解方法及结果的查阅进行简单介绍。

7.2.1　施加简谐载荷

在谐响应分析中,除重力载荷、热载荷、旋转速度载荷、螺栓预紧载荷及仅有压缩约束外,其他的结构载荷及约束均可以被使用,同时所有的结构载荷将以相同的激励频率呈正态变化。

 当仅存在压缩约束时,其行为类似于为于无摩擦力约束。

在谐响应分析中并不是所有的载荷都支持相位的输入,其中加速度载荷、轴承载荷、弯矩载荷的相位角为0°;若存在其他载荷,且改变其相位角时,加速度载荷、轴承载荷、弯矩载荷的相位角仍然为0°。谐响应分析中的简谐载荷需要指定幅值、相位角、频率,载荷在第一个求解间隔即被施加。

1．幅值与相位角

简谐载荷的值代表幅值($f_{\max}$),相位角Ψ是指两个或者多个谐响应载荷之间的相位变换,若只存在一个载荷则无须设定。对于非0的相位角,只对力、位移以及压力简谐载荷有效。幅值与相位角的设置是在参数设置列表中进行的。

2．简谐载荷频率

在谐分析设置中,通过输入最大值、最小值可以确定激振频率域($f_{\min}\sim f_{\max}$),并确定求解的步长$\Delta\Omega$。Workbench会从$\Omega+\Delta\Omega$开始,求解n个频率:

$$\Delta\Omega = 2\pi\left[\left(f_{\min}\sim f_{\max}\right)/n\right]$$

譬如在0~10Hz的频率范围内,求解间隔为2,将会得到2、4、6、8和10 Hz的结果。同样的,如果间隔为1的话,将只有10Hz的结果。

7.2.2　求解方法

求解谐响应运动方程时有完全法及模态叠加法两种方法,其中完全法是最简单的方法,使用完全结构矩阵,允许存在非对称矩阵(如声学)。模态叠加法是从模态分析中叠加模态振型,这是Workbench的默认方法,也是求解速度最快的方法。

1．模态叠加法

模态叠加法是在模态坐标系中求解谐响应方程的。对于线性系统,用户可以将x写成关于模态形状ϕ_i的线性组合的表达式:

$$\{x\} = \sum_{i=1}^{n} y_i \{\phi_i\}$$

式中 y_i 指的是模态的坐标（系数）。可以看出谐响应分析时包括的模态 n 越多，则对 $\{x\}$ 的逼近越精确。和相应的模态形状因子 ϕ_i 是通过求解一个模态分析来确定的。

采用模态叠加法进行谐响应分析时，首先需要自动进行一次模态分析，此时程序会自动确定获得准确结果所需要的模态数。虽然首先进行的是模态分析，但谐分析部分的求解仍然迅速且高效，因此模态叠加法通常比完全法要快得多。

由于模态叠加法进行了模态分析，因此 Workbench 会获得结构的自然频率。在谐响应分析中，响应的峰值是与结构的固有频率相对应的。由于自然频率已知，Workbench 能够将结果聚敛到自然振动频率附近。

2．完全法

在完全法中，直接在节点坐标系下求解矩阵方程，除了使用复数外，基本类似于线性静态分析。其表达式如下：

$$[K_C]\{x_C\} = \{F_C\}$$

其中，$[K_C] = \left(-\omega^2[M] + j\omega[C] + [K]\right)$，$\{x_C\} = \{x_1 + jx_2\}$，$\{F_C\} = \{F_1 + jF_2\}$。

3．两种方法的比较

- 在模态叠加法中是求解简化后的非耦合方程；在完全法中，必须将复杂的耦合矩阵 $[K_C]$ 因式分解，因此，完全法一般比模态叠加法更耗时。
- 完全法支持给定位移约束，由于对 $\{x\}$ 直接求解，所以允许施加位移约束，并可以使用给定位移约束。
- 完全法没有计算模态，所以不能采用结果聚敛，只能采用平均分布间隔。

7.2.3 查看结果

在谐响应分析的后处理中，可以查看应力、应变、位移及加速度的频率图，如图7-3所示为一典型的应力-频率图。通常在谐响应分析中查看结果需要以下3个步骤。

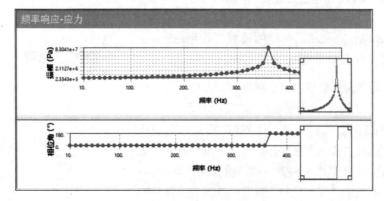

图 7-3 应力-频率图

步骤 **01** 绘制结构的指定点的位移-频率曲线。

步骤 **02** 识别关键频率和相位角。

步骤 **03** 查看结构在关键频率和相位角下的位移和应力。

7.3 连接转轴的谐响应分析 ▶

本节将通过一个连接转轴结构的谐响应分析来帮助读者掌握谐响应分析的基本操作步骤。

7.3.1 问题描述

如图7-4所示为一连接转轴在周期性轴向力作用下结构的响应,轴向力大小为100N,相位角为0°,结构的几何尺寸为73mm×13mm×13mm,材料为结构钢。结构一端为全约束,另一端施加正弦谐载荷,试分析轴中间部位的应力和位移在不同频率下的响应。

模型:axis.iges。

图 7-4 模型图

7.3.2 Workbench 基础操作

对于启动ANSYS Workbench、单位的设置、模型axis.iges的导入、添加材料等操作简单介绍如下。

步骤 **01** 在主界面中建立分析项目,建立的项目包括几何模型项目A、谐响应分析项目B,如图7-5所示。

步骤 **02** 在A2栏的"几何结构"选项上右击,在弹出的快捷菜单中执行"导入几何模型"→"浏览"命令,在弹出的对话框中选择需要导入的模型文件axis.iges。

步骤 **03** 双击B2栏进入"工程数据"界面,添加系统自带的材料"结构钢",此时可在几何体上进行其他的操作,本例无须进行操作。

图 7-5 创建分析项目

步骤 04 双击A2栏进入DM中，设置其单位为"Metric（mm,kg,N,s,mV,mA）"。在模型设计树中的"导入1"选项右击，在弹出的快捷菜单中选择"生成"命令，即可显示生成的几何体，如图7-6所示，可在几何体上进行其他的操作。

图 7-6　DM 操作界面

7.3.3　创建多体部件体及抑制体

步骤 01 在设计树中单击"19部件，19几何体"前面的"展开"按钮⊞，展开所有的体，此时会看到模型树中的体结构，包括19个实体（Solid）。

步骤 02 选择列表下的第一个体后，按Shift键，同时拖动滚动条到所有体的最后，单击最后一个体，即可将所有的体选中，如图7-7所示。

步骤 03 在选中的几何体上右击，在弹出的快捷菜单中选择"形成新部件"命令，此时会形成一个独立的新体——多体部件体，如图7-8所示。

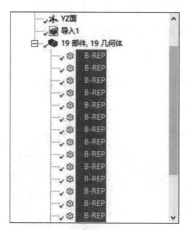

图 7-7　选中所有的体

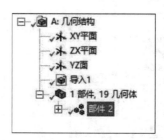

图 7-8　形成多体部件体

此时的模型只有一个实体，该体包括19个零件。

步骤 04 单击DM界面右上角的"关闭"按钮，退出DM，返回Workbench主界面。

7.3.4　网格参数设置

步骤 01 双击项目管理区项目B中的B4栏"模型"选项，进入"谐波响应-Mechanical"界面，在该界面下即可进行网格的划分、分析设置、结果观察等操作。

步骤 02 选中分析树中的"网格"选项，执行网格工具栏中"控制"→"尺寸调整"命令，为网格划分添加尺寸调整，如图7-9所示。

步骤 03 单击图形工具栏中的"选择体"按钮，执行菜单栏中的"编辑（Edit）"→"选择所有（Select All）"命令，选择所有的体，此时体颜色显示为绿色，如图7-10所示。

图 7-9　添加尺寸调整

图 7-10　选择体

 选择所有的实体时，也可以在图形窗口中右击，在弹出的快捷菜单中选择"选择所有"命令，如图7-11所示，即可选中所有的体。

步骤 04 在参数设置列表中单击"应用"按钮，并设置单元尺寸为1mm，完成网格参数的设置，如图7-12所示。

步骤 05 执行网格工具栏中的"控制"→"方法"命令，添加网格划分方法，如图7-13所示。

图 7-11　快捷菜单

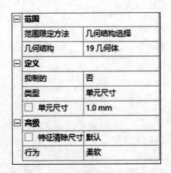

图 7-12　设置网格尺寸控制参数

图 7-13　添加网格划分方法

步骤 06 选中"自动方法"选项，并在图形窗口中选择如图7-14所示的体，单击参数设置栏后的"应用"
按钮，并设置方法为"扫掠"，如图7-15所示。

步骤 07 选择"扫掠"方法后，参数设置列表会发生变化，在"Src/Trg选择"选项下选择"手动源"，
即选择源面的方式划分网格，如图7-16所示。

图 7-14　选择体　　　　　　　图 7-15　设置扫掠方法　　　　图 7-16　设置源面方式划分网格

步骤 08 选择如图7-17所示的源面，并单击参数设置栏源后的"应用"按钮。

步骤 09 在分析树中的"网格"分支下右击，在弹出的快捷菜单中选择"生成网格"命令，最终生成的
网格效果如图7-18所示。

图 7-17　选择源面　　　　　　　　　　　图 7-18　网格效果

7.3.5　施加载荷与约束

步骤 01 选中模型树中的"分析设置"选项，并在"选项"下设置最小、最大频率范围分别为0Hz、500Hz，
求解方案间隔为50，设置求解方法为"模态叠加"，如图7-19所示。

步骤 02 执行环境工具栏中"结构"→"固定的"命令，为模型添加约束，如图7-20所示。

步骤 03 在选择过滤器工具栏中单击"选择面"按钮，然后选择结构的一端面为全约束，单击参数设
置列表中的"应用"按钮，即可将全约束施加到节点上，如图7-21所示。

步骤 04 执行环境工具栏中"载荷"→"力"命令，为模型添加载荷，如图7-22所示。

图 7-19　设置频率范围和步长

图 7-20　添加约束

图 7-21　为面施加约束

图 7-22　添加激励载荷

步骤 05　选择结构的另一端面，单击参数设置列表中的"力"按钮，并在定义依据参数下选择"分量"，然后将X分量设置为–100N，相角设置为0°，如图7-23所示。此时即可将约束施加到选中的面上，如图7-24所示。

图 7-23　修改参数

图 7-24　面上施加约束

7.3.6　设置求解

步骤 01　选择"谐波响应-Mechanical"界面左侧模型树中的"求解（B6）"选项，此时会出现求解工具栏。

步骤 **02** 求解频率响应：执行求解工具栏中的"频率响应"→"应力"命令，如图7-25所示，此时在分析树中会出现频率响应项，按F2键，将其重新命名为"频率响应-应力"。

步骤 **03** 单击图形工具栏中的"选择边"按钮 ⮌，在图形窗口中选择如图7-26所示的边，然后在参数列表中单击"应用"按钮。

图 7-25 添加应力频率响应求解项

图 7-26 选择边

步骤 **04** 利用同样的方法求解变形响应：执行求解工具栏中的"频率响应"→"变形"命令，如图7-27所示，此时在分析树中会出现"频率响应"选项，按F2键，将其重新命名为"频率响应-变形"，并选择与步骤（3）中相同的边。

步骤 **05** 执行Solution工具栏中的"频率响应"→"加速度"命令，如图7-28所示，此时在分析树中会出现"频率响应"选项，按F2键，将其重新命名为"频率响应-加速度"，并选择与步骤（3）中相同的边。

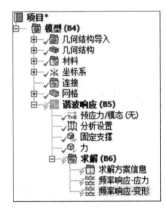

图 7-27 添加变形频率响应求解项

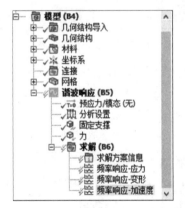

图 7-28 添加加速度频率响应求解项

7.3.7 求解并显示求解结果

步骤 **01** 执行求解工具栏中的"求解"命令 ⚡ 进行求解。

步骤 **02** 求解完成后，选择分析树中"求解（B6）"后的"频率响应-应力"选项，可以观察谐响应分析的结果，如图7-29所示，其中上图为应力频谱。从图中可以看出，在频率为370Hz的时候，轴中间部分（线）出现最大应力；在频率为370Hz~500Hz时，轴中间部分（线）出现较大的角位移。

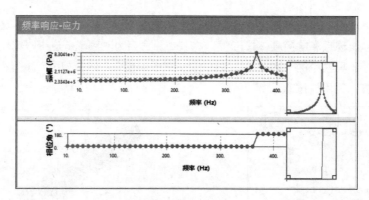

图 7-29　应力频率响应

步骤 **03**　选择分析树中"求解（B6）"后的"频率响应-变形"选项，可以观察谐响应分析的结果，如图7-30所示，其中上图为变形频谱。

步骤 **04**　选择分析树中"Solution（B6）"后的"频率响应-加速度"选项，可以观察谐响应分析的结果，如图7-31所示，其中上图为加速度频谱。

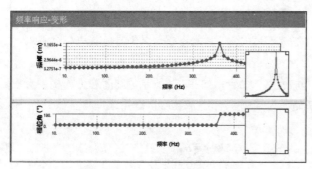

图 7-30　变形频率响应

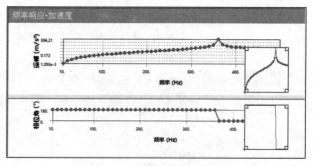

图 7-31　加速度频率响应

步骤 **05**　求解等效应力：执行求解工具栏中的"应力"→"等效（von-Mises）"命令，此时在分析树中会出现"等效应力"选项。在参数设置列表中设置频率为475Hz，如图7-32所示。

步骤 **06**　求解变形：执行求解工具栏中的"变形"→"总计"命令，此时在分析树中会出现"总变形"选项。在参数设置列表中设置频率为475Hz，如图7-33所示。

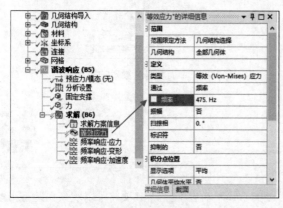

图 7-32　添加应力分析

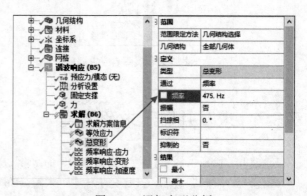

图 7-33　添加变形分析

步骤 **07**　评估结果：在设计树刚创建的选项上右击，在弹出的快捷菜单中选择"评估所有结果"命令。

步骤 **08** 选择"求解（B6）"下的"等效应力"选项，此时在图形窗口中会出现如图7-34所示的应力分析云图（475Hz）。

步骤 **09** 选择Outline（分析树）中"Solution（B6）"下的"Total Deformation"选项，此时在图形窗口中会出现如图7-35所示的变形分析云图（475Hz）。

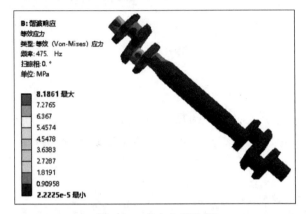

图 7-34　应力分析结果

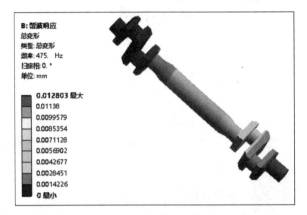

图 7-35　变形分析结果

7.3.8　保存与退出

步骤 **01** 单击"谐波响应-Mechanical"界面右上角的关闭按钮退出Mechanical，返回Workbench主界面。此时主界面中的项目管理区中显示的分析项目均已完成，如图7-36所示。

步骤 **02** 在Workbench主界面中单击常用工具栏中的"保存"按钮，保存包含有分析结果的文件。

步骤 **03** 单击主界面右上角的"关闭"按钮，退出Workbench，完成项目分析。

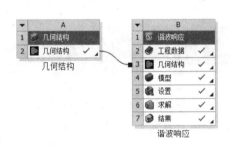

图 7-36　项目管理区中的分析项目

7.4　本章小结

　　本章首先介绍了谐响应分析的基本知识，然后讲解了谐响应分析的基本过程，最后给出了谐响应分析的一个典型实例——连接转轴的谐响应分析。

　　通过本章的学习，读者可以掌握谐响应分析的基本流程、载荷和约束的加载方法，以及结果后处理方法等相关知识。

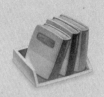

第8章

响应谱分析

视频

导言

响应谱分析是分析计算结构受到瞬间载荷作用时产生的最大响应。响应谱分析广泛应用于建筑的地震响应、机载电子设备的冲击载荷响应等。通过本章的学习，读者可掌握 ANSYS Workbench 响应谱分析的方法及应用。

学习目标

※ 了解谱分析。
※ 掌握响应谱分析过程。
※ 通过案例掌握响应谱问题的分析方法。
※ 掌握响应谱分析的结果检查方法。

8.1 谱分析概述

谱分析是一种将模态分析的结构与一个已知的谱联系起来计算模型的位移和应力的分析技术。它主要应用于时间历程分析，以便确定结构对随机载荷或随时间变化载荷（如地震、风载、海洋波浪、喷气发动机推力、火箭发动机振动等）的动力响应情况，因此在进行谱分析之前必须要进行模态分析。

所谓谱，就是指谱值与频率的关系图，它表达了时间历程载荷的强度和频率。谱分析有三种形式：响应谱分析方法、动力设计分析方法、功率谱密度方法。响应谱分析方法又包括单点谱分析与多点谱分析两种类型。

在谱分析中只有线性行为才是有效的，任何非线性单元均作为线性处理。如果含有接触单元，则其刚度始终是初始刚度。

进行谱分析时必须定义材料的弹性模量和密度,材料的任何非线性将被忽略，允许材料特性是线性、各向同性或各向异性、随温度变化或不随温度变化。

8.2 响应谱分析流程

在ANSYS Workbench左侧工具箱中分析系统下的"响应谱"上按住鼠标左键拖动到项目管理区"模态"的A6栏，即可创建响应谱分析项目，如图8-1所示。

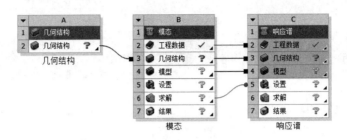

图 8-1　创建响应谱分析项目

当进入"响应谱-Mechanical"后，单击选中分析树中的"分析设置"即可进行分析参数的设置，如图8-2所示，在响应谱分析中不支持非线性特性。

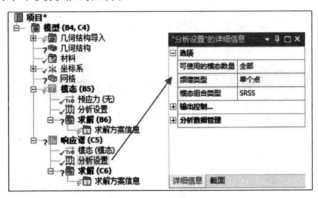

图 8-2　响应谱分析参数设置

在"响应谱-Mechanical"模块下，响应谱分析的步骤如下。

步骤 01　对模型进行模态分析。

步骤 02　定义响应谱分析选项。

步骤 03　施加载荷和边界条件。

步骤 04　对问题进行求解。

步骤 05　进行结果评价和分析。

详细的设置参数在前面的章节中已经介绍过，这里不再赘述，如想深入了解相关内容，请参考前面的章节进行学习。

在响应谱分析中，加载位移约束时位移必须为0，通常在模态分析结束后要查看模态分析的前几阶（一般为前六阶）的固有频率和振型，然后再进行随机振动分析的设置（载荷及边界条件），响应谱分析中的载荷为加速度、速度及位移，如图8-3所示。

响应谱分析结束后可以得到在PSD激励作用下的位移、速度、加速度、应力、应变等分析结果，如图8-4所示。

图 8-3　响应谱分析载荷

图 8-4　响应谱的求解项

8.3　地震位移下的响应谱分析　▶

本节将通过对某板梁结构在地震位移作用下的响应分析，帮助读者掌握谱分析的基本过程。实例的模型是在DM中创建的，在讲解时给出了模型的创建过程。

8.3.1　问题描述

板梁结构如图8-5所示，试计算在Z方向的地震位移谱（见表8-1）作用下的构件相应情况，其中板厚度为2mm，梁截面为10mm×16mm的矩形梁。

图 8-5　模型文件

表 8-1　地震位移谱

频率/Hz	位移/mm
0.5	1.0
1.0	0.5
2.4	0.8
3.8	0.7
17	1.0
18	0.7
20	0.8
32	0.3

材料： 选择系统默认的碳钢材料，其材料特性为：弹性模量E为200×10³ MPa、泊松比μ为0.3、密度DENS为7.8g/cm³。

8.3.2　启动 Workbench 进入 DM 界面

步骤 01　在Windows系统下执行"开始"→"所有程序"→ANSYS 2022→Workbench 2022命令，启动ANSYS Workbench 2022，进入主界面。

步骤 02　在ANSYS Workbench主界面中选择"单位"→"度量标准（kg,mm,s,℃,mA,N,mV）"命令，设置模型单位，如图8-6所示。

步骤 03　双击主界面工具箱中的"组件系统"→"几何结构"选项，即可在项目管理区创建分析项目A，如图8-7所示。

步骤 04　在工具箱中的"分析系统"→"模态"上按住鼠标左键拖动到项目管理区中，当项目A的"几何结构"选项呈红色高亮显示时，放开鼠标创建项目B，此时相关联的数据可共享，如图8-8所示。

图 8-6 设置单位

图 8-7 创建分析项目 A

图 8-8 创建分析项目

步骤 05 利用同样的方法，在工具箱中的"分析系统"→"响应谱"上按住鼠标左键拖动到项目管理区中，当项目B的"求解"选项呈红色高亮显示时，放开鼠标创建项目C，此时相关联的数据可共享，如图8-9所示。

步骤 06 双击项目A中的A2栏"几何结构"选项，进入DM界面，此时即可在DM中创建几何模型。

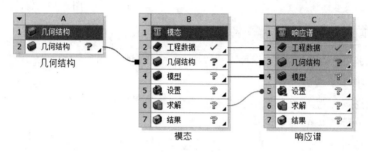

图 8-9 创建分析项目

8.3.3 创建模型

1. 在XYPlane平面上绘制草图

步骤 01 在DM设计树中选择"XY平面"选项，单击"草图绘制"标签，进入草图绘制环境，即可在XY平面上绘制草图。

步骤 02 单击图形显示控制工具栏中的"查看面"按钮 ，如图8-10所示，使草图绘制平面正视前方，方便绘制图形，如图8-11所示。

步骤 03 执行绘制面板中的"矩形"命令，绘制如图8-12所示的矩形。

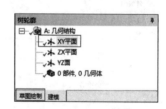

图 8-10 选择草绘平面

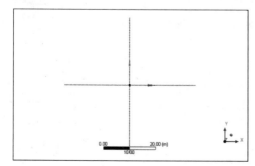

图 8-11 正视草绘平面

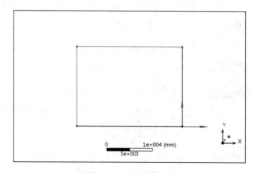

图 8-12 绘制矩形

步骤 **04** 选择维度面板中的"通用"命令，标注尺寸H1、V1，如图8-13所示。

步骤 **05** 在参数列表中的维度下修改圆的尺寸参数H4和V3为500mm，如图8-14所示。

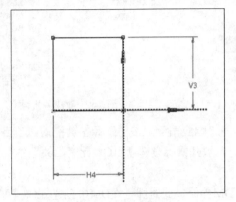

图 8-13　标注尺寸

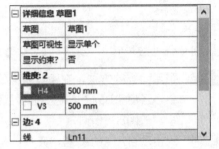

图 8-14　修改尺寸参数

2．在ZXPlane平面上绘制草图

步骤 **01** 在DM设计树中选择"ZX平面"选项，单击"草图绘制"标签，进入草图绘制环境，即可在ZX平面上绘制草图。

步骤 **02** 单击图形显示控制工具栏中的"查看面"按钮 ，使草图绘制平面正视前方，方便绘制图形。

步骤 **03** 选择绘制面板中的"直线"命令，绘制直线。

步骤 **04** 选择维度面板中的"通用"命令，标注尺寸H1。在参数列表中的维度下修改圆的尺寸参数H1为1500mm，如图8-15所示。

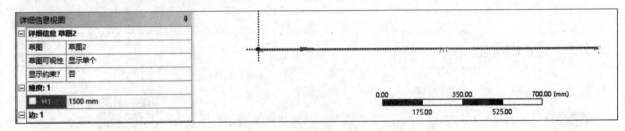

图 8-15　修改尺寸参数

3．创建线体

步骤 **01** 选择菜单栏中的"概念"→"草图线"命令，执行从草图生成线体命令，此时在设计树中会出现如图8-16所示的线1。

步骤 **02** 单击选择设计树中的"草图1"，在参数设置列表中单击"应用"按钮，此时选中的边线呈绿色显示，如图8-17所示。

步骤 **03** 单击"生成"按钮生成线体1。

步骤 **04** 同步骤（1），执行从草图生成线体命令，并选择"草图2"，将其生成为线体2，此时的设计树如图8-18所示，设计树中的体即包含了刚刚创建的线体。

步骤 **05** 同步骤（1），选择菜单栏中的"概念"→"草图表面"命令，执行从草图生成面体命令，并选择"草图1"，将其生成表面几何体，此时的设计树如图8-19所示。

图 8-16　生成线体

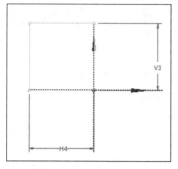

图 8-17　边线呈绿色显示

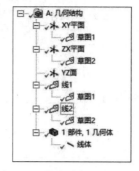

图 8-18　生成线体后的设计树

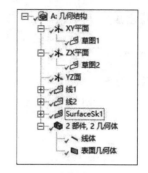

图 8-19　生成面体后的设计树

4．阵列面体

步骤 **01**　选择菜单栏中的"创建"→"模式"命令，在参数设置列表中设置几何结构为面体，设置方向为线体边，"FD1，偏移"为500mm，FD3，复制（>=0）输入3，如图8-20所示。

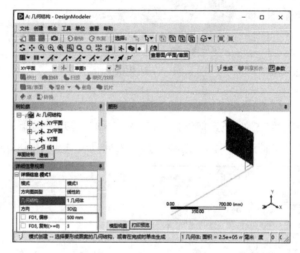

图 8-20　阵列参数设置列表

步骤 **02**　单击"生成"按钮，生成如图8-21所示的3个面体。同时设计树中也多了3个面体，如图8-22所示。

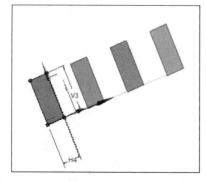

图 8-21　生成 3 个面体

图 8-22　设计树的面体

5．创建线体

步骤 **01**　选择菜单栏中的"概念"→"边线"命令，执行从边生成线体命令。

步骤 02 单击选择刚刚生成的三个面体,在参数设置列表中单击"应用"按钮,此时选中的边线呈绿色显示,如图8-23所示。

步骤 03 单击"生成"按钮生成线体,如图8-24所示。

步骤 04 选择菜单栏中的"概念"→"来自点的线"命令,执行从点生成线体命令。单击选择四个面体所有的点,在参数设置列表中单击"应用"按钮。单击"生成"按钮生成线体,如图8-25所示。

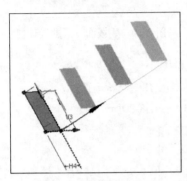
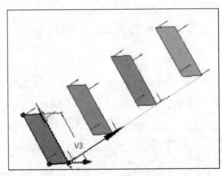

图 8-23 绿色显示边线   图 8-24 从边生成线体   图 8-25 从点生成线体

6. 抑制底部面体

步骤 01 单击目录树中的"5部件,5几何体"前的"+"号,展开子目录,在第1个表面几何体上右击,弹出菜单,选择"抑制几何体"选项,抑制表面几何体,如图8-26所示。

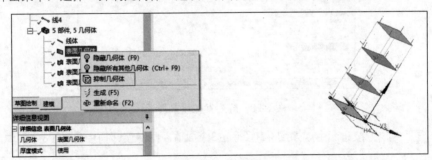

图 8-26 选择面

步骤 02 在图形窗口中右击,在弹出的快捷菜单中选择"抑制几何体"命令,此时选中的面即可被抑制,如图8-27所示。

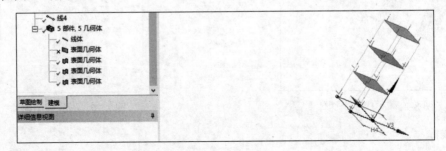

图 8-27 抑制面

7. 为体添加截面特性

步骤 **01** 选择菜单栏中的"概念"→"横截面"→"矩形截面"命令，如图8-28所示，为线体创建横截面。

步骤 **02** 在参数列表中设置各参数，如图8-29所示。

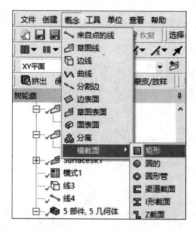

图 8-28 执行横截面命令

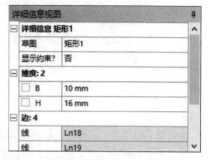

图 8-29 设置横截面参数

步骤 **03** 选择设计树中的"线体"选项，然后在参数设置列表中的横截面中选择"矩形1"，为线体添加横截面特性，如图8-30所示。

步骤 **04** 选择设计树中的面体（可按住Ctrl键同时选择多个面体），然后设置厚度模式为"用户定义"，厚度为2mm，如图8-31所示。

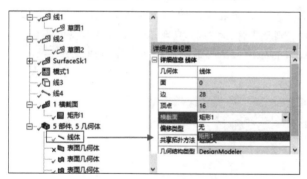

图 8-30 为线体添加横截面特性

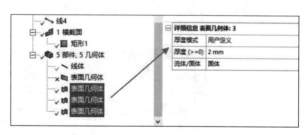

图 8-31 为面体添加厚度

8. 生成多体部件体

步骤 **01** 选择"5部件，5几何体"列表下的第一个"线体"选项后，按Shift键，单击选择其他所有的体，即可将所有的体选中。

步骤 **02** 在选中的体上右击，在弹出的快捷菜单中选择"形成新部件"命令，如图8-32所示，即可创建多体部件体。

步骤 **03** 单击DM界面右上角的"关闭"按钮，退出DM，返回Workbench主界面。

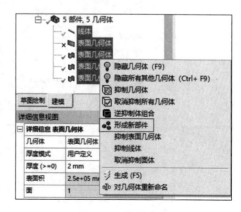

图 8-32 快捷菜单

8.3.4 添加材料

步骤 **01** 双击项目B中的B2栏"工程数据"选项，进入如图8-33所示的材料参数设置界面，在该界面下即可进行材料参数设置。

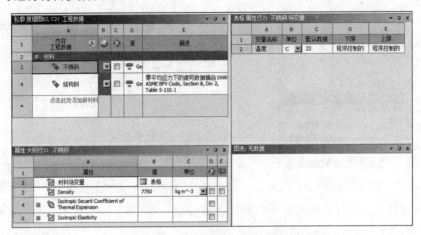

图 8-33 材料参数设置界面

步骤 **02** 在界面的空白处右击，在弹出的快捷菜单中选择"工程数据源"命令，此时的界面如图8-34所示。

步骤 **03** 在工程数据源表中选择A4栏"一般材料"，然后单击轮廓General Materials表中B4栏的"添加"按钮，此时在C12栏中会显示"使用中的"标识，如图8-35所示，表示材料添加成功。

步骤 **04** 同步骤（2），在界面的空白处右击，在弹出的快捷菜单中取消选择"工程数据源"命令，返回初始界面。

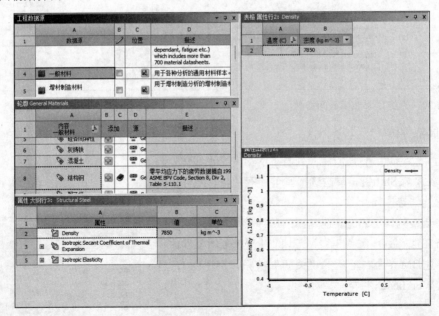

图 8-34 材料参数设置界面

步骤 05 根据实际工程材料的特性,在"属性 大纲行3:不锈钢"表中可以修改材料的特性,如图8-36
所示,本实例采用的是默认值。

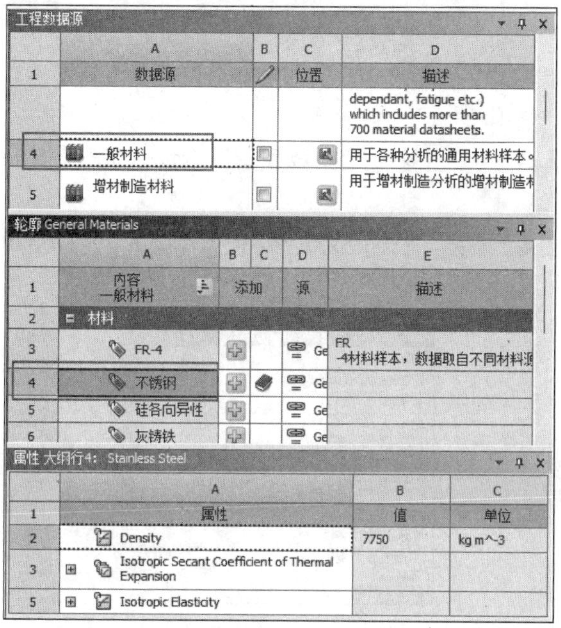

图 8-35　添加材料

图 8-36　材料参数修改窗口

步骤 06 单击工具栏中的"项目"按钮,返回Workbench主界面,材料库添加完毕。

8.3.5　为体添加材料

步骤 01 双击项目管理区项目B中的B4栏"模型"选项,进入"模态-Mechanical"界面,在该界面下即
可进行网格的划分、分析设置、结果观察等操作。

步骤 02 在"模态-Mechanical"界面中选择"单位"→"度量标准(mm,kg,N,s,mV,mA)"命令,设置
分析单位,如图8-37所示。

步骤 03 选择"模态-Mechanical"界面左侧模型树中"几何结构"选项下的"部件"选项,此时即可在
参数设置列表中添加材料为"不锈钢",如图8-38所示。

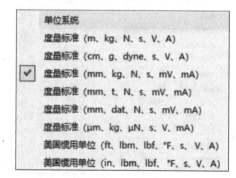

图 8-37　设置单位

图 8-38　添加材料

8.3.6　划分网格

步骤 01　选中分析树中的"网格"选项，选择网格工具栏中的"控制"→"尺寸调整"命令，为网格划分添加尺寸调整。

步骤 02　单击图形工具栏中的"选择边"按钮 🔲，选择一个边后右击"选择所有"命令，选择所有的线体，此时线体颜色显示为绿色，如图8-39所示。

步骤 03　在参数设置列表中单击"几何结构"后的"应用"按钮，完成边的选择，设置单元尺寸为10mm，如图8-40所示。

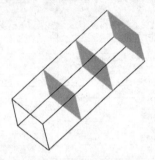

图 8-39　选择所有线体

图 8-40　设置单元尺寸

步骤 04　选中分析树中的"网格"选项，选择网格工具栏中的"控制"→"面网格剖分"命令，为网格划分添加面网格控制，如图8-41所示。

图 8-41　添加面网格控制

步骤 05　同步骤（2），在图形选择过滤器中单击"选择面" 🔲 按钮，选择一个面后右击"选择所有"命令，选择所有的面体，此时面体颜色显示为绿色，如图8-42所示。

步骤 06　在参数设置列表中单击"几何结构"后的"应用"按钮，完成面的选择，共选择3个面，设置方法为四边形网格，如图8-43所示。

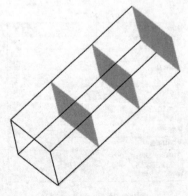

图 8-42　选择面体

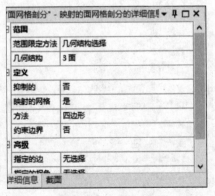

图 8-43　参数设置

步骤 **07** 利用同样的方法，为所有的面添加网格尺寸控制。单击"网格"选项，修改默认单元尺寸为5mm，参数设置如图8-44所示。

步骤 **08** 在模型树中的"网格"选项上右击，在弹出的快捷菜单中选择"生成网格"命令，最终的网格效果如图8-45所示。

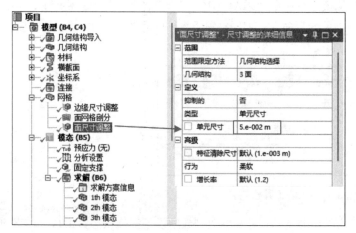

图 8-44　面网格尺寸设置

图 8-45　网格效果

8.3.7　施加固定约束

步骤 **01** 选中分析树中的"模态（B5）"选项，选择环境工具栏中的"约束"→"固定的"命令，为模型添加约束，如图8-46所示。

步骤 **02** 单击图形工具栏中的选择模式下"选择点"按钮，选择如图8-47所示的底部4个点。

图 8-46　添加约束

步骤 **03** 在参数设置列表中单击"几何结构"后的"应用"按钮，完成底部点的选择，施加固定约束后的图形效果如图8-48所示。

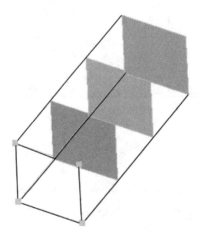

图 8-47　选择底部 4 个点

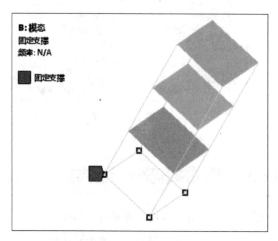

图 8-48　施加约束后的效果

8.3.8 提取模态参数设置

步骤**01** 选择"模态-Mechanical"界面左侧模型树中的"求解（B6）"选项，此时会出现求解工具栏。

步骤**02** 选择求解工具栏中的"变形"→"总计"命令，如图8-49所示，此时在分析树中会出现"总变形"选项。

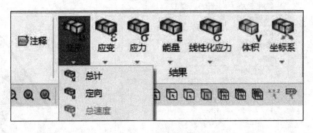

图 8-49　求解工具栏

步骤**03** 按F2键，然后修改总变形的名称为"1th模态"，并在参数列表中设置提取模态数为1，如图8-50所示。

步骤**04** 利用同样的方法进行设置，2th 模态、3th 模态、4th 模态、5th模态、6th模态分别对应二阶、三阶、四阶、五阶、六阶模态数，如图8-51所示。

步骤**05** 在模型树中的"求解（B6）"选项上右击，在弹出的快捷菜单中选择"求解"命令，进行计算。

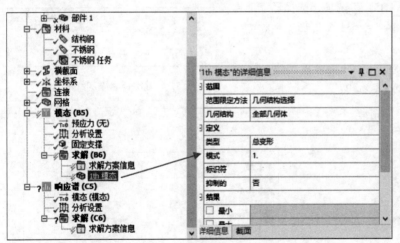

图 8-50　设置提取模态数

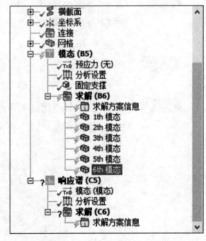

图 8-51　设置提取各阶模态

8.3.9 查看模态分析结果

步骤**01** 求解完成后，选择分析树中"求解（B6）"后的"1th模态"，可以观察模态分析的一阶模态振型及固有频率，如图8-52所示。

步骤02 利用同样的方法查看2th模态、3th模态、4th模态、5th模态、6th模态对应的二阶、三阶、四阶、五阶及六阶模态振型及固有频率，如图8-53～图8-57所示。

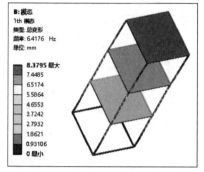
图 8-52　一阶模态振型

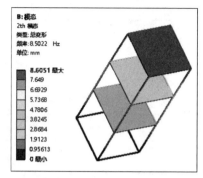
图 8-53　二阶模态振型

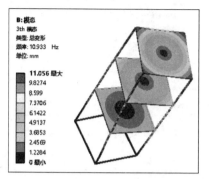
图 8-54　三阶模态振型

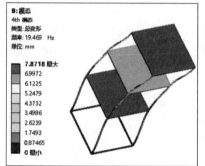
图 8-55　四阶模态振型

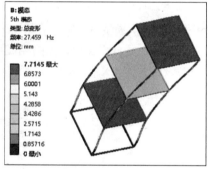
图 8-56　五阶模态振型

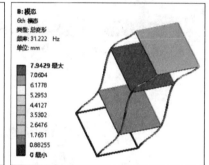
图 8-57　六阶模态振型

步骤03 在图形窗口的下方可以观察到前六阶振型的固有频率，如图8-58所示。

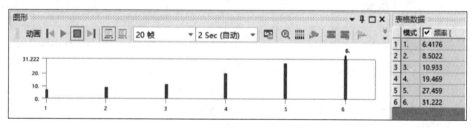
图 8-58　前六阶的固有频率值

8.3.10　添加响应谱位移

步骤01 选中分析树中的"响应谱（C5）"选项，单击环境工具栏中的"响应谱"→"RS位移"命令，为模型添加Z方向的功率谱位移，如图8-59所示。

步骤02 在参数设置列表中的边界条件参数下选择"所有支持"，在加载数据下选择"表格数据"，如图8-60所示。

图 8-59　添加功率谱位移

步骤03 在图形窗口下方的Tabular Data栏中输入响应的随机载荷，如图8-61所示。

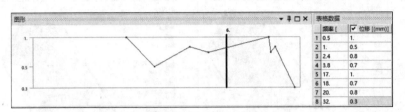

图 8-60　设置参数　　　　　　　　　　　　图 8-61　随机载荷

8.3.11　提取响应谱分析结果

步骤 **01**　选择"响应谱-Mechanical"界面左侧模型树中的"求解（C6）"选项，此时会出现求解工具栏。

步骤 **02**　选择求解工具栏中的"变形"→"定向"命令，如图8-62所示，此时在分析树中会出现"定向变形"选项，在参数列表中设置方向为X轴，如图8-63所示。

图 8-62　添加方向位移求解项　　　　　　图 8-63　设置位移求解方向

步骤 **03**　选中"定向变形"选项，按F2键，修改名称为"X定向变形"。

步骤 **04**　利用同样的方法添加Y定向变形、Z定向变形到分析树中，参数分别设置为Y轴、Z轴。

步骤 **05**　选择求解工具栏中的"应力"→"等效（von-Mises）"命令，如图8-64所示，此时在分析树中会出现"等效应力"选项，参数列表设置为默认值，如图8-65所示。

图 8-64　添加等效应力求解项　　　　　　图 8-65　参数设置

步骤 **06**　在模型树中的"求解（C6）"选项上右击，在弹出的快捷菜单中选择"求解"命令。

8.3.12 查看分析结果

步骤 01 求解完成后，选择分析树中"求解（C6）"后的"X定向变形"，可以观察X方向的位移云图，如图8-66所示。

步骤 02 利用同样的方法，选择Y定向变形、Z定向变形观察Y、Z方向的位移云图，如图8-67、图8-68所示。

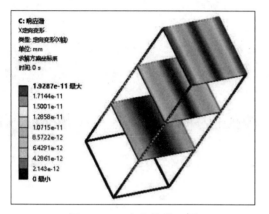

图 8-66　X 方向位移云图

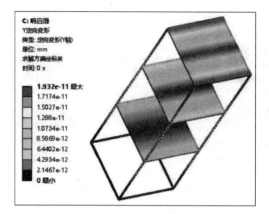

图 8-67　Y 方向位移云图

步骤 03 选择分析树中"求解（C6）"后的"等效应力"选项，可以观察等效应力云图，如图8-69所示。

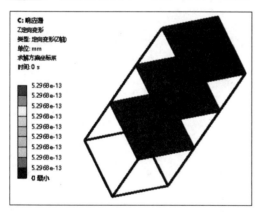

图 8-68　Z 方向位移云图

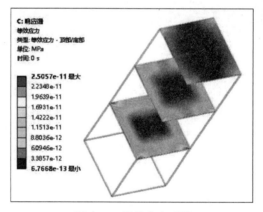

图 8-69　等效应力云图

8.3.13 保存与退出

步骤 01 单击"静态结构-Mechanical"界面右上角的"关闭"按钮退出Mechanical，返回Workbench主界面。此时项目管理区中显示的分析项目均已完成，如图8-70所示。

步骤 02 在Workbench主界面中单击常用工具栏中的"保存"按钮，保存包含有分析结果的文件。

步骤 03 单击主界面右上角的"关闭"按钮，退出Workbench，完成项目分析。

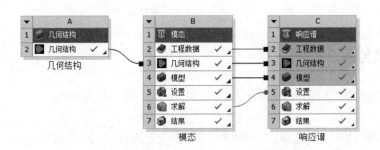

图 8-70　项目管理区中的分析项目

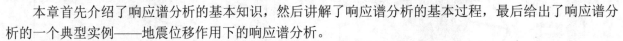

8.4　本章小结

　　本章首先介绍了响应谱分析的基本知识，然后讲解了响应谱分析的基本过程，最后给出了响应谱分析的一个典型实例——地震位移作用下的响应谱分析。

　　通过本章的学习，读者可以掌握响应谱分析的基本流程、载荷和约束的加载方法，以及结果后处理方法等相关知识。

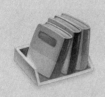

第9章

随机振动分析

导言

随机振动分析是一种基于概率统计学的谱分析技术，它求解的是在随机激励作用下的某些物理量，包括位移、应力等的概率分布情况。随机振动分析在机载电子设备、抖动光学设备、声学装载设备等方面有着广泛地应用。

学习目标

※ 了解随机振动分析。
※ 掌握随机振动分析过程。
※ 通过案例掌握随机振动问题的分析方法。
※ 掌握随机振动分析的结果检查方法。

9.1 随机振动分析概述

随机振动分析是一种基于概率统计学的谱分析技术。随机振动分析中功率谱密度（Power Spectral Density，PSD）记录了激励和响应的均方根值同频率的关系，因此PSD是一条功率谱密度值－频率值的关系曲线，如图9-1所示，即载荷时间历程。

对PSD的说明如下。

- PSD 曲线下的面积就是方差，即响应标准偏差的平方值。
- PSD 的单位是 Mean Square/Hz（如加速度 PSD 的单位为 G^2/Hz）。
- PSD 可以是位移、速度、加速度、力或者压力等。

在随机振动分析中，由于时间历程不是确定的，所以瞬态分析不可用。随机振动分析的输入为以下两种：

- 通过模态分析得到的结构固有频率和固有模态。
- 作用于节点的单点或多点的 PSD 激励曲线。

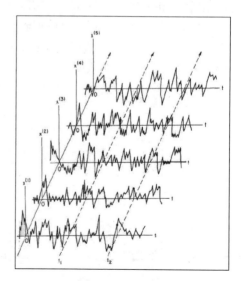

图 9-1 功率谱密度图

随机振动分析输出的是作用于节点的PSD响应（位移和应力等），同时还能用于疲劳寿命预测。

9.2 随机振动分析流程

在ANSYS Workbench左侧工具箱中分析系统下的"随机振动"选项上按住鼠标左键拖动到项目管理区模态项目的A6栏,即可创建随机振动分析项目,如图9-2所示。

当进入"随机振动-Mechanical"后,选中分析树中的A"分析设置"即可进行分析参数的设置,如图9-3所示。

在Mechanical模块下,随机振动分析的过程与响应谱分析类似,其分析步骤如下。

步骤 **01** 对模型进行模态分析。

步骤 **02** 定义随机振动分析选项。

步骤 **03** 施加载荷和边界条件。

步骤 **04** 对问题进行求解。

步骤 **05** 进行结果评价和分析。

详细的设置参数在前面的章节中已经介绍,这里不再赘述,如想深入了解相关内容,请参考前面的章节进行学习。

在随机振动分析中,加载位移约束时位移必须为0,通常在模态分析结束后要查看模态分析的前几阶(一般为前六阶)的固有频率和振型,然后再进行随机振动分析的设置(载荷及边界条件),随机振动分析中的载荷为功率谱密度(PSD),如图9-4所示。

随机振动分析结束后,可以得到在PSD激励作用下的位移、速度、加速度、应力、应变以及在PSD作用下的节点响应,如图9-5所示为随机振动分析的求解工具栏。

图 9-2　创建随机振动分析项目

图 9-3　随机振动分析参数设置

图 9-4　随机振动分析载荷

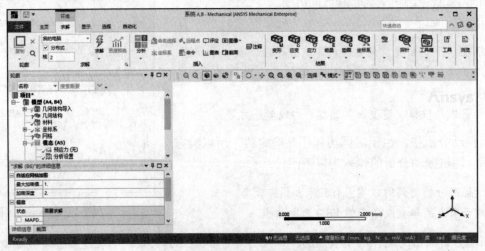

图 9-5　随机振动分析的求解工具栏

9.3 梁板结构的随机振动分析

本节将通过对梁板结构的随机振动分析，让读者掌握随机振动分析的基本过程，本实例的模型建立过程请参照前面的章节，在进行分析时直接导入即可。

9.3.1 问题描述

本例为一个典型的梁板结构，长宽均为6m，高为12m，其厚度为20mm，梁截面为I型，如图9-6所示，材料为结构钢。分析此结构在底部约束点随机载荷作用下的结构反应。

材料：选择系统默认的结构钢材料。
模型：beam-floor.agdb。
载荷：随机载荷如表9-1所示。

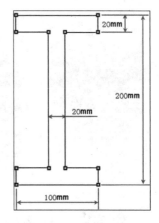

图 9-6 梁板结构

表 9-1 随机载荷

目 录	频率（Hz）	位移（mm²/Hz）	目 录	频率（Hz）	位移（mm²/Hz）
1	0.5	0.01	5	17	0.005
2	1	0.02	6	18	0.01
3	2.4	0.016	7	20	0.015
4	3.8	0.02	8	32	0.01

9.3.2 建立分析项目

步骤01 在Windows资源管理器中双击几何模型文件beam-floor.agdb，此时会出现几何结构项目。

 本案例的几何模型是在前面章节中创建的，此处采用直接打开的方式进入ANSYS Workbench主界面。

步骤02 利用前面章节介绍的方法创建"模态"分析及"随机振动"分析项目，创建后的分析项目如图9-7所示。

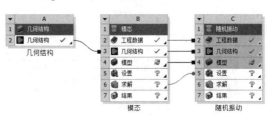

图 9-7 建立分析项目

9.3.3 修改模型

1. 删除多余的边

步骤 01 双击项目A中的A2栏"几何结构"，此时会进入DM界面，在图形窗口中会显示如图9-8所示的几何模型。

步骤 02 在图形窗口的空白处右击，在弹出的快捷菜单中选择"查看"→"右视图"命令，如图9-9所示，此时的图形界面如图9-10所示。

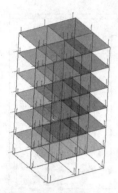

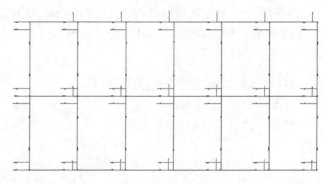

图 9-8 几何模型   图 9-9 快捷菜单   图 9-10 图形界面

步骤 03 清理多余的边线，如图9-11所示，选择菜单栏中的"创建"→"删除"→"边删除"命令，此时分析树中会出现如图9-12所示的"EDelete2"选项。

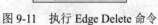

图 9-11 执行 Edge Delete 命令   图 9-12 显示 EDelete2 的分析树

步骤 04 单击图形工具栏中选择模式下的"选择边"按钮，选择如图9-13所示的边。

步骤 05 在参数设置列表中单击"边"后的"应用"按钮，完成边的选择，此时显示选中的12条边，如图9-14所示。

步骤 06 在分析树中的"EDelete2"上右击，在弹出的快捷菜单中选择"生成"命令，此时的图形界面如图9-15所示，选中的边已被删除。

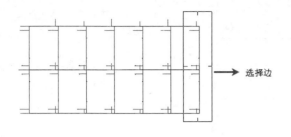

图 9-13　选择边

图 9-14　边的选择示意图

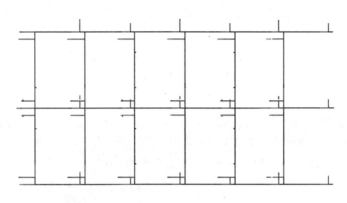

图 9-15　图形界面

2．设置梁截面尺寸

步骤01　执行菜单栏中的"概念"→"横截面"→"I型截面"命令，如图9-16所示，为线体创建横截面。在参数列表中设置各参数，如图9-17所示。

步骤02　在设计树中单击展开所有的体。

步骤03　选择线体，并在参数列表中的"横截面"中选择"I1"作为线体的横截面属性，如图9-18所示。

图 9-16　创建横截面命令

图 9-17　设置横截面参数

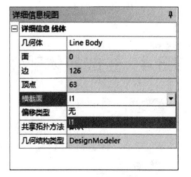

图 9-18　设置横截面属性

3．抑制底面

步骤01　单击图形工具栏中选择模式下的"选择面"按钮，选择如图9-19所示的面。

步骤02　在图形窗口中右击，在弹出的快捷菜单中选择"抑制几何体"命令，如图9-20所示，此时选中的面即可被抑制，被抑制的面选项前由✔变为✘，如图9-21所示。

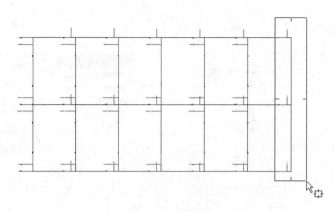

图9-19　选择面

4．设置面体厚度

步骤 **01**　选择列表下的第一个面体后，按Shift键，同时拖动滚动条到所有体的最后，单击最后一个面体，即可将所有的面体选中，如图9-22所示。

步骤 **02**　在参数设置列表中的"厚度（>=0）"文本框内输入0.02，即设置厚度为20mm，如图9-23所示。

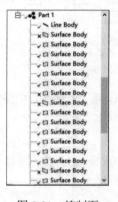

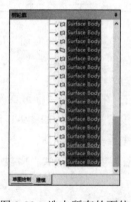

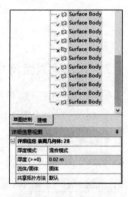

图 9-20　快捷菜单　　　　图 9-21　抑制面　　　　图 9-22　选中所有的面体　　　　图 9-23　设置面体厚度

9.3.4　生成多体部件体

步骤 **01**　选择"29部件，29几何体"列表下的第一个体——线体后，按Shift键，同时拖动滚动条到所有体的最后，单击最后一个体，即可将所有的体选中。

步骤 **02**　在选中的体上右击，在弹出的快捷菜单中选择"形成新部件"命令，即可创建多体部件体，如图9-24所示。

此时的模型只有一个体，该体包括29个零件。

步骤 **03**　单击DM界面右上角的"关闭"按钮，退出DM，返回Workbench主界面。

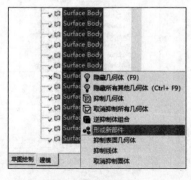

图 9-24　快捷菜单

9.3.5　划分网格

步骤 01 双击项目管理区项目B中的B4栏"模型"选项,进入"随机振动-Mechanical"界面,在该界面下即可进行网格的划分、分析设置、结果观察等操作。

步骤 02 选中分析树中的"网格"选项,执行网格工具栏中的"控制"→"尺寸调整"命令,如图9-25所示,为网格划分添加尺寸调整。

图 9-25　添加尺寸控制命令

步骤 03 单击图形工具栏中的"选择边"按钮,选中一个边后右击"选择所有"命令,选择所有的线体。

步骤 04 在参数设置列表中单击"几何结构"后的"应用"按钮,完成边的选择,并设置单元尺寸300mm,如图9-26所示,图形显示如图9-27所示。

步骤 05 选中分析树中的"网格"选项,执行网格工具栏中"控制"→"面网格剖分"命令,为网格划分添加面网格控制。

步骤 06 同步骤(3),在图形选择过滤器中单击"选择面"按钮,选择一个面后右击"选择所有"命令,选择所有的面体,此时面体颜色显示为绿色,如图9-28所示。

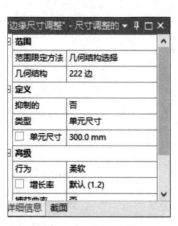

图 9-26　参数设置

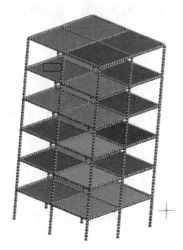

图 9-27　图形显示

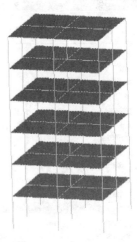

图 9-28　选择面体

步骤 07 在参数设置列表中单击"几何结构"后的"应用"按钮,完成面的选择,共选择24个面,设置方法为四边形网格,如图9-29所示。

步骤 08 利用同样的方法,为所有的面添加网格尺寸调整,网格尺寸为0.2m,参数设置如图9-30所示。

步骤 09 在模型树中的"网格"选项上右击,在弹出的快捷菜单中选择"生成网格"命令,最终的网格效果如图9-31所示。

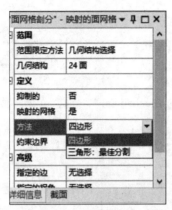

图 9-29　参数设置

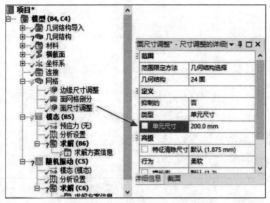

图 9-30　为面添加网格尺寸调整

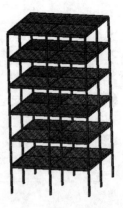

图 9-31　网格效果

9.3.6　施加固定约束

步骤 01 选中分析树中的"模态（B5）"选项，执行环境工具栏中的"结构"→"固定的"命令，为模型添加约束，如图9-32所示。

步骤 02 在图形窗口的空白处右击，在弹出的快捷菜单中执行"查看"→"左"命令，如图9-33所示。

图 9-32　添加固定约束

步骤 03 单击图形工具栏中选择模式下的"选择点"按钮，选择底部点。

步骤 04 在参数设置列表中单击"几何结构"后的"应用"按钮，完成底部点的选择，施加固定约束后的图形效果如图9-34所示。

图 9-33　调节视图视角

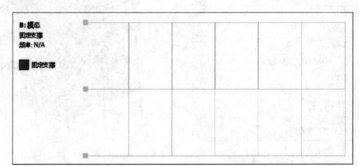

图 9-34　施加固定约束后的图形效果

9.3.7　提取模态参数设置

步骤 01 选择"模态-Mechanical"界面左侧模型树中的"求解（B6）"选项，此时会出现求解工具栏。

步骤02 选择求解工具栏中的"变形"→"总计"命令，如图9-35所示，此时在分析树中会出现"总变形"选项。

步骤03 按F2键，然后修改总变形的名称为"1th模态"，并在参数列表中设置提取模态数为1，如图9-36所示。

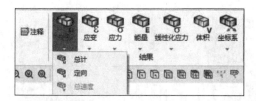

图9-35 添加变形求解项

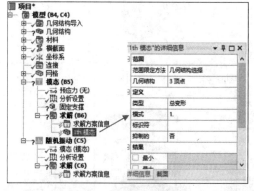

图9-36 设置提取模态数

步骤04 利用同样的方法设置提取前六阶模态数：2th模态、3th模态、4th模态、5th模态、6th模态，如图9-37所示，它们分别对应二阶、三阶、四阶、五阶、六阶模态数。

步骤05 在模型树中的"求解（B6）"选项上右击，在弹出的快捷菜单中选择"求解"命令，如图9-38所示。

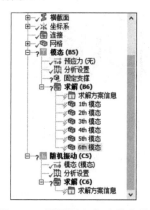

图9-37 设置提取六阶模态数

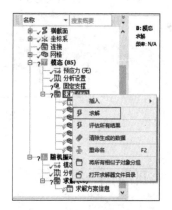

图9-38 执行求解快捷命令

9.3.8 查看模态分析结果

步骤01 在"模态-Mechanical"界面中选择"单位"→"度量标准（kg,mm,s,℃,mA,N,mV）"命令，设置模态分析结果的显示单位。

步骤02 求解完成后，选择分析树中"求解（B6）"后的"1th模态"，可以观察模态分析的一阶模态振型及固有频率，如图9-39所示。

步骤03 利用同样的方法查看2th模态、3th模态、4th模态、5th模态、6th模态对应的二阶、三阶、四阶、五阶及六阶模态振型及固有频率，如图9-40～图9-44所示。

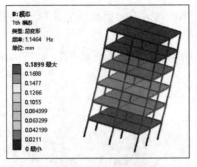

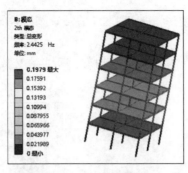

图 9-39　一阶模态振型　　　　　图 9-40　二阶模态振型　　　　　图 9-41　三阶模态振型

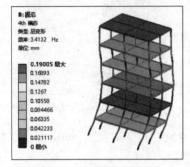

图 9-42　四阶模态振型　　　　　图 9-43　五阶模态振型　　　　　图 9-44　六阶模态振型

步骤 04 在图形窗口的下方可以观察到前六阶振型的固有频率，如图9-45所示。

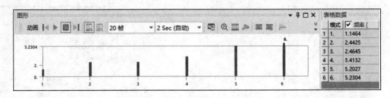

图 9-45　前六阶振型的固有频率

9.3.9　添加功率谱位移

步骤 01 选中分析树中的"随机振动（C5）"项，单击环境工具栏中的"随机振动"→"PSD位移"命令，为模型添加X方向的功率谱位移，如图9-46所示。

步骤 02 在参数设置列表中的边界条件参数下选择"固定支撑"选项，在加载数据下选择"表格数据"选项，如图9-47所示。

步骤 03 在图形窗口下方的"表格数据"栏中输入响应的随机载荷，如图9-48所示。

图 9-46　添加功率谱位移

图 9-47　参数设置

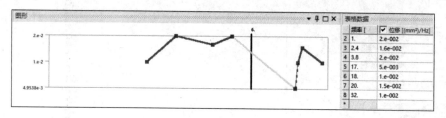

图 9-48　响应的随机载荷

9.3.10　提取随机振动的分析结果

1．整体分析

步骤 01　选择"随机振动-Mechanical"界面左侧模型树中的"求解（C6）"选项，此时会出现求解工具栏。

步骤 02　选择求解工具栏中的"变形"→"定向速度"选项，如图9-49所示，此时在分析树中会出现"定向速度"选项，参数列表设置为默认值。

步骤 03　利用同样的方法在分析树中添加"定向加速度"选项，参数列表设置为默认值。

步骤 04　选择求解工具栏中的"应力"→"等效（von-Mises）"选项，如图9-50所示，此时在分析树中会出现"等效应力"选项，参数列表设置为默认值。

图 9-49　添加 X 方向的速度响应求解项

图 9-50　添加等效应力求解项

步骤 05　在模型树中的"求解（C6）"选项上右击，在弹出的快捷菜单中选择"求解"命令 进行求解。

2．局部分析

步骤 01　选择求解工具栏中的"变形"→"定向速度"选项，此时在分析树中会出现"定向速度2"选项。

步骤 02　在图形选择过滤器中单击"选择面"按钮 ，选择一个面后右击"选择所有"命令，选择所有的面体。

步骤 03　在参数设置列表中单击"几何结构"后的"应用"按钮，完成面的选择，共选择24个面，如图9-51所示。

步骤 04　采用同样的方法设置定向加速度2、等效应变2，用来求解所有面在X方向上的加速度及等效应力，如图9-52所示。

通过在参数设置列表中设置不同方向上的响应项，可以观察相关项在各方向上的响应云图，这里只设置为X方向上的响应。

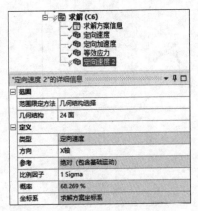

图 9-51　参数设置列表

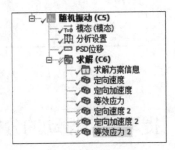

图 9-52　分析树

9.3.11　查看随机振动的分析结果

1. 整体分析

步骤 01　求解完成后，选择分析树中"求解（C6）"后的"定向速度"选项，可以观察随机振动分析X方向的定向速度云图，如图9-53所示。

步骤 02　选择分析树中"求解（C6）"后的"定向加速度"选项，可以观察随机振动分析X方向的定向加速度云图，如图9-54所示。

步骤 03　选择分析树中"求解（C6）"后的"等效应力"选项，可以观察随机振动分析X方向的等效应力响应云图，如图9-55所示。

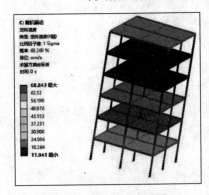

图 9-53　定向速度云图

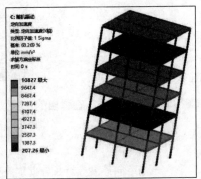

图 9-54　定向加速度云图

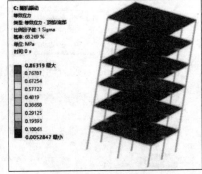

图 9-55　等效应力响应云图

2. 局部分析

步骤 01　选择分析树中"求解（C6）"后的"定向速度2"选项，可以观察到随机振动分析所得X方向所有面的定向速度云图，如图9-56所示。

步骤 02　选择分析树中"求解（C6）"后的"定向加速度2"选项，可以观察到随机振动分析所得X方向所有面的定向加速度云图，如图9-57所示。

步骤 03　选择分析树中"求解（C6）"后的"等效应力2"，可以观察到随机振动分析所得X方向所有面的等效应力响应云图，如图9-58所示。

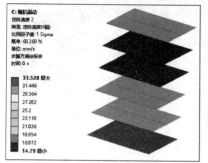

图 9-56　面的定向速度云图

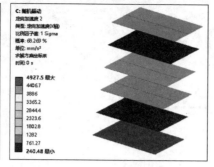

图 9-57　面的定向加速度云图

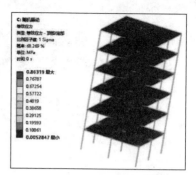

图 9-58　面的等效应力响应云图

9.3.12　保存与退出

步骤 01 单击"随机振动-Mechanical"界面右上角的"关闭"按钮退出Mechanical，返回Workbench主界面。此时项目管理区中显示的分析项目均已完成，如图9-59所示。

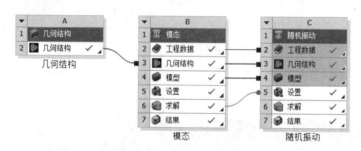

图 9-59　项目管理区中的分析项目

步骤 02 在Workbench主界面中单击常用工具栏中的"保存"按钮，保存包含有分析结果的文件。

步骤 03 单击主界面右上角的"关闭"按钮，退出Workbench，完成项目分析。

9.4　本章小结

　　本章首先介绍了随机振动分析的基本知识，然后讲解了随机振动分析的基本过程，最后给出了随机振动分析的一个典型实例——梁板结构的随机振动分析。

　　通过本章的学习，读者可以掌握随机振动分析的基本流程、载荷和约束的加载方法，以及后处理方法等相关知识。

第 10 章
瞬态动力学分析

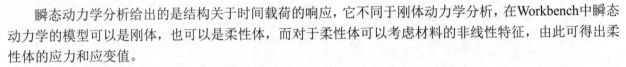

📥 导言

瞬态动力学分析（亦称时间历程分析）是用于确定承受任意随时间变化的载荷的结构动力学响应的一种方法。利用瞬态动力学分析可以确定结构在静载荷、瞬态载荷和简谐载荷的随意组合下随时间变化产生的位移、应变、应力及力。

📥 学习目标

※ 了解瞬态动力学分析。
※ 掌握瞬态动力学分析过程。
※ 通过案例掌握瞬态动力学问题的分析方法。
※ 掌握瞬态动力学分析的结果检查方法。

10.1 瞬态动力学分析概述 ▶

瞬态动力学分析给出的是结构关于时间载荷的响应，它不同于刚体动力学分析，在Workbench中瞬态动力学的模型可以是刚体，也可以是柔性体，而对于柔性体可以考虑材料的非线性特征，由此可得出柔性体的应力和应变值。

在进行瞬态动力学分析时，需要注意以下三点。

- 当惯性力和阻尼可以忽略时，采用线性或非线性的静态结构分析来代替瞬态动力学分析。
- 当载荷为正弦形式时，响应是线性的，采用谐响应分析更有效。
- 当几何模型简化为刚体且主要关心的是系统的动能时，采用刚体动力学分析更有效。

除上述三种情况外，其余情况均可采用瞬态动力学分析，但其所需的计算资源较其他方法要大。

10.2 瞬态动力学分析流程 ▶

在ANSYS Workbench左侧工具箱中分析系统下的"瞬态结构"选项上按住鼠标左键拖动到项目管理区的A6栏，即可创建瞬态动力学分析项目，如图10-1所示。

当进入"瞬态结构-Mechanical"后，单击选中分析树中的"分析设置"即可进行分析参数的设置，如图10-2所示，主要包括阻尼控制、步控制、求解器控制等。

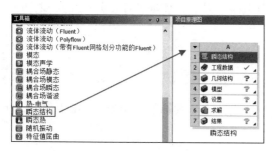

图 10-1　创建瞬态动力学分析项目

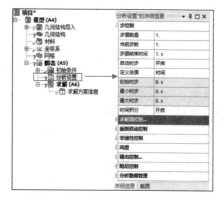

图 10-2　瞬态动力学分析参数设置

在"瞬态结构-Mechanical"模块下，瞬态动力学分析的步骤如下。

步骤 **01**　建立有限元模型，设置材料特性。

步骤 **02**　定义接触区域。

步骤 **03**　定义网格控制并划分网格。

步骤 **04**　施加载荷和边界条件。

步骤 **05**　定义分析类型。

步骤 **06**　设置求解选项。

步骤 **07**　对问题进行求解。

步骤 **08**　进行结果评价和分析。

瞬态动力学分析中包含静力学分析和刚体动力学的内容，如各种连接、各种载荷与约束等，另外最重要的是包含时间步长。

详细的设置参数在前面的章节中已经介绍，如想深入了解相关内容，请参考前面的章节进行学习。

10.2.1　几何模型

瞬态动力学分析中的几何体可以是柔性体，也可以是刚体，定义时只需在分析树中的几何结构下选中几何体，然后在参数设置列表中进行设置即可，如图10-3所示。

对于柔性体，需要输入的材料特性包括密度、泊松比及弹性模量等，同时还包括非线性材料特性（塑性、超弹性等）。

对于刚体，只有3D 单体部件可以指定为刚体，密度是其唯一需要的材料属性，用于计算质量属性，其他的材料属性会被忽略，在部件的质心会自动被定义为内部坐标系。

图 10-3　几何体类型的参数设置

柔性体根据需要划分网格，而刚体无须划分网格。这是因为对于柔性体而言，只有网格足够细，才能捕捉到结构相应的振型（动态响应）以及应力和应变的梯度变化。对于刚体，由于其是刚性的，不需要计算应力、应变和相对变形，因此不需要网格，在内部处理中，刚体表示为位于惯性坐标系统中心的点质量。

对于刚体部件，应用时需要注意线体（梁）不能设为刚体；对于多体部件体，只能全部设为刚体。

10.2.2 时间步长

时间步长是从一个时间点到另一个时间点的时间增量，它决定了求解的精确度，因而应根据实际需要精确选取，至少要保证获得动力响应频率。

在通常情况下，初始时间步长可设定为：

$$\Delta t_{initial}=1/(20\,f_{response})$$

其中，$f_{response}$为所关心的最高阶模态响应频率。

在Workbench中可以采用自动时间步长进行求解，当输入$\Delta t_{initial}$、Δt_{min}、Δt_{max}后，程序会按照自动时间步长算法决定最优的Δt值。

10.2.3 运动副

运动副（Joint）是用于连接不同部件或将某个部件固定的操作。运动副包括多个不同的类型，如旋转副、平面副、万向节等，运动副基本上都能在Workbench中添加，如图10-4所示，包括几何体-地面、几何体-几何体。

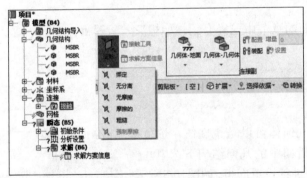

图 10-4　运动副类型

10.2.4 弹簧

弹簧（Spring）用于连接不同部件或将部件连接于固定点，其特性是需要输入纵向刚度和阻尼，弹簧的长度不允许为0，多连接于几何体的点、线或面上。

10.2.5　阻尼

在瞬态动力学的通用方程中还包含阻尼，因此在设置时还需要考虑阻尼的影响，由于计算之前的响应频率未知，故采用 α 阻尼和 β 阻尼，但在大多数情况下会忽略粘性阻尼（α 阻尼），仅采用由滞后造成的阻尼或单元阻尼，其中：

$$\beta = 2\xi/\omega$$

式中 ξ 为阻尼比，ω 为主要响应频率（rad/sec）。阻尼具有累积效应，即若定义了0.01的材料阻尼和0.05的整体 β 阻尼，结构就有0.06的阻尼值。

10.2.6　载荷和约束

在瞬态动力学分析中，刚体部件类似于动力学分析，载荷只能为惯性力、远端载荷、运动副条件，由于刚体不能变形，故结构载荷及温度载荷不起作用。

对于柔性体，任何载荷和约束都能加载，而且各载荷均可以以时间-历程载荷的形式加载，其数值可以是常数、表格形式的数据或函数形式。

10.2.7　后处理中查看结果

瞬态动力学分析中的输出结果包括云图及动画、探测两种典型的数据结果。

云图及动画的创建同其他结构分析相似，但要注意刚体的变形位置会在云图结果中显示，刚体部分并不能显示任何位移、应力、应变的云图。

探测应用于产生时间历程的曲线时是有用的，以便理解系统的瞬态响应。探测结果包括以下几种。

- 变形、应力、应变、速度、加速度。
- 力和弯矩反力。
- 连接、弹簧和螺栓预紧结果。

基于探测结果的图标对象可以添加在报告中或者当作单独的图片显示。

10.3　汽车主轴的瞬态动力学分析

本节将通过对汽车主轴的瞬态动力学分析让读者掌握瞬态动力学分析的基本过程，本实例的模型建立请参照前面的章节，在进行分析时直接导入即可。

10.3.1 问题描述

汽车主轴是由四个部分组成的，两个主轴通过两个转轴销结合在一起，如图10-5所示，转轴一端传递载荷，可以认为一端受力，而另一端为全约束。

图 10-5 几何模型

10.3.2 Workbench 基础操作

关于启动ANSYS Workbench、单位的设置、模型char10-01.igs的导入、添加材料等操作，简单介绍如下。

步骤 **01** 在主界面中建立分析项目，建立的项目包括几何模型项目 A、瞬态动力学分析项目B，如图10-6所示。

步骤 **02** 在A2栏的"几何结构"选项上右击，在弹出的快捷菜单中单击"导入几何模型"→"浏览"选项，在弹出的对话框中选择需要导入的模型文件char10-01.igs。

图 10-6 创建分析项目

步骤 **03** 双击A2栏进入DM中，设置其单位为"度量标准（mm,kg,N,s, mV,mA）"。在模型设计树中右击，在弹出的快捷菜单中选择"生成"选项，即可显示生成的几何体，如图10-7所示，可在几何体上进行其他的操作。

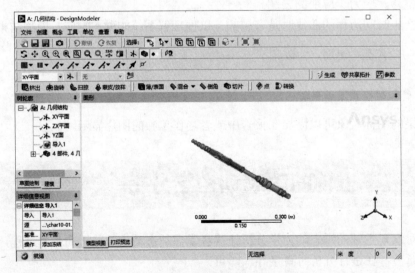

图 10-7 DM 操作界面

10.3.3 为体添加材料特性

步骤01 双击项目管理区中项目B的B4栏的"模型"选项，进入"瞬态结构-Mechanical"界面，在该界面下即可进行网格的划分、分析设置、结果观察等操作，如图10-8所示。

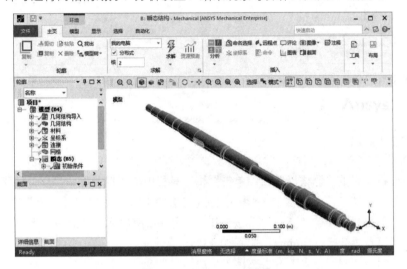

图 10-8 Mechanical 界面

步骤02 在"瞬态结构-Mechanical"界面中单击"单位"→"度量标准（mm,kg,N,s,mV,mA）"选项，设置分析单位。

 此时分析树Geometry前显示为问号**?**，表示数据不完全，需要输入完整的数据。

步骤03 选择"瞬态结构-Mechanical"界面左侧模型树中"几何结构"选项下的"MSBR"，此时即可在"多个选择"的详细信息中给模型添加材料"结构钢"，如图10-9所示。此时分析树几何结构前的**?**变为**✓**，表示参数已经设置完成。

图 10-9 添加材料

10.3.4 创建坐标系

步骤01 选中分析树中的"坐标系"选项，单击坐标系工具栏中的"坐标系"按钮 ，为模型创建新坐标系，此时会在分析树中出现如图10-10所示的"坐标系"选项。

步骤02 按F2快捷键，更改名称为"圆柱坐标系"，同时在参数设置列表中设置相关参数：类型为"圆柱形"，定义依据为"全局坐标"，如图10-11所示。

图 10-10　创建新坐标系

图 10-11　坐标系参数设置

10.3.5　划分网格

步骤01 选中分析树中的"网格"选项，单击网格工具栏中的"控制"→"尺寸调整"选项，为网格划分添加尺寸调整，此时会在分析树中出现如图10-12所示的"尺寸调整"选项。

步骤02 单击图形工具栏中的"选择体"按钮 ，选择所有的体，然后在参数列表中单击"应用"按钮，并设置单元尺寸为6mm，如图10-13所示。

步骤03 在分析树中的网格分支下右击选择"生成网格"命令，最终生成的网格效果如图10-14所示。

图 10-12　添加尺寸控制

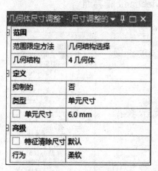

图 10-13　设置参数

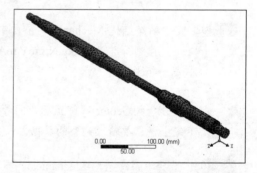

图 10-14　网格效果

10.3.6　施加载荷与约束

步骤01 执行环境工具栏中的"结构"→"固定的"命令，为模型添加约束，如图10-15所示。

步骤02 在工具栏中单击"选择面"按钮 ，然后选择结构的一端圆周端面为全约束，单击参数设置列表中的"应用"按钮，如图10-16所示。

步骤03 执行环境工具栏中的"载荷"→"力矩"命令，为模型添加力矩载荷，如图10-17所示。

步骤04 选择结构的另一端面的圆周端面，单击参数设置列表中的"应用"按钮，并在定义依据下选择"分量"，然后将X分量设置为"表格数据"，如图10-18所示。

步骤05 在窗口右下方的表格数据中输入载荷值（此步骤需要在10.3.7节设置），此时即可将载荷施加到选中的面上，如图10-19所示，施加载荷后的效果如图10-20所示。

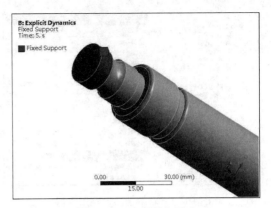

图 10-15　添加约束

图 10-16　为面施加约束

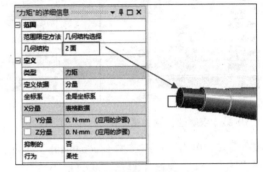

图 10-17　添加力矩载荷

图 10-18　修改参数

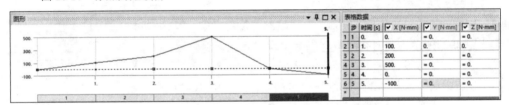

图 10-19　输入载荷值

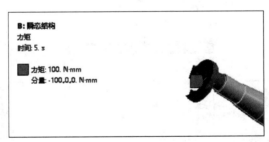

图 10-20　施加载荷

10.3.7　设置求解选项

步骤 01　选中分析树中的"分析设置"选项,并在"分析设置"的详细信息下设置求解步控制,如图10-21~
图10-25所示。

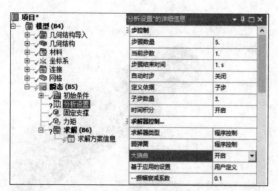

图 10-21 求解选项设置第 1 步

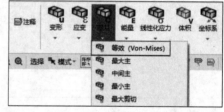

图 10-22 求解选项设置第 2 步

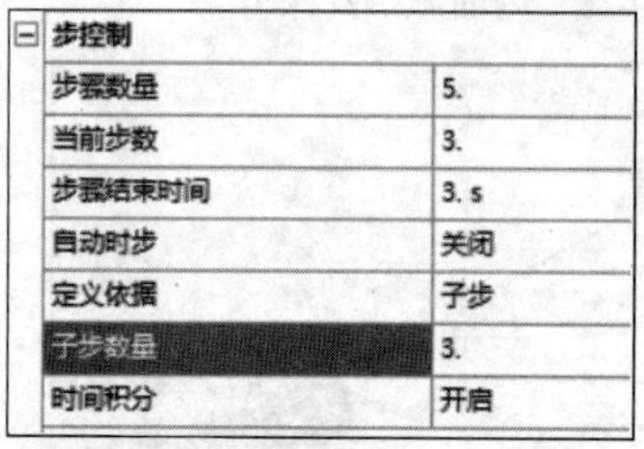

图 10-23 求解选项设置第 3 步 　　图 10-24 求解选项设置第 4 步 　　图 10-25 求解选项设置第 5 步

步骤 **02** 单击"瞬态结构-Mechanical"界面左侧模型树中的"求解（B6）"选项。

步骤 **03** 执行求解工具栏中的"应力"→"等效（von-Mises）"命令，如图10-26所示，此时在分析树中会出现"等效应力"选项。

步骤 **04** 执行求解工具栏中的"变形"→"定向速度"命令，如图10-27所示，此时在分析树中会出现"定向速度"选项。在参数设置列表中设置各参数，如图10-28所示。

步骤 **05** 执行求解工具栏中的"变形"→"定向"命令，如图10-29所示，此时在分析树中会出现"定向变形"选项，按F2快捷键重新命名为"定向变形Y"。在参数设置列表中设置各参数如图10-30所示。

图 10-26 添加应力求解项

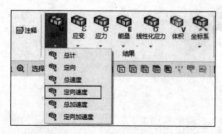

图 10-27 求解方向速度

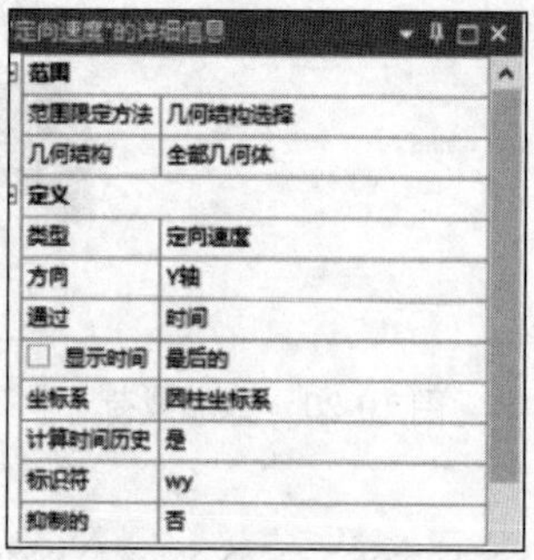

图 10-28 参数设置

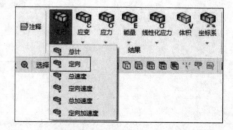

图 10-29 求解方向位移

步骤 **06** 同步骤（5），执行求解工具栏中的"变形"→"定向"命令，此时在分析树中会出现"定向变形"选项，按F2快捷键重新命名为"定向变形X"。在参数设置列表中设置各参数，如图10-31所示。

步骤 07 同步骤（5），执行求解工具栏中的"用户定义的结果"命令，此时在分析树中会出现"用户定义的结果"选项。在参数设置列表中设置各参数，如图10-32所示。

图 10-30　参数设置

图 10-31　径向位移参数设置

图 10-32　合成位移参数设置

步骤 08 单击求解工具栏中的"图表"按钮，此时在分析树中会出现"图表"选项，如图10-33所示，在参数设置列表中设置各参数，如图10-34所示。

图 10-33　插入变量曲线

图 10-34　参数设置

10.3.8　求解并显示求解结果

步骤 01 单击求解工具栏中的"求解"命令 进行求解计算。

步骤 02 应力分析云图：单击模型树中"求解（B6）"下的"等效应力"选项，此时在图形窗口中会出现如图10-35所示的应力分析云图，同时最大、最小应力图表如图10-36所示。

图 10-35　应力分析云图

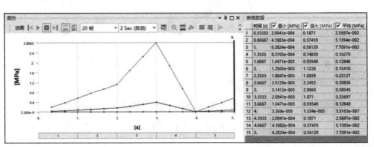

图 10-36　最大、最小应力图表

步骤 **03** 周向速度云图：单击模型树中"求解（B6）"下的"定向速度"选项，此时在图形窗口中会出现如图10-37所示的周向速度分析云图，同时最大、最小周向速度图表如图10-38所示。

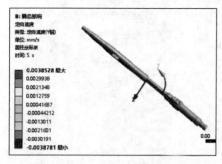

图 10-37　周向速度云图

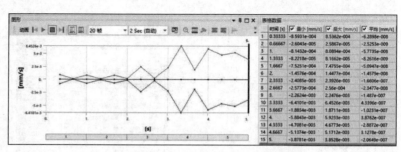

图 10-38　最大、最小周向速度图表

步骤 **04** 周向位移（Y轴方向）云图：单击模型树中"求解（B6）"下的"定向变形Y"选项，此时在图形窗口中会出现如图10-39所示的周向位移分析云图，同时最大、最小周向位移图表如图10-40所示。

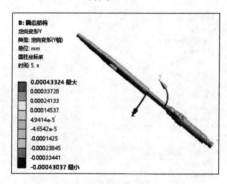

图 10-39　周向位移云图

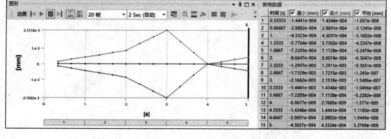

图 10-40　最大、最小周向位移图表

步骤 **05** 径向位移（X轴方向）云图：单击模型树中"求解（B6）"下的"定向变形X"选项，此时在图形窗口中会出现如图10-41所示的径向位移分析云图，同时最大、最小径向位移图表如图10-42所示。

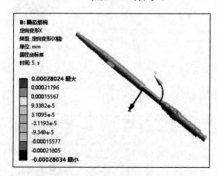

图 10-41　径向位移云图

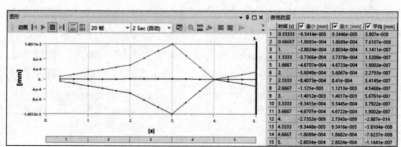

图 10-42　最大、最小径向位移图表

步骤 **06** 径向和周向合成位移云图：单击模型树中"求解（B6）"下的"用户定义的结果"选项，此时在图形窗口中会出现如图10-43所示的合成位移分析云图，同时最大、最小合成位移图表如图10-44所示。

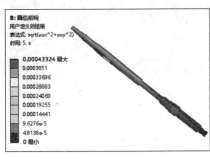

图 10-43　合成位移云图

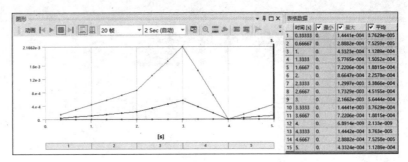

图 10-44　最大、最小合成位移图表

步骤 07　曲线显示周向速度曲线：单击模型树中"求解（B6）"下的"图表"选项，此时在图形窗口中会出现如图 10-45 所示的周向速度曲线。

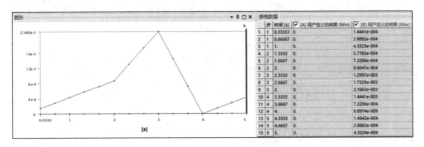

图 10-45　周向速度曲线

10.3.9　保存与退出

步骤 01　单击"瞬态结构-Mechanical"界面右上角的"关闭"按钮退出 Mechanical，返回 Workbench 主界面。此时项目管理区中显示的分析项目均已完成，如图 10-46 所示。

步骤 02　在 Workbench 主界面中单击常用工具栏中的"保存"按钮，保存包含有分析结果的文件。

步骤 03　单击主界面右上角的"关闭"按钮，退出 Workbench 界面，完成项目分析。

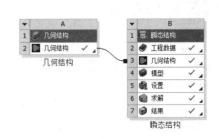

图 10-46　项目管理区中的分析项目

10.4　本章小结

　　本章首先介绍了瞬态动力学分析的基本知识，然后讲解了瞬态动力学分析的基本过程，最后给出了瞬态动力学分析的一个典型实例——汽车主轴的瞬态动力学分析。

　　通过本章的学习，读者可以掌握瞬态动力学分析的基本流程、载荷和约束的加载方法，以及结果后处理方法等相关知识。

第 11 章

显式动力学分析

 导言

自 ANSYS 12.0 版本开始，ANSYS 就引入了 ANSYS Explicit STR 软件。该软件是首款带有 ANSYS Workbench 本机界面的显式动力学产品，本章讲解 Workbench 中显式动力学的分析方法。

学习目标

※ 了解显式动力学分析。
※ 掌握显式动力学分析过程。
※ 通过案例掌握显式动力学问题的求解方法。
※ 掌握显式动力学分析的结果检查方法。

11.1 显式动力学分析概述

显式算法主要用于高速碰撞及冲压成型过程的仿真，其在这方面的应用效果已超过隐式算法。

11.1.1 显式算法与隐式算法的区别

1. 显式算法

动态显式算法是采用动力学方程的一些差分格式（如中心差分法、线性加速度法、Newmark法和 Wilson法等），该算法不用求解切线刚度，也不需要进行平衡迭代，计算速度较快，当时间步长足够小时，一般不存在收敛性问题。

动态显式算法需要的内存也比隐式算法要少，同时数值计算过程可以很容易地进行并行计算，程序编制也相对简单。

显式算法要求质量矩阵为对角矩阵，而且只有在单元级计算尽可能少时，速度优势才能发挥，因而往往采用减缩积分方法，但容易激发沙漏模式，影响应力和应变的计算精度。

2. 隐式算法

在隐式算法中，每一增量步内都需要对静态平衡方程进行迭代求解，并且每次迭代都需要求解大型的线性方程组，这一过程需要占用相当数量的计算资源、磁盘空间和内存。该算法中的增量步可以比较大，至少可以比显式算法大得多，但是实际运算中还要受到迭代次数及非线性程度的限制，所以需要取一个合理值。

11.1.2 ANSYS 中的显式动力学模块

在ANSYS中，显式动力学包括ANSYS Explicit STR、ANSYS AUTODYN及ANSYS LS-DYNA 3个模块。

1. ANSYS Explicit STR

ANSYS Explicit STR是基于ANSYS Workbench仿真平台环境的结构高度非线性显式动力学分析软件，可以求解二维、三维结构的跌落、碰撞、材料成型等非线性动力学问题，该软件功能成熟、齐全，可用于求解涉及材料非线性、几何非线性、接触非线性的各类动力学问题。

2. ANSYS AUTODYN

AUTODYN用来解决固体、流体、气体及其相互作用的高度非线性动力学问题。AUTODYN已完全集成在ANSYS Workbench中，可充分利用ANSYS Workbench的双向CAD接口、参数化建模以及方便实用的网格划分技术，还具有自身独特的前、后处理和分析模块。

3. ANSYS LS-DYNA

ANSYS LS-DYNA是世界上最著名的通用显式非线性有限元分析程序，能模拟真实世界的各种复杂问题，特别适合求解各种二维、三维非线性结构的碰撞、金属成型等非线性动力冲击问题，同时可以求解传热、流体及流固耦合问题。其在工程应用领域被广泛认可，并成为最佳的软件分析包。

11.2 显式动力学分析流程

在ANSYS Workbench左侧工具箱中分析系统下的"显示动力学"选项上按住鼠标左键拖动到项目管理区中，即可创建显式动力学分析项目，如图11-1所示。

进入"显示动力学-Mechanical"后，选中分析树中的"分析设置"即可进行分析参数的设置，如图11-2所示。

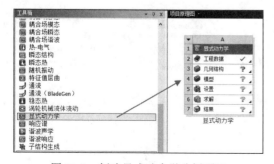

图 11-1　创建显式动力学分析项目

图 11-2　显式动力学分析参数设置

在"显示动力学-Mechanical"模块下,显式动力学分析的步骤如下。

步骤 01 建立有限元模型,设置材料特性。

步骤 02 定义接触区域。

步骤 03 定义网格控制并划分网格。

步骤 04 施加载荷和边界条件。

步骤 05 定义分析类型。

步骤 06 设置求解选项。

步骤 07 对问题进行求解。

步骤 08 进行结果评价和分析。

类似于瞬态动力学分析,在显式动力学分析中包含静力学分析和刚体动力学的内容,如各种连接、各种载荷与约束等,另外需要设置时间步长。

详细的参数设置在前面的章节中已经介绍,若想深入了解相关内容,请参考前面的章节进行学习。

11.3 质量块冲击薄板的显式动力学分析

本节将通过质量块冲击方形薄板的动力学分析来帮助读者掌握显式动力学分析的基本操作步骤。

11.3.1 问题描述

某立方体刚性质量块的边长为20mm,材料为IRON-ARMCO,方形薄板的边长为200mm,厚度为10mm,材料为显式材料Steel 1006,当质量块以300mm/s的速度冲击方形薄板时,试分析薄板在冲击载荷作用下的连续动态过程。

11.3.2 启动 Workbench 并建立分析项目

步骤 01 在Windows系统下执行"开始"→"所有程序"→ANSYS 2022→Workbench 2022命令,启动ANSYS Workbench 2022,进入主界面。

步骤 02 双击主界面工具箱中的"组件系统"→"几何结构"选项,即可在项目管理区创建分析项目A,在工具箱中的"分析系统"→"显示动力学"选项上按住鼠标左键拖动到项目管理区中A2"几何结构"上,放开鼠标创建项目B,此时相关联的数据可共享,如图11-3所示。

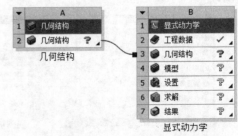

图 11-3 创建分析项目

11.3.3 建立几何模型

步骤 01 在Workbench主界面中双击A2栏"几何结构",此时进入DM界面,在菜单栏单位中选择长度单位为"毫米",如图11-4所示,完成长度单位的设置。

步骤 02 在设计树中选中"XY平面"选项,同时单击图形显示控制工具栏中的"查看面"按钮 ,如图11-5所示。调整XY平面为正视平面,如图11-6所示。

图 11-4 单位选择对话框

图 11-5 调整视图

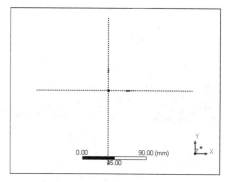

图 11-6 平面正视显示

步骤 03 单击"草图绘制"标签,进入草图绘制环境,此时即可在XY平面上绘制草图。

步骤 04 如图11-7所示,选择绘图面板中的"矩形"选项,以坐标原点为中心绘制一矩形,绘制的矩形如图11-8所示。

步骤 05 如图11-9所示选择维度面板中的"通用"选项,单击选择矩形底边并在适当的位置单击标注尺寸H1,再单击矩形的右边边线标注尺寸V2。

图 11-7 绘制矩形

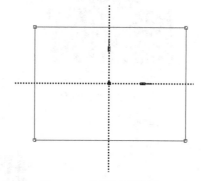

图 11-8 绘制矩形效果

图 11-9 标注尺寸

步骤 06 单击Y坐标轴,同时按住Ctrl键单击右侧线段,此时会出现距离标注L3,利用同样的方法单击X坐标轴,同时按住Ctrl键单击下端线段标注尺寸L4,如图11-10所示。

步骤 07 在参数列表中的维度下修改圆的尺寸参数:H1、V2为200,L3、L4为100,即可定义矩形的大小,如图11-11所示,图形变为以坐标原点为中心、边长为200mm的正方形。

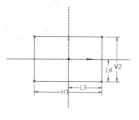

图 11-10 标注尺寸效果

步骤 **08** 如图11-12所示，执行菜单栏中的"概念"→"草图表面"命令，此时会在设计树中出现"SurfaceSk1"选项，如图11-13所示。

图 11-11　定义矩形尺寸

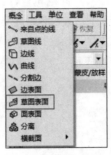

图 11-12　执行菜单命令

图 11-13　设计树

步骤 **09** 单击XY截面前面的⊞图标将其展开，单击"草图1"选项选中刚刚绘制的草图，然后单击基对象后的"应用"按钮。

步骤 **10** 如图11-14所示，在"SurfaceSk1"上右击，在弹出的快捷菜单中选择"生成"选项，即可生成如图11-15所示的面体。

步骤 **11** 如图11-16所示，执行菜单栏中的"创建"→"挤出"命令，此时会在设计树中出现"挤出1"选项，在参数设置列表中设置拉伸厚度为10mm，如图11-17所示。

图 11-14　快捷菜单

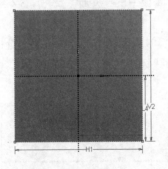

图 11-15　生成面体

图 11-16　创建菜单命令

步骤 **12** 在"挤出1"上右击，在弹出的快捷菜单中执行"生成"命令，即可生成如图11-18所示的正方体。

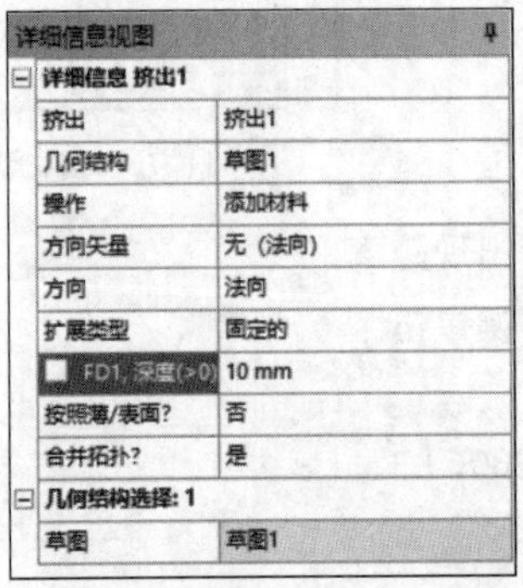

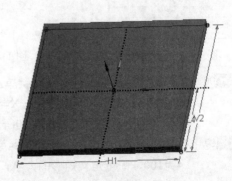

图 11-17　设置拉伸厚度

图 11-18　生成正方体

步骤 13 执行菜单栏中的"创建"→"原语"→"框"命令，如图11-19所示，此时会在设计树中出现"框1"选项，在参数设置列表中设置各参数，设置立方块的位置（第1点）：X、Y、Z坐标分别是 −10mm、−10mm、20mm，几何尺寸参数边长为20mm，如图11-20所示。

图 11-19 执行"框"命令

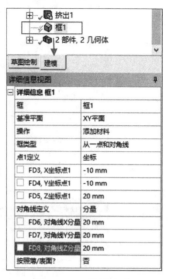

图 11-20 设置参数

步骤 14 在"框1"上右击，在弹出的快捷菜单中执行"生成"命令，即可生成正方体，其相对位置如图11-21所示。

步骤 15 在分析时，面体不需要作为一个单独分析的结构，因此在分析时需要抑制面体，如图11-22所示，在表面几何体上右击，在弹出的快捷菜单中选择"抑制几何体"选项，从而抑制面体。

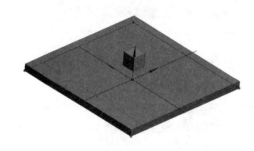

图 11-21 正方体效果

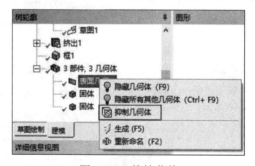

图 11-22 快捷菜单

步骤 16 单击DM界面右上角的"关闭"按钮退出DM，返回Workbench主界面。

11.3.4 添加材料特性

步骤 01 双击项目B中的B2栏"工程数据"选项，进入如图11-23所示的材料参数设置界面，在该界面下即可进行材料参数设置。

步骤 02 在界面的空白处右击，在弹出的快捷菜单中执行"工程数据源"命令，此时的界面如图11-24所示。

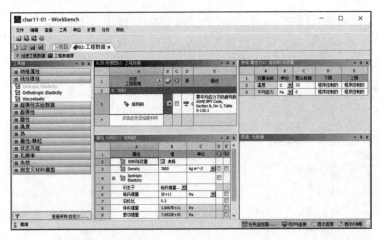

图 11-23　材料参数设置界面

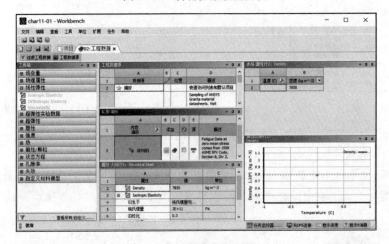

图 11-24　材料参数设置界面

步骤 **03**　如图11-25所示，在工程数据源表中选择A9栏"显示材料"，然后单击表中B147栏的"添加"按钮 ➕ ，此时在C147栏中会显示"使用中的"标识 ✍ ，表示材料添加成功。

	A	B		C	D
1	数据源			位置	描述
8	一般非线性材料				用于非线性分析的通用材料样本。
9	显式材料				用于显式分析的材料样本。
10	超弹性材料				用于曲线拟合的材料应力-应变数据样本。
11	磁B-H曲线				专门用于磁分析的B-H曲线材料样本。
12	热材料				专门用于热分析的材料样本。
13	流体材料				专门用于流体分析的材料样本。
	点击此处添加新库				

轮廓 Explicit Materials

	A	B	C	D	E
1	内容 显式材料		添加	源	描述
144	SS 1709				.Steinberg D.J.LLNL.Feb 1991
145	SS 304			E	"Equation of State and Strength Properties of Selected Materials" .Steinberg D.J.LLNL.Feb 1991
146	SS-304			E	LA-4167-MS.May 1 1969.Selected Hugoniots
147	STEEL 1006			E	LA-4167-MS.May 1 1969.Selected Hugoniots:EOS 7th Int. Symp .Ballistics.Johnson + Cook
148	STEEL 4340			E	Engng. Frac. Mech. Vol 21. No. 1. pp 31-48. 1985 Johnson + Cook
149	STEEL S-7			E	LA-4167-MS.May 1 1969.Selected Hugoniots:EOS 7th Int.Symp .Ballistics.Johnson + Cook

图 11-25　工程数据源表

步骤 04 利用同样的方法添加IRON-ARMCO材料，如图11-26所示。

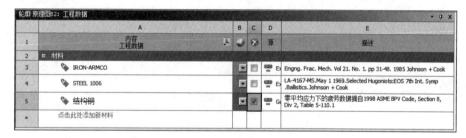

图 11-26　添加 IRON-ARMCO 材料

步骤 05 同步骤（2），在界面的空白处右击，在弹出的快捷菜单中执行取消选择"工程数据源"命令，返回到初始界面。

步骤 06 在"轮廓 原理图B2：工程数据"中选择C5，如图11-27所示，抑制结构钢，此时的结构钢便不会出现在模型材料中。

	A 内容 工程数据	B	C	D 源	E 描述
1					
2	⊟ 材料				
3	IRON-ARMCO	▼	☐	Ex	Engng. Frac. Mech. Vol 21. No. 1. pp 31-48. 1985 Johnson + Cook
4	STEEL 1006	▼	☐	Ex	LA-4167-MS.May 1 1969.Selected Hugoniots:EOS 7th Int. Symp .Ballistics.Johnson + Cook
5	结构钢	▼	☑	Ge	零平均应力下的疲劳数据摘自1998 ASME BPV Code, Section 8, Div 2, Table 5-110.1
*	点击此处添加新材料				

图 11-27　"轮廓 原理图 B2：工程数据"表

步骤 07 单击工具栏中的"项目"按钮，返回Workbench主界面，材料库添加完毕。

11.3.5　添加模型材料属性

步骤 01 双击项目管理区中项目B的B4栏"模型"选项，进入如图11-28所示的"显式动力学-Mechanical"界面，在该界面下即可进行网格的划分、分析设置、结果观察等操作。

步骤 02 在"显式动力学-Mechanical"界面中执行"单位"→"度量标准（mm,kg,N,s,mV,mA）"命令，设置分析单位，如图11-29所示。

此时分析树几何结构前显示为问号?，表示数据不完全，需要输入完整的数据。

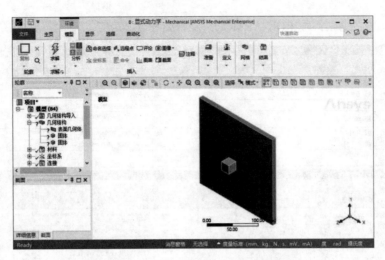

图 11-28 "显式动力学-Mechanical"界面

步骤 03 选择"显式动力学-Mechanical"界面左侧模型树中"几何结构"选项下的第1个固体,此时即可在"固体"的详细信息中给模型添加材料"STEEL 1006",将刚度行为设为"柔性",如图11-30所示。

步骤 04 利用同样的方法,设计第2个固体材料为"IRON-ARMCO",将刚度行为设为"刚性",如图11-31所示。

图 11-29 设置单位

图 11-30 为方形平板添加材料

图 11-31 为立方体添加材料

经过步骤(3)、步骤(4)的设置,分析树几何结构前的 **?** 变为 **✓** ,表示参数已经设置完成。

11.3.6 划分网格

步骤 01 选中分析树中的"网格"选项,执行网格工具栏中的"控制"→"尺寸调整"命令,如图11-32所示,为网格划分添加尺寸调整,如图11-33所示。

图 11-32　添加尺寸调整命令

图 11-33　分析树中的尺寸调整

步骤 **02**　在图形窗口的空白处右击，在弹出的快捷菜单中执行"查看"→"功能区控件"命令，如图11-34
所示，此时图形窗口显示如图11-35所示。

图 11-34　查看快捷菜单

图 11-35　右侧图形显示

步骤 **03**　单击图形工具栏中选择模式下的"选择边"按钮，选择如图11-36所示的立方体的边，此时
线体颜色显示为绿色。

步骤 **04**　在参数设置列表中单击几何结构后的"应用"按钮，完成线体的选择，并设置类型为"分区数
量"，同时将其参数设置为5，如图11-37所示。

步骤 **05**　利用同样的方法为方形平板的长边添加尺寸控制，如图11-38所示为选择的方形平板的长边，在
参数列表中设置类型为"分区数量"，同时将其参数设置为16，如图11-39所示。

图 11-36　框选立方体边　　　　图 11-37　参数设置　　　　图 11-38　框选平板的长边　　　图 11-39　参数设置

步骤 **06**　利用同样的方法为方形平板的短边添加尺寸控制，如图11-40所示为选择的方形平板的短边，在
参数列表中设置参数类型为"分区数量"，同时将其参数设置为1，如图11-41所示。

　两次框选时，需要同时按住Ctrl键才能实现多选。

步骤 **07** 在模型树中的"网格"选项上右击，在弹出的快捷菜单中选择"生成"命令，网格划分后的
效果如图11-42所示。

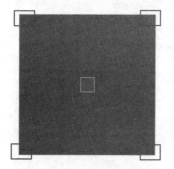

图 11-40　框选平板的短边　　　图 11-41　参数设置　　　图 11-42　网格划分效果

11.3.7　施加载荷与约束

步骤 **01** 选中分析树中的"显示动力学（B5）"选项，执行环境工具栏中的"结构"→"固定的"命令，
为模型添加约束，如图11-43所示。

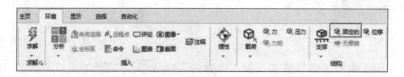

图 11-43　为模型添加约束

步骤 **02** 单击图形工具栏中选择模式下的"选择边"按钮，选择如图11-44所示的方形平板的边，在
参数设置列表中单击"几何结构"后的"应用"按钮，完成边的选择。

步骤 **03** 同步骤（1），执行环境工具栏中的"结构"→"速度"命令，为立方体模型施加速度载荷，
如图11-45所示。

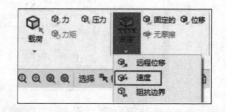

图 11-44　施加固定约束　　　　　图 11-45　施加速度载荷命令

步骤 **04** 单击图形工具栏中"选择体"按钮，选择如图11-46所示的立方体，此时立方体颜色显示为绿色。

步骤 **05** 在参数设置列表中单击"几何结构"后的"应用"按钮，完成体的选择，同时设置Z 分量的参
数为-300mm/s，表示速度为-Z方向，大小为300mm/s，如图11-47所示。

图 11-46　选择立方体　　　　　　　　　　图 11-47　参数设置

11.3.8　提取显式动力学分析结果

步骤 01　选中分析树中的"显式动力学（B5）"选项后的分析设置选项，
在出现的参数设置列表中设置结束时间为0.09s，如图11-48所示，
设置结果点数为20，如图11-49所示，其他参数为默认值。

步骤 02　选择模型树中的"求解（B6）"选项，此时会出现求解工具栏。

步骤 03　求解等效应力：执行求解工具栏中的"应力"→"等效
（von-Mises）"命令，如图11-50所示，此时在分析树中会出现
"等效应力"选项。

步骤 04　求解等效应变：同步骤（3），执行求解工具栏中的"应变"→
"等效（von-Mises）"命令，如图11-51所示，此时在分析树中
会出现"等效弹性应变"选项。

图 11-48　参数设置

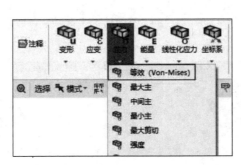

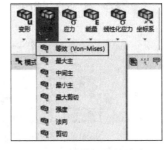

图 11-49　参数设置　　　　　图 11-50　求解等效应力　　　　图 11-51　求解等效应变

步骤 05　求解总变形：执行求解工具栏中的"变形"→"总计"命令，如图11-52所示，此时在分析树中
会出现"总变形"选项。

步骤 06　插入变量曲线：单击求解工具栏中的"图表"按钮，此时在分析树中会出现如图11-53所示的"图
表"选项。

步骤 07　选择分析树中的"等效应力"选项，单击"轮廓选择"后的"应用"按钮，然后在参数设置列
表中的X轴中输入"时间"，Y轴中输入"等效应力"，如图11-54所示。

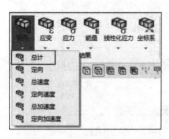

图 11-52　求解总变形　　　　　图 11-53　插入变量曲线　　　　　图 11-54　参数设置

11.3.9　求解并显示求解结果

步骤 01 执行求解工具栏中的"求解"命令🗲，如图11-55所示，此时会弹出进度显示条，表示正在求解，求解完成后进度条将自动消失。

步骤 02 为显示云图各个视角的效果，求解完成后执行图形显示控制工具栏中视区下的"四个视区"命令，如图11-56所示，此时图形即可在同一窗口中采用四个视图显示。

图 11-55　求解工具栏　　　　　　　　　　　　　　图 11-56　四视图显示

步骤 03 选择分析树中"求解（B6）"后的"等效应力"选项，可以观察分析的等效应力云图，如图11-57所示。

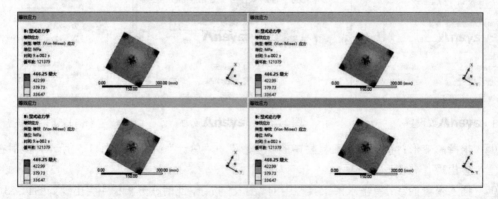

图 11-57　不同侧面的等效应力云图

步骤 04 选择分析树中"求解（B6）"后的"等效弹性应变"选项，可以观察分析的等效应变云图，如图11-58所示。

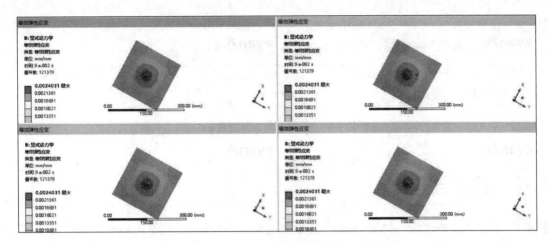

图 11-58　不同侧面的等效弹性应变云图

步骤 05　选择分析树中"求解（B6）"后的"总变形"选项，可以观察分析的总变形云图，如图11-59
所示。

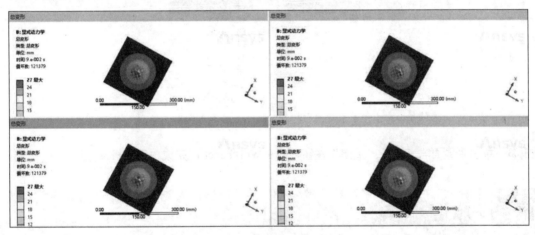

图 11-59　不同侧面的变形云图

步骤 06　选择分析树中"求解（B6）"后的"图表"选项，此时会出现如图11-60所示的求解数据表。
步骤 07　单击下方的"图形"选项卡，可以观察最大等效应力随时间变化的曲线图，如图11-61所示。

	步	时间 [s]	☑ [A] 总变形 (Min) [mm]	☑ [B] 总变形 (Max) [mm]
1	1	1.1755e-038	0.	0.
2	1	4.5007e-003	0.	1.3502
3	1	7.5008e-003	0.	2.2502
4	1	9.0004e-003	0.	2.7001
5	1	1.35e-002	0.	4.05
6	1	1.8001e-002	0.	5.4002
7	1	2.25e-002	0.	6.7501
8	1	2.7e-002	0.	8.1
9	1	3.1501e-002	0.	9.4502
10	1	3.6e-002	0.	10.8
11	1	4.0501e-002	0.	12.15
12	1	4.5e-002	0.	13.5
13	1	4.95e-002	0.	14.85
14	1	5.4001e-002	0.	16.2
15	1	5.85e-002	0.	17.55
16	1	6.3e-002	0.	18.9
17	1	6.75e-002	0.	20.25
18	1	7.2e-002	0.	21.6
19	1	7.6501e-002	0.	22.95

图 11-60　求解数据表

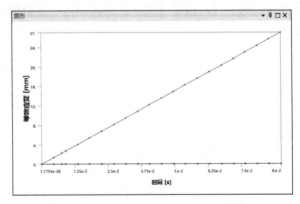

图 11-61　最大等效应力随时间变化曲线图

步骤 **08** 设置等效应力云图动画显示：在图形中分别设置为100帧和I Sec，如图11-62所示。单击右侧的"导出视频"按钮 ，根据路径提示存放视频文件。

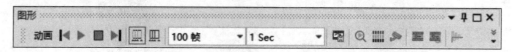

图 11-62　等效应力云图动画显示

11.3.10　保存与退出

步骤 **01** 单击"显式动力学-Mechanical"界面右上角的"关闭"按钮退出Mechanical，返回Workbench主界面。此时项目管理区中显示的分析项目均已完成，如图11-63所示。

步骤 **02** 在Workbench主界面中单击常用工具栏中的"保存"按钮，保存包含有分析结果的文件。

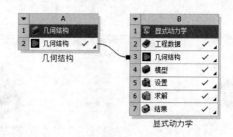

图 11-63　项目管理区中的分析项目

步骤 **03** 单击主界面右上角的"关闭"按钮，退出Workbench，完成项目分析。

11.4　本章小结

　　本章首先介绍了显式动力学分析的基本知识，然后讲解了显式动力学分析的基本过程，最后给出了显式动力学分析的一个典型实例——质量块冲击薄板的显式动力学分析。

　　通过本章的学习，读者可以掌握显式动力学分析的基本流程、载荷和约束的加载方法，以及结果后处理方法等相关知识。

第 12 章

热 分 析

视频

📥 **导言**

　　热力学分析（简称热分析）用于计算一个系统或部件的温度分布及其他各种热物理参数，如热量的获取与损失、热梯度、热流密度（热通量）等。热分析在许多工程应用中扮演着非常重要的角色，如内燃机、涡轮机、换热器、电子元件等。

📥 **学习目标**

※ 了解传热的基础知识。
※ 掌握热分析的基本流程。
※ 通过案例掌握传热问题的分析方法。
※ 掌握热分析的结果检查方法。

12.1 传热概述 ▶

　　传热分析遵循热力学第一定律，即能量守恒定律。对于一个封闭的系统（没有质量的流入或流出），则：

$$Q - W = \Delta u + \Delta KE + \Delta PE$$

式中 Q 为热量，W 为所做的功，ΔU 为系统的内能，ΔKE 为系统的动能，ΔPE 为系统的势能。

　　对于大多数工程传热问题：

$$\Delta KE = \Delta PE = 0$$

　　若不考虑做功，即 $W = 0$，则 $Q = \Delta U$。

　　对于稳态热分析：

$$Q = \Delta U = 0$$

即流入系统的热量等于流出的热量。

　　对于瞬态热分析：

$$q = dU/dt$$

即流入或流出的热传递速率 q 等于系统内能的变化。

12.1.1 传热方式

热分析包括热传导、热对流、热辐射三种传热方式。

1. 热传导

热传导可以定义为完全接触的两个物体之间，或一个物体的不同部分之间由于温度梯度而引起的内能交换。热传导遵循傅里叶定律：

$$q'' = -k\frac{dT}{dx}$$

式中q''为热流密度（W/m^2），k为导热系数。

2. 热对流

热对流是指固体的表面与它周围接触的流体之间，由于温差的存在引起的热量交换。热对流可以分为两类：自然对流和强制对流。热对流用牛顿冷却方程来描述：

$$q'' = h(T_S - T_B)$$

式中h为对流换热系数（或称膜传热系数、给热系数、膜系数等），T_S为固体表面的温度，T_B为周围流体的温度。

3. 热辐射

热辐射是指物体发射电磁能，并被其他物体吸收转变为热的热量交换过程。物体温度越高，单位时间内辐射的热量就越多。热传导和热对流都需要有传热介质，而热辐射无须任何介质。实质上，在真空中的热辐射效率最高。

在工程中通常考虑两个或两个以上物体之间的辐射，系统中每个物体同时辐射并吸收热量，它们之间的净热量传递可以用Stefan-Boltzmann方程来计算：

$$q = \varepsilon\sigma A_1 F_{12}(T_1^4 - T_2^4)$$

式中q为热流率；ε为辐射率（黑度）；σ为Stefan-Boltzmann常数，约为$5.67\times10^{-8}W/m^2\cdot K^4$；$A_1$为辐射面1的面积；$F_{12}$为由辐射面1到辐射面2的形状系数；$T_1$为辐射面1的绝对温度；$T_2$为辐射面2的绝对温度。

由上式可以看出，包含热辐射的热分析是高度非线性的。

12.1.2 热分析类型

热分析分为稳态传热及瞬态传热两种方式。

1. 稳态传热

如果系统的净热流率为0，即流入系统的热量加上系统自身产生的热量等于流出系统的热量：

$$q_{流入} + q_{生成} - q_{流出} = 0$$

则系统处于热稳态。

在稳态热分析中任一节点的温度不随时间变化。稳态热分析的能量平衡方程为（以矩阵形式表示）：

$$[K(T)]\{T\} = \{Q(T)\}$$

式中$[K(T)]$为传导矩阵，包含导热系数、对流系数、辐射率和形状系数；$\{T\}$为节点温度向量；$\{Q(T)\}$为节点热流率向量，包含热生成。

ANSYS Workbench中利用模型几何参数、材料热性能参数以及所施加的边界条件，生成$[K(T)]$、$\{T\}$以及$\{Q(T)\}$。

2. 瞬态传热

瞬态传热过程是指一个系统的加热或冷却过程。在这个过程中，系统的温度、热流率、热边界条件以及系统内能都随时间产生明显变化。根据能量守恒定律，瞬态热平衡可以表达为（以矩阵形式表示）：

$$[C]\{\dot{T}\} + [K]\{T\} = \{Q\}$$

式中$[K]$、$\{T\}$、$\{Q\}$的含义如上所述；$[C]$为比热矩阵，需要考虑系统内能的增加；$\{\dot{T}\}$为温度对时间的导数。

12.1.3　非线性热分析

如果材料热性能、边界条件随温度变化，或者含有非线性单元，或者考虑辐射传热，则为非线性热分析。非线性热分析的热平衡矩阵方程为：

$$[C(T)]\{\dot{T}\} + [K(T)]\{T\} = [Q(T)]$$

12.1.4　边界条件或初始条件

ANSYS热分析的边界条件或初始条件可分为七种：温度、热流率、热流密度、对流、辐射、绝热、生热。

12.2　热分析流程

在ANSYS Workbench左侧工具箱中分析系统下的"稳态热"选项上按住鼠标左键拖动到项目管理区，即可创建热分析项目，如图12-1所示。

进入"稳态热-Mechanical"后，选中模型树中的"分析设置"即可进行分析参数的设置，如图12-2所示。

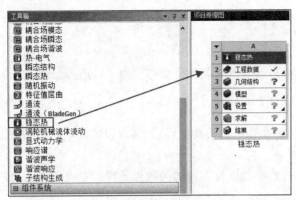

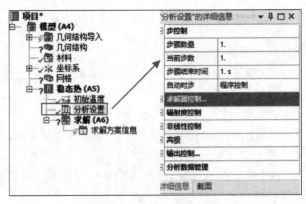

图 12-1　创建热分析项目　　　　　　　　　　图 12-2　热分析参数设置

热分析的求解步骤如下。

步骤 01 建立有限元模型，设置材料特性。

步骤 02 施加热载荷和边界条件。

步骤 03 定义接触区域。

步骤 04 定义网格控制并划分网格。

步骤 05 对问题进行求解。

步骤 06 进行结果评价和分析。

详细的设置参数在前面的章节中已经介绍，这里不再赘述，请参考前面的章节进行学习。

12.2.1　几何模型

热分析里的所有实体类都被约束，包括体、面、线等。线实体的截面和轴向在DM中定义，热分析里不能使用点质量的特性。

在热分析中，假定壳体没有厚度方向上的温度梯度，线体没有厚度变化，并假设在截面上是一个温度常量，但线实体的轴向仍有温度变化。

热分析中唯一需要添加的材料特性是导热性，它是在工程数据中输入的，通常与温度相关的导热性是以表格形式输入的。

当存在与温度相关的材料特性时，就会变为非线性热分析问题。

12.2.2　实体接触

对于结构分析，接触域是自动生成的，用于激活各部件间的热传导。如果部件间初始已经接触就会出现热传导，否则就不会发生热传导。

热分析中Pinball区域决定了何时发生接触，且是自动定义的，同时还给了一个相对较小的值来适应模型里的小间距。

如果接触是绑定的或无分离的，那么当面出现在Pinball半径内时就会发生热传导（此时会出现绿色实线箭头），如图12-3所示。

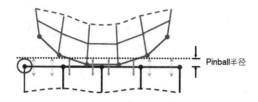

图 12-3　在 Pinball 半径内

12.2.3　导热率

在默认情况下，部件间是完全的热接触传导，这意味着界面上不会存在温度差。而实际上，是接触间的表面粗糙度、氧化物、包埋液、接触压力、表面温度或者使用导电脂等这些条件削弱了它们之间的完美热接触。

穿过接触界面的热流速是由接触热通量q决定的：

$$q = T_{CC}\left(T_{target} - T_{contact}\right)$$

式中$T_{contact}$是一个接触节点上的温度，T_{target}是对应目标节点上的温度。默认情况下，基于模型中定义的最大材料导热性K_{XX}，整个几何边界框的对角线ASMDIAG、T_{CC}被定义为：

$$T_{CC} = \left(K_{XX} - 10000\right) / ASMDIAG$$

实质上是为部件间提供了一个完美的接触传导。在Workbench中可以定义一个有限热接触传导（T_{CC}）。

- 在参数设置列表中为每个接触域指定T_{CC}值。
- 若接触热阻已知，则它的相反数除以接触面积即可得到T_{CC}值。

在接触界面上，可以像接触热阻一样输入接触热传导。在热分析中，点焊提供了离散的热传导点，点焊是在CAD软件中进行定义的（支持DM和UG）。

12.2.4　施加载荷

在热分析中需要添加的热载荷有温度、热流、理想绝热、热通量、内部热生成等，如图12-4所示。

- 热流量：可以施加在点、边或面上，可以分布在多个选择域上，单位是能量比上时间。
- 完全绝热：也就是热流量为 0，此时可以删除原来面上施加的边界条件。

图 12-4　热载荷

- 热通量：该载荷只能施加在面上（二维分析只能施加在边上），单位是能量比上时间再除以面积。
- 内部热生成：内部热源只能施加在实体上，单位是能量比上时间再除以体积。

当热载荷为正时，表示系统的能量增加，反之为系统能量减少。

12.2.5　热边界条件

热分析中的边界条件包括温度、对流、辐射等，如图12-5所示，边界条件至少要求保证存在一种类型的热边界，否则当热量源源不断地输入系统中时，稳态时的温度将会达到无穷大。

图 12-5　热边界条件

12.2.6　热应力分析

在进行了相关的稳态热分析后，为实现热应力求解，需要在求解时把稳态结构分析关联到热模型上，如图12-6所示。

进入Mechanical中，会发现在"静态结构"中插入了一个"导入的载荷"选项，如图12-7所示，在模型上施加结构载荷和约束后，即可对模型进行热应力计算。

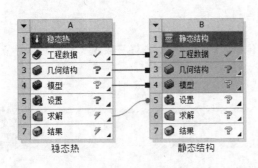

图 12-6　热应力求解

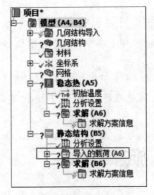

图 12-7　分析树

12.2.7　结果后处理

在热分析的后处理中可以处理各种结果，包括温度、总热通量以及用户自定义结果，如图12-8所示。结果通常是在求解前指定，但也可以在求解结束后指定。

- 温度：是标量值，它不存在方向。
- 热通量：可以是等高线或是矢量图，如在"稳态热-Mechanical"中指定总热通量和定向热通量，当激活矢量显式模式时，显示的是热通量的大小和方向。
- 响应热流速：通过给定的温度、对流或辐射边界条件可以得到响应的热流速，在"稳态热-Mechanical"中是通过插入探针来指定响应热流速的，如图 12-9 所示。

图 12-8　结果后处理　　　　　　　　　　　　　图 12-9　探针选项

12.3　散热器的热分析

本节将通过对某散热器的热分析帮助读者掌握在ANSYS Workbench中如何进行热分析，以及进行热分析的基本过程，实例的模型已经建好，在进行分析时直接导入即可。

12.3.1　问题描述

如图12-10所示为热分析的模型，它是由11个翅片组成的，材料为黄铜（系统默认）。

图 12-10　模型图

12.3.2　启动 Workbench 并建立分析项目

步骤 01　在Windows系统下执行"开始"→"所有程序"→ANSYS 2022→Workbench 2022命令，启动ANSYS Workbench 2022，进入主界面。

步骤 **02** 在ANSYS Workbench主界面中执行"单位"→"度量标准（kg,mm,s,℃,mA,N,mV）"命令，设置模型单位，如图12-11所示。

步骤 **03** 双击主界面工具箱中的"组件系统"→"几何结构"选项，即可在项目管理区创建分析项目A，如图12-12所示。

步骤 **04** 在工具箱中的"分析系统"→"稳态热"上按住鼠标左键拖动到项目管理区中，当项目A的"几何结构（A2）"呈红色高亮显示时，放开鼠标创建项目B，此时相关联的数据可共享，如图12-13所示。

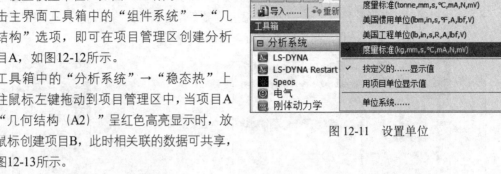

图 12-11 设置单位

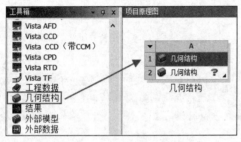

图 12-12 创建分析项目 A

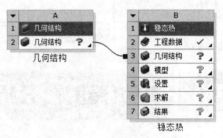

图 12-13 创建分析项目

12.3.3 导入几何体

步骤 **01** 在A2栏的几何结构上右击，在弹出的快捷菜单中执行"导入几何模型"→"浏览"命令，如图12-14所示，此时会弹出"打开"对话框。

步骤 **02** 在弹出的"打开"对话框中选择文件路径，导入char12-01几何体文件，如图12-15所示。

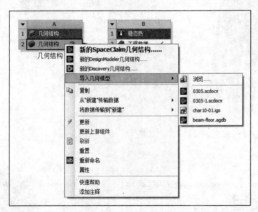

图 12-14 导入几何体

图 12-15 "打开"对话框

步骤 **03** 双击项目A中的A2栏"几何结构"选项，此时会进入DM界面，设计树中"导入1"前显示，表示需要生成，图形窗口中没有图形显示，如图12-16所示。

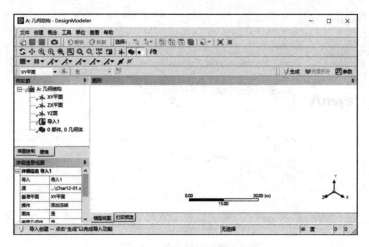

图 12-16 生成前的 DM 界面

步骤 04 单击"生成"按钮,即可显示生成的几何体,如图12-17所示,此时可在几何体上进行其他的操作,本例无须进行操作。

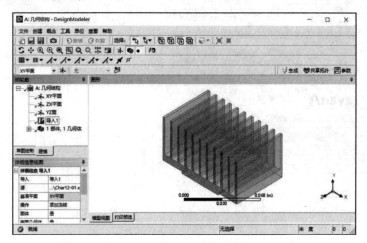

图 12-17 生成后的 DM 界面

步骤 05 单击DM界面右上角的"关闭"按钮,退出DM,返回Workbench主界面。

12.3.4 添加材料库

步骤 01 双击项目B中的B2栏"工程数据"选项,进入如图12-18所示的材料参数设置界面,在该界面下即可进行材料参数设置。

步骤 02 在界面的空白处右击,在弹出的快捷菜单中选择"工程数据源"命令,此时的界面如图12-19所示。

步骤 03 在工程数据源表中选择A4栏"一般材料",然后单击轮廓General Materials表中A14栏Copper Alloy(铜合金)的"添加"按钮 ，此时在C14栏中会显示"使用中的"标识 ，表示材料添加成功,如图12-20所示。

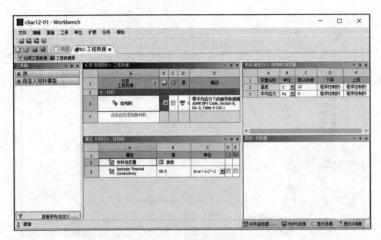

图 12-18　材料参数设置界面

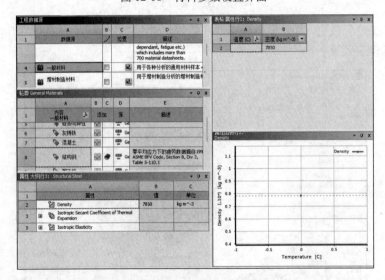

图 12-19　材料参数设置界面

图 12-20　添加材料

步骤 04 同步骤（2），在界面的空白处右击，在弹出快捷菜单中取消选择"工程数据源"命令，返回初始界面。

步骤 05 根据实际工程材料的特性，在"属性 大纲行4：铜合金"表中可以修改材料的特性，如图12-21所示，本实例采用的是默认值。

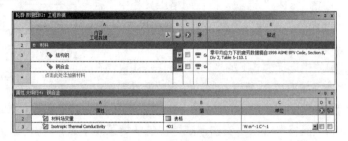

图 12-21　材料参数修改窗口

12.3.5　添加模型材料属性

步骤 01 双击项目管理区中项目B的B4栏"模型"选项，进入"稳态热-Mechanical"界面，在该界面下即可进行网格的划分、分析设置、结果观察等操作，如图12-22所示。

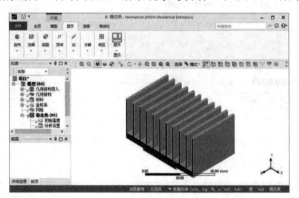

图 12-22　"稳态热-Mechanical"界面

步骤 02 选择"稳态热-Mechanical"界面左侧模型树中"几何结构"选项下的"固体"，此时即可在"固体"的详细信息中给模型添加材料"铜合金"，如图12-23所示。

图 12-23　添加材料

12.3.6 划分网格

步骤 **01** 选中分析树中的"网格"选项，执行网格工具栏中"控制"→"尺寸调整"命令，为网格划分添加尺寸调整，如图12-24所示。

图 12-24 添加尺寸调整

步骤 **02** 单击图形工具栏中选择模式下的"选择体"按钮，在图形窗口中选择如图12-25所示的体，在参数设置列表中单击"几何结构"后的"应用"按钮，完成体的选择，设置单元尺寸为2mm，如图12-26所示。

步骤 **03** 在模型树中的"网格"选项上右击，在弹出的快捷菜单中选择"生成"命令，最终的网格效果如图12-27所示。

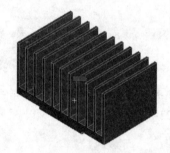  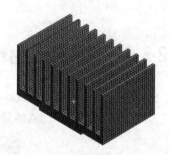

图 12-25 选择体 　　　　图 12-26 设置参数 　　　　图 12-27 网格效果

12.3.7 施加载荷与约束

步骤 **01** 选中分析树中的"稳态热（B5）"选项，执行环境工具栏中"热"→"热通量"命令，为模型添加热载荷，如图12-28所示。

图 12-28 为模型添加热载荷

步骤 **02** 单击图形工具栏中选择模式下的"选择面"按钮，选择如图12-29所示的面。在参数设置列表中单击"几何结构"后的"应用"按钮，完成面的选择。

步骤 **03** 在参数设置列表中设置"大小"为6.25×10^{-2}W/mm²，如图12-30所示。

步骤 **04** 单击环境工具栏中的"对流"按钮，为模型添加对流传热方式，如图12-31所示。选择如图12-32所示散热器的散热面，在参数设置列表中单击"几何结构"后的"应用"按钮，完成面的选择。

步骤 **05** 在参数设置列表中设置"薄膜系数"为5×10^{-5}W/（mm²·℃），如图12-33所示。

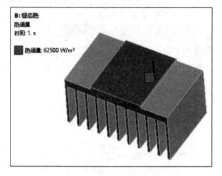

图 12-29　选择面

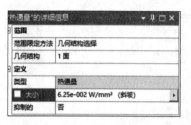

图 12-30　参数设置

图 12-31　为模型添加对流传热方式

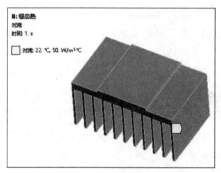

图 12-32　选择面

图 12-33　参数设置

步骤 06　单击环境工具栏中的"辐射"选项，为模型添加辐射传热方式，如图12-34所示。选择如图12-35
所示散热器的散热面，在参数设置列表中单击"几何结构"后的"应用"按钮，完成面的选择。

步骤 07　在参数设置列表中设置"发射率"为0.4，如图12-36所示。

图 12-34　为模型添加辐射传热方式

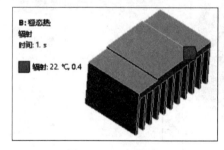

图 12-35　选择面

图 12-36　参数设置

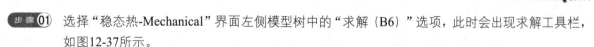

12.3.8　设置求解

步骤 01　选择"稳态热-Mechanical"界面左侧模型树中的"求解（B6）"选项，此时会出现求解工具栏，
如图12-37所示。

步骤 02　求解温度：执行求解工具栏中的"热"→"温度"命令，如图12-38所示，此时在分析树中会出
现"温度"选项。

步骤 03　求解热流：执行求解工具栏中的"热"→"总热通量"命令，此时在分析树中会出现"总热通
量"选项，在参数列表中设置各参数，如图12-39所示。

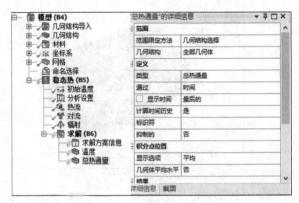

图 12-37　求解工具栏　　　图 12-38　添加温度求解项　　　　图 12-39　求解热流设置

12.3.9　求解并显示求解结果

步骤01　在模型树中的"求解（B6）"选项上右击，在弹出的快捷菜单中选择"求解"命令。

步骤02　温度分析云图：选择模型树中"求解（B6）"下的"温度"选项，此时在图形窗口中会出现如图12-40所示的温度分析云图。

步骤03　热流分析云图：选择模型树中"求解（B6）"下的总热通选项，此时在图形窗口中会出现如图12-41所示的热流分析云图。

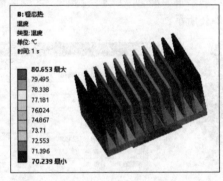
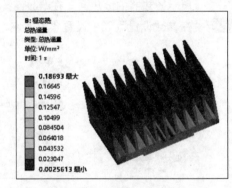

图 12-40　温度分析云图　　　　　　　　图 12-41　热流分析云图

12.3.10　热应变分析

步骤01　单击Mechanical界面右上角的"关闭"按钮退出"稳态热-Mechanical"，返回Workbench主界面。在工具箱中单击"静态结构"选项，按住鼠标，将之拖动到B6栏的"求解"选项上，当B6项呈高亮显示时，松开鼠标，创建静态结构分析项目C，如图12-42所示。

步骤02　双击C5栏的"设置"选项，进入"静态结构-Mechanical"界面。

步骤03　在模型树中出现了静态结构分支，展开这个分支可以看到有"导入的载荷"选项，该项链接的是之前热分析结果中输入的数据，此处为温度数据，因此可以看到相关项，如图12-43所示。

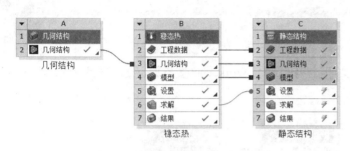

图 12-42　项目管理区中的分析项目　　　　　　　　　图 12-43　分析树

步骤 04　右击导入的"几何体温度"选项，在弹出的快捷菜单中选择"导入载荷"命令，如图12-44所示，将温度场数据导入静态结构求解器中，如图12-45所示。

步骤 05　选择静态结构分支下的"求解（B6）"项，然后单击工具栏中的"变形"→"总计"命令，即求解总变形量，如图12-46所示。

图 12-44　导入温度场载荷　　　　　图 12-45　显示导入的温度场　　　　　图 12-46　求解总变形量

步骤 06　利用同样的方法执行"应变"→"热"命令，即求解热应变，如图12-47所示。

步骤 07　右击模型树中的"静态结构"选项，在弹出的快捷菜单中选择"求解"命令，开始求解。

步骤 08　单击模型树中"求解（B6）"下的"总变形"选项，此时在图形窗口中会出现如图12-48所示的总变形云图。

步骤 09　单击模型树中"求解（B6）"下的"热应变"选项，此时在图形窗口中会出现如图12-49所示的热应变云图。

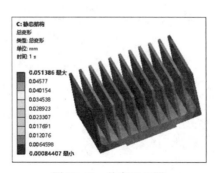

图 12-47　求解热应变　　　　　图 12-48　总变形云图　　　　　图 12-49　热应变云图

12.3.11 保存与退出

步骤01 单击Mechanical界面右上角的"关闭"按钮,返回Workbench主界面。此时项目管理区中显示的分析项目均已完成,如图12-50所示。

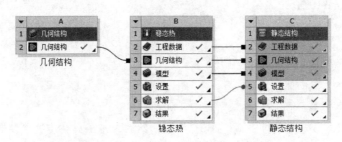

图 12-50 项目管理区中的分析项目

步骤02 在Workbench主界面中单击常用工具栏中的"保存"按钮,保存包含有分析结果的文件。

步骤03 单击Workbench主界面右上角的"关闭"按钮,退出ANSYS Workbench主界面,完成项目分析。

12.4 本章小结

本章首先介绍了热力学分析的基本知识,然后讲解了热力学分析的基本过程,最后给出了热力学分析的一个典型实例——散热器的热分析。

通过本章的学习,读者可以掌握热力学分析的基本流程、载荷和约束的加载方法,以及结果后处理方法等相关知识。

第 13 章

特征值屈曲分析

 导言

屈曲分析主要用于研究结构在特定载荷下的稳定性以及确定结构失稳的临界载荷，屈曲分析包括线性屈曲分析和非线性屈曲分析。线性屈曲分析可以考虑固定的预载荷，也可使用惯性释放；非线性屈曲分析包括几何非线性失稳分析、弹塑性失稳分析、非线性后屈曲分析等，本章将着重讨论线性屈曲分析。

 学习目标

※ 了解线性屈曲分析。
※ 掌握线性屈曲分析过程。
※ 通过案例掌握线性屈曲问题的分析方法。
※ 掌握线性屈曲分析的结果检查方法。

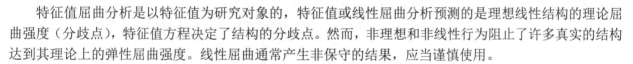

13.1 屈曲分析概述

特征值屈曲分析是以特征值为研究对象的，特征值或线性屈曲分析预测的是理想线性结构的理论屈曲强度（分歧点），特征值方程决定了结构的分歧点。然而，非理想和非线性行为阻止了许多真实的结构达到其理论上的弹性屈曲强度。线性屈曲通常产生非保守的结果，应当谨慎使用。

屈曲分析有以下优点。

- 屈曲分析比非线性屈曲分析计算省时，并且应当作为第一步计算来评估临界载荷(屈曲开始时的载荷)。
- 通过线性屈曲分析可以预知结构的屈曲模型形状，结构可能发生屈曲的方向可以作为设计中的向导。

13.1.1 关于欧拉屈曲

结构丧失稳定性称为（结构）屈曲或欧拉屈曲。L.Euler从一端固定、另一端自由的受压理想柱出发，给出了压杆的临界载荷。所谓理想柱，是指起初完全平直而且承受中心压力的受压杆，如图13-1所示。

设此柱完全是弹性的，且应力不超过比例极限，若轴向外载荷P小于它的临界值，则此杆将保持直的状态而只承受轴向压缩。如果一个扰动（如

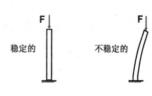

图 13-1 受压杆

一个横向力）作用于杆，使其有一小的挠曲，在这一扰动除去后，挠度就消失，杆又恢复到平衡状态，那么此时杆保持直立形式的弹性平衡是稳定的。

若轴向外载荷P大于它的临界值，柱的直的平衡状态变为不稳定，即任意扰动产生的挠曲，在扰动除去后不仅不会消失，而且还将继续扩大，直至达到远离直立状态的新的平衡位值或者弯折为止，此时，称此压杆失稳或屈曲（欧拉屈曲）。

线性屈曲是以小位移、小应变的线性理论为基础，分析中不考虑结构在受载变形过程中结构构型的变化，也就是在外力施加的各个阶段，总是在结构初始构型上建立平衡方程。当载荷达到某一临界值时，结构构型将突然跳到另一个随机的平衡状态，称为屈曲。临界点之前称为前屈曲，临界点之后称为后屈曲。

梁的截面一般做成窄而高的形式，对截面两主轴惯性矩相差很大。如梁跨度中部无侧向支承或侧向支承距离较大，在最大刚度主平面内承受横向载荷或弯矩作用时，载荷达一定数值，梁截面可能产生侧向位移和扭转，导致丧失承载能力，这种现象叫作梁的侧向弯扭屈曲，简称侧扭屈曲。

假定压杆屈曲时不发生扭转，只是沿主轴弯曲。但是对于开口薄壁截面构件，在压力作用下有可能在扭转变形或弯扭变形的情况下丧失稳定，这种现象称为扭转屈曲或弯扭屈曲。

13.1.2　线性屈曲的计算

进行线性屈曲分析的目的是寻找分歧点、评价结构的稳定性。在线性屈曲分析中求解特征值时需要用到屈曲载荷因子 λ_i 和屈曲模态 ψ_i。

线性静力分析中包括了刚度矩阵 $[S]$，它的应力状态函数为：

$$([K]+[S]) \cdot \{x\} = \{F\}$$

如果分析是线性的，可以对载荷和应力状态乘上一个常数 λ_i，此时：

$$([K]+\lambda_i[S]) \cdot \{x\} = \lambda_i\{F\}$$

在一个屈曲模型中，位移可能会大于 $\{x+\psi\}$，而载荷没有增加，因此下式也是正确的：

$$([K]+\lambda_i[S]) \cdot \{x+\psi\} = \lambda_i\{F\}$$

通过上面的方程进行求解，可得：

$$([K]+\lambda_i[S]) \cdot \{\psi_i\} = 0$$

上式就是在线性屈曲分析求解中用于求解的方程，这里 $[K]$ 和 $[S]$ 为定值，假定材料为线性材料，可以利用小变形理论但不包括非线性理论。

对于上面的求解方程，需要注意如下事项。

- 屈曲载荷乘上 λ 就是将其乘到施加的载荷上，即可得到屈曲的临界载荷。
- 屈曲模态形状系数 ψ 代表了屈曲的形状，但不能得到其幅值，这是因为 ψ 是不确定的。
- 屈曲分析中有许多屈曲载荷因子和模态，通常情况下只对前几个模态感兴趣，这是因为屈曲是发生在高阶屈曲模态之前。

对于线性屈曲分析，Workbench内部自动应用以下两种求解器进行求解。

- 首先执行线性分析：$[K]\{x_0\}=\{F\}$。基于静力分析的基础上，计算应力刚度矩阵$[\sigma_0]\rightarrow[S]$。
- 应用前面的特征值方法求解得到屈曲载荷因子λ_i和屈曲模态ψ_i。

13.1.3　线性屈曲分析的特点

线性屈曲分析比非线性屈曲计算省时，并且可以作为第一步计算来评估临界载荷（屈曲开始时的载荷）。屈曲分析具有以下特点。

- 通过特征值或线性屈曲分析结果可以预测理想线性结构的理论屈曲强度。
- 该方法相当于线性屈曲分析方法，利用欧拉行列式求解特征值屈曲。
- 线性屈曲得出的结果通常是不保守的。由于缺陷和非线性行为的存在，得到的结果无法与实际结构的理论弹性屈曲强度一致。
- 线性屈曲无法解释非弹性的材料响应、非线性作用、不属于建模的结构缺陷（凹陷等）等问题。

13.2　线性屈曲的分析过程　▶

在进行屈曲分析之前需要完成静态结构分析，屈曲分析求解步骤如下。

步骤 01　建立或导入有限元模型，设置材料特性。

步骤 02　定义接触区域。

步骤 03　定义网格控制并划分网格。

步骤 04　施加载荷及约束。

步骤 05　进行静力结构分析。

步骤 06　链接到线性屈曲分析。

步骤 07　设置线性屈曲分析的初始条件。

步骤 08　设置求解控制，对模型进行求解。

步骤 09　进行结果评价和分析。

详细的参数设置在前面的章节中已经介绍，这里仅做简单介绍，不再赘述，如想深入了解相关内容，请参考前面的章节进行学习。

13.2.1　几何体和材料属性

与线性静力分析类似，在屈曲分析中可支持的几何体包括实体、壳体（需要给定厚度）以及线体（需要定义横截面）。

对于线体而言，只有屈曲模式和位移结果可以使用。模型中可以包含点质量，由于点质量只受惯性载荷的作用，在应用中会受到限制。

在屈曲分析中材料属性要求输入杨氏模量和泊松比。

13.2.2　接触区域

屈曲分析中可以定义接触对，但由于这是线性分析，因此采用的接触不同于非线性分析中的接触类型，如表13-1所示。

表 13-1　接触特点

接触类型	线性屈曲分析		
	初始接触	Inside Pinball Region 内 Pinball 区域	Outside Pinball Region 外 Pinball 区域
绑定	绑定	绑定	自由
无分离	无分离	无分离	自由
粗糙	绑定	自由	自由
摩擦的	无分离	自由	自由

 Pinball范围将影响一些接触类型。所有非线性接触类型都被简化为"绑定"或"不分离"接触，没有分离的接触在屈曲分析中带有警告，因为它在切向没有刚度，这将产生许多过剩的屈曲模态。如果合适的话，可考虑应用绑定接触来代替。

13.2.3　载荷与约束

在线性屈曲分析中，至少需要施加一个能够引起结构屈曲的载荷，以适用于模型求解。屈曲载荷是由结构载荷乘上载荷系数决定的，因此不支持不成比例或常值的载荷。

- 不推荐只有压缩的载荷。
- 结构可以是全约束，在模型中没有刚体位移。

当线性屈曲分析中存在接触和比例载荷时，可以对屈曲结果进行迭代，调整可变载荷直到载荷系数变为1.0或接近1.0。

13.2.4　屈曲设置

在项目分析中,屈曲分析经常与静态结构分析进行耦合,如图13-2所示。在分析树中包含了结构分析的结果,如图13-3所示,在线性屈曲分支下的"分析设置"中可以指定屈曲模型的代号。

图 13-2　屈曲分析项目

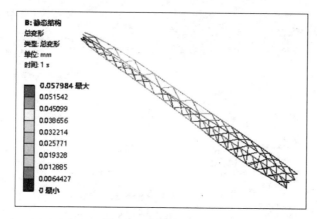

图 13-3　屈曲分析结果

13.2.5　模型求解

屈曲分析模型建立后，即可求解除静力结构分析以外的分析。线性屈曲分析的计算机使用率比相同模型下的静力分析要高。在求解信息分支下提供了详细的求解输出过程，如图13-4所示。

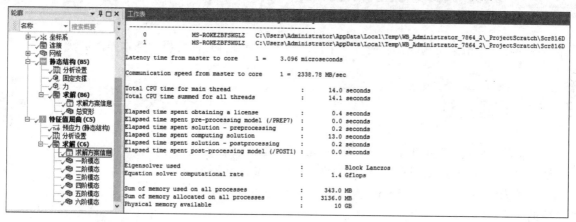

图 13-4　屈曲分析求解输出

13.2.6　结果检查

求解完成后即可检查屈曲模型，每个屈曲模态的载荷因子显示在图形和图表的参数列表中，载荷因子乘以施加的载荷值即为屈曲载荷：

$$F_{屈曲}=\left(F_{施加}\times\lambda\right)$$

屈曲载荷因子λ是在线性屈曲分析分支下的结果中检查的，可以方便地观察结构屈曲在给定的施加载荷下的各个屈曲模态，如图13-5所示为求解的一阶屈曲模态。

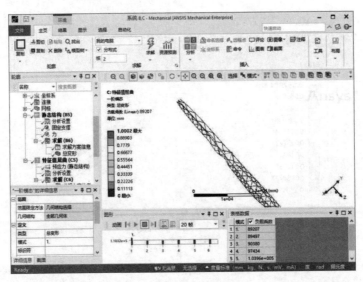

图 13-5　某阶屈曲模态

13.3　桁架结构的抗屈曲分析

本节将通过一个桁架结构的抗屈曲分析来帮助读者掌握线性屈曲分析的基本操作步骤。

13.3.1　问题描述

桁架结构的几何尺寸为44014mm×2707.9mm×3828mm（长、宽、高），模型结构如图13-6所示，试计算结构的临界屈曲载荷。截面为空心方钢，尺寸为80mm×80mm×5mm。桁架的一端为全约束，求解结构的抗屈曲载荷。

模型：frame.igs。

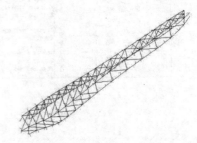

图 13-6　屈曲分析模型

13.3.2　Workbench 基础操作

关于启动ANSYS Workbench、单位的设置、模型frame.igs的导入、添加材料等操作，请参考前面的章节，这里不再赘述。

由于ANSYS Workbench在默认情况下仅识别Surface Body和Solid Body，而本例中导入的是线体，因此需要对其进行必要的设置，操作步骤如下所示。

步骤 01 在ANSYS Workbench主界面中执行"工具"→"选项"命令，打开"选项"对话框。

步骤 02 在对话框中选择"几何结构导入"选项，然后勾选"线体"选项，确定软件能够识别导入的线体，如图13-7所示，单击"O"按钮确认。

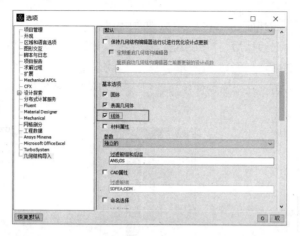

图 13-7 选项对话框

步骤 03 在主界面中设置单位为"Metric（kg,mm,s,℃,mA,N,mV）"，并导入桁架模型。

步骤 04 在主界面中建立分析项目，建立的项目包括几何结构项目A、静态结构项目B、特征值屈曲项目C，如图13-8所示。

图 13-8 建立分析项目

步骤 05 进入DM，并设置其单位为"度量标准（mm,kg,N,S,mV,mA）"。

步骤 06 单击"生成"按钮，即可显示生成的几何体，如图13-9所示，此时可在几何体上进行其他的操作。

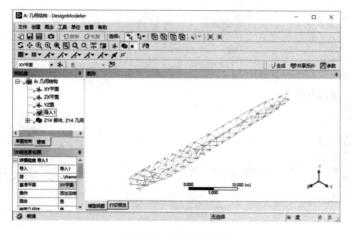

图 13-9 生成几何体

13.3.3 创建多体部件体

步骤 01 在设计树中单击"214部件，214几何体"前面的"展开"按钮⊞，展开所有的体，如图13-10所示。

步骤 02 选择列表中第一个线体后，按Shift键，同时拖动滚动条到所有体的最后，单击最后一个体，即可将所有的体选中，如图13-11所示。

步骤 03 在选中的体上右击，在弹出的快捷菜单中选择"形成新部件"命令，如图13-12所示，即可创建多体部件体。

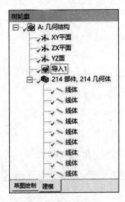
图 13-10　展开体

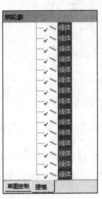
图 13-11　选中体

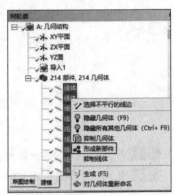
图 13-12　快捷菜单

此时的模型只有一个体，该体包括了214个零件。

步骤 04 执行菜单栏中的"概念"→"横截面"→"矩形管"命令，如图13-13所示，为线体创建横截面。

步骤 05 在参数列表中设置各参数，如图13-14所示。定义线体结构的属性为80mm×80mm×5mm的空心方钢。

步骤 06 同步骤（2），选择所有的线体，并在参数列表中的横截面中选择矩形管1作为线体的横截面属性，如图13-15所示。

图 13-13　创建横截面

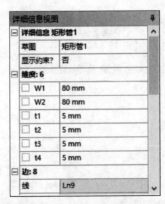
图 13-14　设置参数

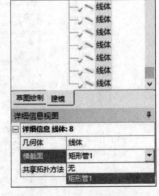
图 13-15　设置横截面属性

步骤 07 单击DM界面右上角的"关闭"按钮，退出DM，返回Workbench主界面。

13.3.4 网格参数设置

步骤 01 双击项目管理区项目B中的B4栏"模型"选项，进入Mechanical界面，在该界面下即可进行网格的划分、分析设置、结果观察等操作。

步骤 02 选中Workbench主界面分析树中的"网格"选项，执行网格工具栏中"控制"→"尺寸调整"命令，为网格划分添加尺寸调整，如图13-16所示。

图13-16 添加尺寸调整

步骤 03 单击图形工具栏中的"选择边"按钮🗹，选择所有的线体，此时线体颜色显示为绿色，如图13-17所示。

步骤 04 在参数设置列表中单击"几何结构"后的"应用"按钮，完成边的选择，并设置单元尺寸为200mm，如图13-18所示，完成网格参数的设置。

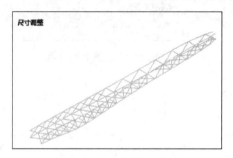

图13-17 选择所有线体

图13-18 网格参数设置

步骤 05 在模型树中的"网格"选项上右击，在弹出的快捷菜单中选择"生成"命令🗲。

13.3.5 施加载荷与约束

步骤 01 选中分析树中的"静态结构（B5）"项，执行环境工具栏中"结构"→"固定的"命令，为模型添加约束，如图13-19所示。

图13-19 添加约束

步骤 02 选择桁架结构底部的一个节点之后，按住Ctrl键，选择其他三个点，单击参数设置列表中的"应用"按钮，即可将约束施加到节点上，如图13-20所示。

步骤 03 执行环境工具栏中"结构"→"力"命令，为模型添加单位载荷，如图13-21所示。

步骤 04 选择桁架结构顶部的一个节点之后，选择其他三个点，单击参数设置列表中的"应用"按钮，将定义依据设置为"分量"，Y分量设置为"-1.N（斜坡）"，如图13-22所示，即可将约束施加到节点上，如图13-23所示。

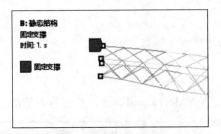

图 13-20 将约束施加到节点

图 13-21 添加单位载荷

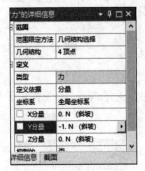

图 13-22 参数设置

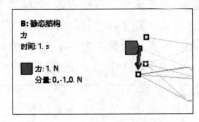

图 13-23 约束施加到节点

这里的–1表示设置单位载荷的方向为–Y，大小为1N。

13.3.6 设置求解选项

步骤 **01** 选择Mechanical界面左侧模型树中的"求解（B6）"选项，此时会出现求解工具栏。

步骤 **02** 求解总变形：执行求解工具栏中的"变形"→"总计"命令，如图13-24所示，此时在分析树中会出现"总变形"选项。

步骤 **03** 设置屈曲分析提取模态数为六阶：选择Mechanical界面左侧模型树中的"特征值屈曲（C5）"选项下的"分析设置"，在参数列表中设置"最大模态阶数"为6，如图13-25所示。

图 13-24 求解总变形

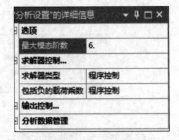

图 13-25 设置提取模态数

步骤 **04** 选择Mechanical界面左侧模型树中的"求解（B6）"选项，设置线形屈曲分析的模态振型。

步骤 **05** 提取前三阶屈曲模态振型：执行求解工具栏中的"变形"→"总计"命令，此时在分析树中会出现"总变形"选项。选中刚建立的"总变形"选项，按F2快捷键，重新命名为"一阶模态"，并将参数列表中的"模式"选项设置为1，以此类推，如图13-26所示。

步骤 **06** 利用同样的方法提取第二阶、第三阶、第四阶、第五阶、第六阶模态振型，分别命名为二阶模态、三阶模态、四阶模态、五阶模态、六阶模态，最终设置结果如图13-27所示。

图 13-26　三阶模态设置

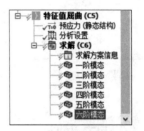

图 13-27　最终结果

13.3.7　求解并显示求解结果

步骤 **01** 单击求解工具栏中的"求解"命令 进行求解。

步骤 **02** 求解完成后，选择分析树中"求解（B6）"后的"总变形"选项，可以观察静力分析的总变形，如图13-28所示。

步骤 **03** 在图形窗口下方会显示前六阶屈曲载荷因子，如图13-29所示。

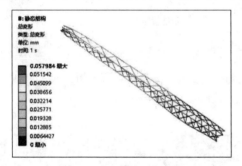

图 13-28　静力分析总变形

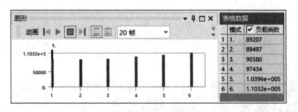

图 13-29　前六阶屈曲载荷因子

步骤 **04** 选择分析树中"求解（B6）"后的一阶模态、二阶模态、三阶模态、四阶模态、五阶模态、六阶模态，可以观察前六阶模态振型，如图13-30～图13-35所示。

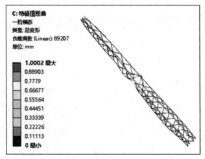

图 13-30　第一阶模态振型

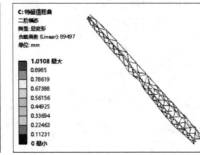

图 13-31　第二阶模态振型

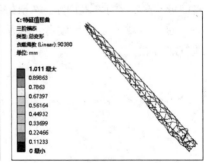

图 13-32　第三阶模态振型

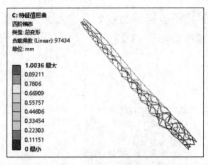

图 13-33　第四阶模态振型　　　　图 13-34　第五阶模态振型　　　　图 13-35　第六阶模态振型

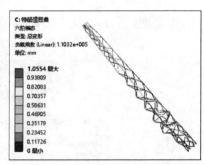

13.3.8　保存与退出

步骤 **01**　单击Mechanical界面右上角的"关闭"按钮，退出Mechanical，返回Workbench主界面。此时项目管理区中显示的分析项目均已完成，如图13-36所示。

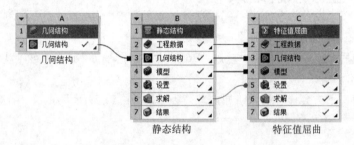

图 13-36　项目管理区中的分析项目

步骤 **02**　在Workbench主界面中单击常用工具栏中的"保存"按钮，保存包含有分析结果的文件。

步骤 **03**　单击主界面右上角的"关闭"按钮，退出Workbench，完成项目分析。

13.4　本章小结

本章首先介绍了线性屈曲分析的基本知识，然后讲解了线性屈曲分析的基本过程，最后给出了线性屈曲分析的一个典型实例——桁架结构的抗屈曲分析。

通过本章的学习，读者可以掌握线性屈曲分析的基本流程、载荷和约束的加载方法，以及结果后处理方法等相关知识。

第14章
结构非线性分析

 导言

前面章节中介绍的内容属于线性问题，它们都符合胡克定律，即位移（或应力）与作用力是线性的，而在实际生活中存在许多的结构，其作用力与位移并不是线性关系，这样的结构称之为非线性。本章将主要讨论非线性问题。

学习目标

※ 了解结构非线性分析。
※ 掌握结构非线性分析过程。
※ 通过案例掌握结构非线性问题的分析方法。
※ 掌握结构非线性分析的结果检查方法。

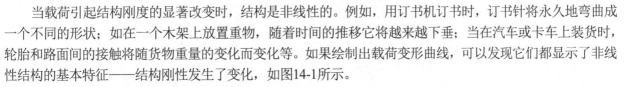

14.1 结构非线性分析概述

当载荷引起结构刚度的显著改变时，结构是非线性的。例如，用订书机订书时，订书针将永久地弯曲成一个不同的形状；如在一个木架上放置重物，随着时间的推移它将越来越下垂；当在汽车或卡车上装货时，轮胎和路面间的接触将随货物重量的变化而变化等。如果绘制出载荷变形曲线，可以发现它们都显示了非线性结构的基本特征——结构刚性发生了变化，如图14-1所示。

在实际应用中，引起结构非线性的原因有很多种，通常情况下可细分为几何非线性、材料非线性以及状态变化非线性三种。

1. 几何非线性

几何非线性亦即存在大应变、大位移、应力刚化、旋转软化响应的现象。当结构承受大变形后，变化后的几何形状就有可能引起结构的非线性响应。

如图14-2所示为载荷作用下的钓鱼竿，处于轻微横向载荷作用下的竿梢是柔软的，随着载荷的增加，竿的形状发生了变化（弯曲），力臂变小（载荷移动），这样就引起了竿的刚化响应。

2. 材料非线性

非线性的应力-应变关系是结构非线性中的常见现象。许多因素可以影响材料的应力-应变性质，包括加载历史（如在弹-塑性响应状况下）、环境状况（如温度）、加载的时间总量（如在蠕变响应状况下）等。

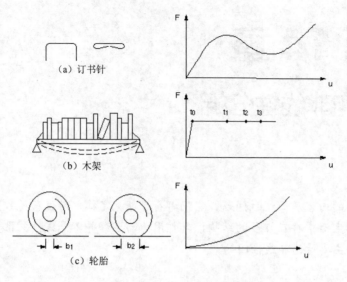

（a）订书针

（b）木架

（c）轮胎

图 14-1　非线性结构行为的普通例子

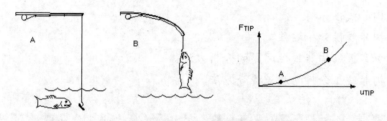

图 14-2　几何非线性

材料非线性主要体现在材料的塑性、超弹性、蠕变等方面，如图14-3所示为钢与橡胶材料的应力-应变关系图。

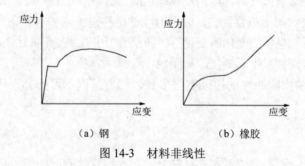

（a）钢　　　　　　　　　（b）橡胶

图 14-3　材料非线性

3．状态变化非线性

导致刚度突然发生变化的状态改变是非线性行为的另一个普遍原因，例如装配中进入接触状态的两个零件因加工而移去的预应力、电缆从松弛到张紧的状态改变等。

如图14-4所示，随着载荷的增加，接触状态从"开"变为"闭合"，由此引起了刚度的变化。

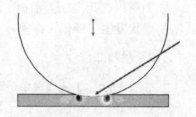

图 14-4　刚度突变引发非线性

在现实生活中，接触是一种很普遍的非线性行为，接触是状态变化非线性类型中一个特殊而重要的子集，这将在后面的章节中单独介绍。

14.2 结构非线性分析流程

在ANSYS Workbench左侧工具箱中"分析系统"下的"静态结构"选项上按住鼠标左键拖动到项目管理区，或双击"静态结构"选项，即可创建静态结构分析项目，如图14-5所示。

当进入"静态结构-Mechanical"后，选中分析树中的"分析设置"即可进行分析参数的设置，如图14-6所示。

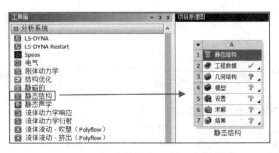

图 14-5　创建结构非线性分析项目

图 14-6　分析参数设置

在Mechanical模块下，结构非线性分析与线性静力分析的过程类似，其求解步骤如下。

步骤 01　建立有限元模型，设置材料特性。

步骤 02　定义接触区域。

步骤 03　定义网格控制并划分网格。

步骤 04　施加载荷和边界条件。

步骤 05　对问题进行求解。

步骤 06　进行结果评价和分析（结果后处理）。

详细的参数设置在前面的章节中已经介绍，这里仅对材料的设置做简单的讲解，其他内容不再赘述，如想深入了解相关内容，请参考前面的章节进行学习。

14.2.1　超弹性材料

超弹性材料是指材料在外力作用下产生远超过弹性极限应变量的应变，而卸载时应变可恢复到原来状态的材料。

在Mechanical中，超弹性材料通常为聚合物，包括天然橡胶及合成橡胶等，通常是由非晶体和长链分子组成，其弹性行为不同于金属。超弹性材料有以下特点。

- 超弹性体可以承受大弹性、大变形。
- 几乎不可压缩（会有少量的体积变化）。

- 应力-应变体现出高度的非线性，通常表现为拉伸时材料刚度软化，压缩时刚度刚化。

在超弹性体的本构模型中，假设材料各向同性，且变形可完全恢复，材料几乎不能被压缩。这些假设都是理想化的，实际模型要比这复杂得多。

在ANSYS中，本构关系是通过应变能密度函数（$\dot{\sigma}=D:\dot{\varepsilon}$）定义的，通常情况下应变能密度函数是一条最接近通过试验拟合应力与应变测试数据的曲线。

在ANSYS Workbench中专门提供了曲线拟合工具来帮助转换试验数据到应变能密度函数。测试数据通常包括单向拉伸、单向压缩、双向拉伸、平面剪切、简单剪切、体积测试等试验，一旦得到这些数据之后，即可将试验应力-应变数据用于曲线的拟合。

在Mechanical中输入非线性材料的数据是非常方便的。例如要在Mechanical中通过输入单周试验数据建立非线性材料，可以采用下面的方法。

步骤 01 双击项目A中的A2栏"工程数据"选项，进入如图14-7所示的材料参数设置界面，在该界面下即可进行材料参数设置。

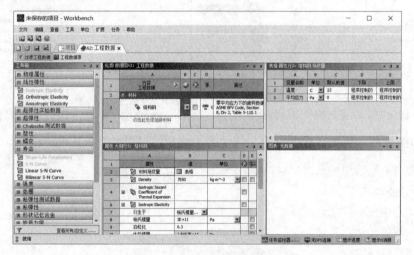

图 14-7　材料参数设置界面

步骤 02 在材料参数设置界面下单击"轮廓 原理图B2：工程数据"下的A*栏，命名材料名称为User Material，如图14-8所示，按Enter键，创建新材料，此时材料名称前显示为 ，表示材料没有任何参数。

步骤 03 单击左侧工具箱后中的"超弹性实验数据"按钮⊞展开该数据项，该项包括的项目如图14-9所示。其中"Uniaxial Test Data"为单轴试验数据、"Biaxial Test Data"为双轴试验数据、"Shear Test Data"为剪力试验数据、"Volumetric Test Data"为体积试验数据。

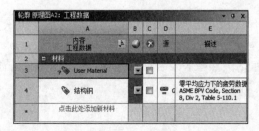

图 14-8　命名材料

图 14-9　材料参数设置界面

步骤 **04** 选中刚刚创建的"User Material"材料，双击窗口左侧材料属性工具箱中下的"Uniaxial Test Data"，将"Uniaxial Test Data"添加到"属性 大纲行3：User Material"中，如图14-10所示。

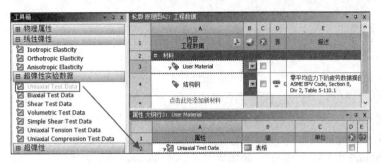

图 14-10 为材料添加单轴试验数据

步骤 **05** 在"表格 属性行 2: Uniaxial Test Data"中输入应力-应变的单轴试验数据，此时会显示应力-应变曲线图，如图14-11所示。

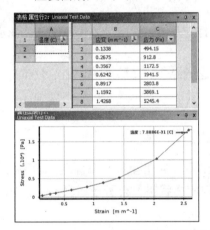

图 14-11 输入应力-应变的单轴试验数据

步骤 **06** 展开左侧工具箱中的"超弹性"选项，双击选择超弹性应变能密度函数（如"Yeoh 3rd Order"），将"Yeoh 3rd Order"添加到"属性 大纲行3: User Material"，用来拟合曲线，如图14-12所示。

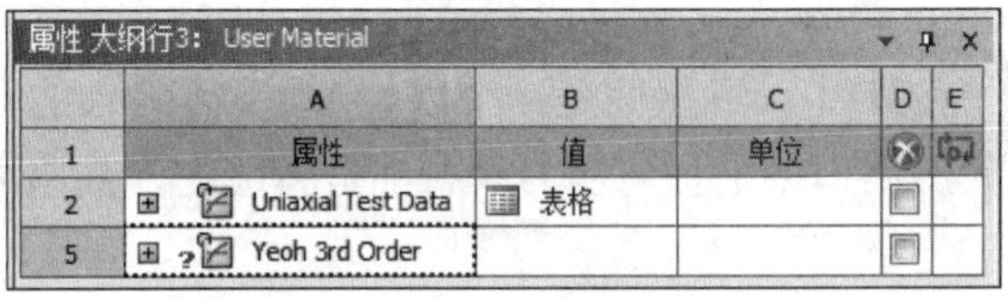

图 14-12 添加超弹性应变能密度函数

步骤 **07** 在"Yeoh 3rd Order"下的曲线拟合上右击，在弹出的快捷菜单中选择"求解曲线拟合"，如图14-13所示。此时Mechanical会自动运行最小二乘法拟合曲线，拟合完毕后将显示拟合数据与试验数据，如图14-14所示。

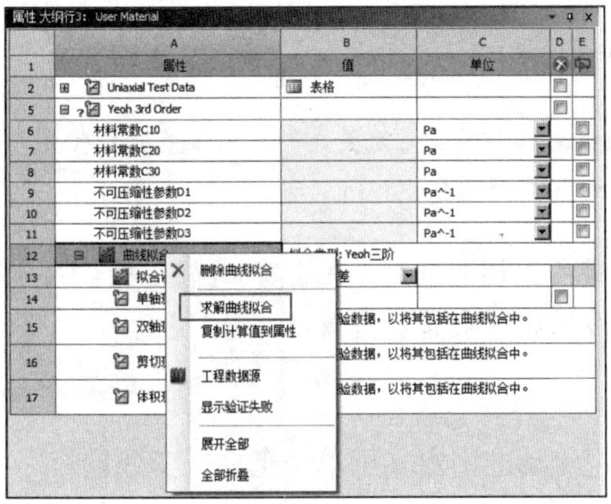

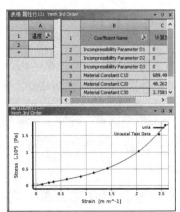

图 14-13 快捷菜单

图 14-14 拟合数据与试验数据

步骤 **08** 单击工具栏中的"项目"按钮，返回Workbench主界面，材料添加完毕。

14.2.2 塑性材料

塑性是指材料在某种给定载荷下，产生永久变形的材料特性。在外力作用下，产生较显著变形而不被破坏的材料，称为塑性材料。相反，在外力的作用下，发生微小变形即被破坏的材料，称为脆性材料。

对大多的工程材料而言，当其应力低于比例极限时，应力-应变关系是线性的。在应力-应变的曲线中，低于屈服点的称为弹性部分，超过屈服点的称为塑性部分，也称为应变强化部分。

下面依次介绍塑性的三个主要准则：屈服准则、流动准则、强化准则。

1. 屈服准则

对单向受拉而言，可以通过简单地比较轴向应力与材料的屈服应力来决定是否有塑性变形发生，而对于一般的应力状态，是否到达屈服点并不明显。

屈服准则是一个可以用来与单轴测试的屈服应力相比较的应力状态的标量表示，因此，知道了应力状态和屈服准则，程序就能确定是否有塑性应变产生。

屈服准则的值有时候也叫作等效应力，通用的屈服准则是von Mises屈服准则，当等效应力超过材料的屈服应力时，将会发生塑性变形。

$$\sigma_e = \sqrt{\frac{1}{2}\left[\left(\sigma_1 - \sigma_2\right)^2 + \left(\sigma_2 - \sigma_3\right)^2 + \left(\sigma_3 - \sigma_1\right)^2\right]}$$

在3D中，屈服面是一个以$\sigma_1 = \sigma_2 = \sigma_3$为轴的圆柱面；在2D中，屈服面是一个椭圆，如图14-15所示。在屈服面内部的任何应力状态都是弹性的，屈服面外部的任何应力状态都会引起屈服。

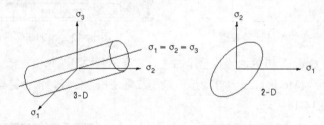

图 14-15　3D 与 2D 中的屈服面

静水压应力状态（$\sigma_1 = \sigma_2 = \sigma_3$）不会导致屈服，屈服与静水压应力无关，而只与偏差应力有关，因此$\sigma_1 = 180$，$\sigma_2 = \sigma_3 = 0$ 的应力状态比$\sigma_1 = \sigma_2 = \sigma_3 = 180$的应力状态更接近屈服。

von Mises屈服准则是一种除了土壤和脆性材料外典型使用的屈服准则，在土壤和脆性材料中，屈服应力是与静水压应力（侧限压力）有关的，侧限压力越高，发生屈服所需要的剪应力越大。

2. 流动准则

流动准则描述了发生屈服时塑性应变的方向，也就是说流动准则定义了单个塑性应变分量（ε_x^{pl}、ε_y^{pl}、ε_z^{pl}等）随着屈服的发展趋势。

一般来说，流动方程是塑性应变在垂直于屈服面的方向发展的屈服准则中推导出来的，这种流动准则称为相关流动准则。如果不用其他的流动准则（从其他不同的函数推导出来），则称为不相关的流动准则。

3．强化准则

强化准则描述了初始屈服准则随着塑性应变的增加是怎样发展的。一般来说，屈服面的变化是以前应变历史的函数，在ANSYS程序中，使用了以下两种强化准则。

- 等向强化是指屈服面以材料中所做塑性功的大小为基础在尺寸上扩张。对 von Mises 屈服准则来说，屈服面在所有方向均匀扩张，如图 14-16 所示。由于是等向强化，因此在受压方向的屈服应力等于受拉过程中所达到的最高应力。
- 随动强化假定屈服面的大小保持不变而仅在屈服的方向上移动，当某个方向的屈服应力升高时，其相反方向的屈服应力应该降低，如图 14-17 所示。在随动强化中，由于拉伸方向屈服应力的增加导致压缩方向屈服应力的降低，所以在对应的两个屈服应力之间总存在一个 $2\sigma_y$ 的差值，初始时各向同性的材料在屈服后将不再是同性的。

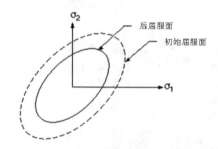

图 14-16　等向强化时的屈服面变化图

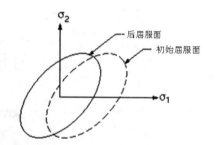

图 14-17　随动强化时的屈服面变化图

4．输入材料数据

在ANSYS Workbench中材料数据有两种不同形式的输入曲线——双线形与多线形，如图14-18所示。

（a）双线形　　　　　　　　　　　　　（b）多线形

图 14-18　材料数据的输入曲线

对于弹性材料而言，至少需要输入弹性模量及泊松比。在Mechanical中输入塑性材料的数据，可以采用下面的方法。

步骤01　双击项目A中的A2栏"工程数据"选项，进入如图14-19所示的材料参数设置界面，在该界面下即可进行材料参数设置。

步骤02　在界面的空白处右击，在弹出的快捷菜单中选择"工程数据源"命令，此时的界面会变为如图14-20所示的界面。

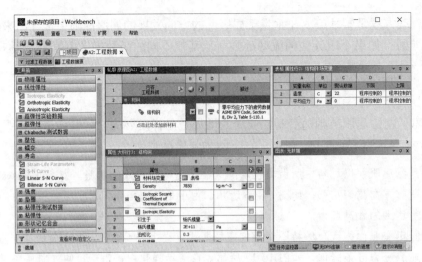

图 14-19　材料参数设置界面

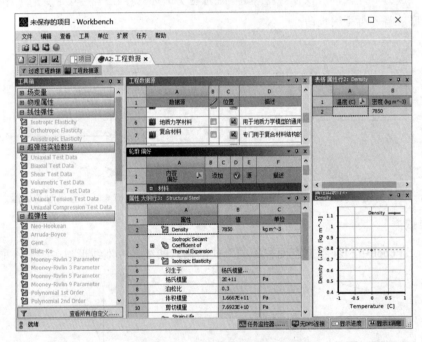

图 14-20　材料参数设置界面

步骤 03 在工程数据源表中选择A4栏"一般材料"，然后单击轮廓General Materials表中B4栏的"添加"按钮 ➕ ，此时在C4栏中会显示"使用中的"标识 ●，如图14-21所示，表示材料添加成功。

步骤 04 同步骤（2），在界面的空白处右击，在弹出快捷菜单中取消选择"工程数据源"命令，返回初始界面。

步骤 05 根据实际工程材料的特性，在"属性 大纲行4：不锈钢"表中可以修改材料的特性，如图14-22所示。

步骤 06 单击左侧工具箱后塑性中的 ▦ 按钮展开"塑性材料特性"选项，双击"Bilinear Isotropic Hardening"选项为材料添加塑性特性，此时在"属性 大纲行4：不锈钢"表中出现"Bilinear Isotropic Hardening"选项，如图14-23所示。

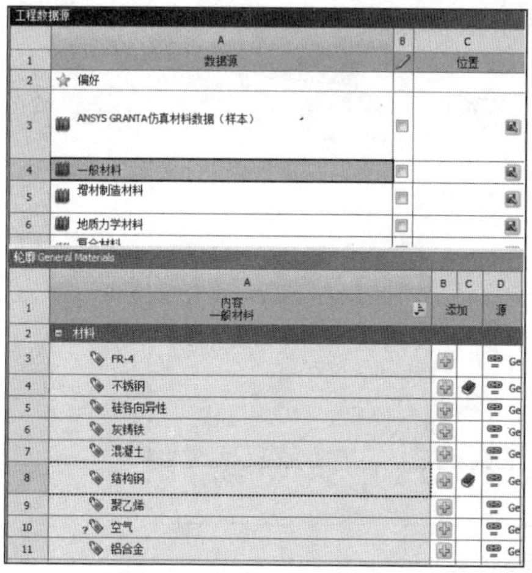

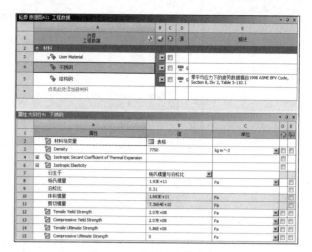

图 14-21　添加材料

图 14-22　材料参数修改窗口

图 14-23　为材料添加塑性特性

步骤07　在"Bilinear Isotropic Hardening"的参数区域输入屈服强度及剪切模量的值，如图14-24所示，这些数据会自动绘制成如图14-25所示的图形，以方便检查。

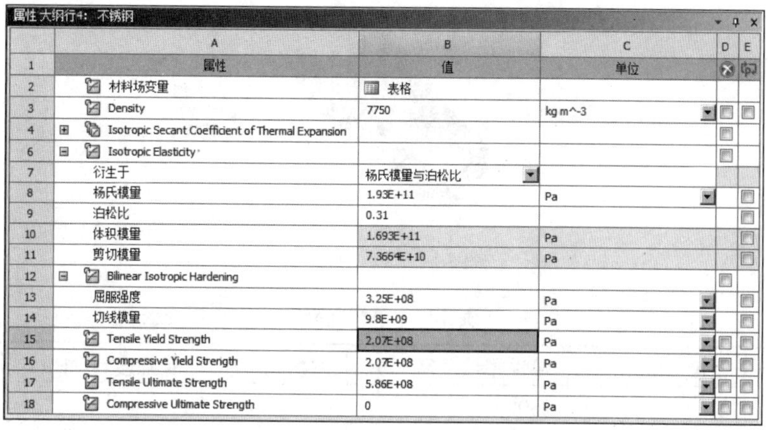

图 14-24　输入屈服强度及剪切模量

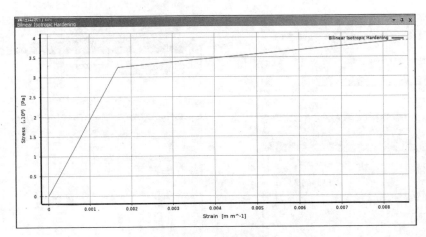

图 14-25　数据图形显示

步骤 **08**　利用上面的方法同样可以定义其他非线性材料模型，这里不再赘述。

步骤 **09**　单击工具栏中的"项目"按钮，返回Workbench主界面，材料添加完毕。

14.3　销轴的结构非线性分析

本节将通过一个简单的几何模型来讲解材料非线性在Workbench中进行分析的一般过程，包括材料的选择、求解设置以及后处理等。案例中采用双线性随动强化材料和双线性等向强化材料进行分析，以便考察材料对结构的影响规律。

14.3.1　问题描述

如图14-26所示为一个几何尺寸为50mm×50mm×100mm的销轴，试分析材料对结构的影响。其中材料性能如表14-1所示，并分别命名为BISO和BKIN。

图 14-26　几何模型

表 14-1　材料特性

材 料 号	命　　　名	密度（kg/m³）	弹性模量（MPa）	泊松比	屈服强度（MPa）	切线模量（MPa）
1	BISO	2700	75000	0.3	245	35000
2	BKIN	2700	75000	0.3	245	35000

14.3.2 启动 Workbench 并建立分析项目

步骤 01 在Windows系统下执行"开始"→"所有程序"→ANSYS 2022→Workbench 2022命令,启动 ANSYS Workbench 2022,进入主界面。

步骤 02 在ANSYS Workbench主界面中执行"单位"→"度量标准(kg,mm,s,℃,mA,N,mV)"命令,设置模型单位,如图14-27所示。

步骤 03 双击主界面工具箱中的"组件系统"→"几何结构"选项,即可在项目管理区创建分析项目A,如图14-28所示。

步骤 04 在工具箱中的"分析系统"→"静态结构"上按住鼠标左键拖动到项目管理区中,当项目A的几何结构呈红色高亮显示时,放开鼠标创建项目B,此时相关联的数据可共享,如图14-29所示。

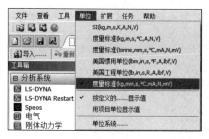

图 14-27 设置单位   图 14-28 创建分析项目 A   图 14-29 创建分析项目

14.3.3 创建几何体

1. 绘制草图

步骤 01 在Workbench主界面中双击A2栏"几何结构",进入DM界面,如图14-30所示,单击"单位"选项卡,在弹出菜单中选择长度单位为"毫米",完成长度单位的设置,此时的DM界面如图14-31所示。

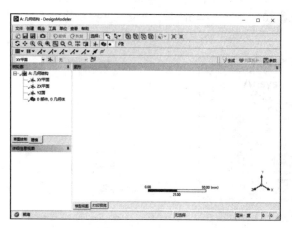

图 14-30 单位选择对话框   图 14-31 DM 界面

步骤02 在设计树中选中"XY平面",同时单击图形显示控制工具栏中的"查看"按钮，如图14-32
所示。调整XY平面为正视平面,如图14-33所示。

图 14-32 调整视图

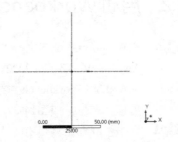

图 14-33 平面正视显示

步骤03 单击"草图绘制"标签,进入草图绘制环境,此时即可在XY平面上绘制草图。

步骤04 如图14-34所示,选择绘制面板中的"线"命令,绘制如图14-35所示的线段。

步骤05 如图14-36所示,选择修改面板中的"修剪"命令,选中图形窗口中的底部直线段,将其剪切掉,
效果如图14-37所示。

图 14-34 绘制直线命令

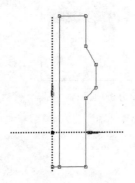

图 14-35 绘制效果

图 14-36 修剪命令

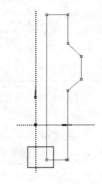

图 14-37 剪切直线段

2. 标注尺寸

步骤01 如图14-38所示,选择维度面板中的"水平的"命令,并在适当的位置单击标注几何尺寸H1、
H2、H3、H4,如图14-39所示。

步骤02 如图14-40所示,选择维度面板中的"顶点"命令,并在适当的位置单击标注几何尺寸V5、V6、
V7、V8、V9、V10,如图14-41所示。

图 14-38 水平标注命令

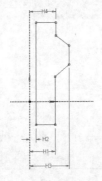

图 14-39 标注尺寸

图 14-40 垂直标注命令

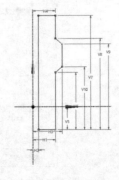

图 14-41 标注尺寸

步骤 **03** 在参数列表中的维度下修改尺寸参数，如图14-42所示，即可定义圆弧的大小及位置，定义尺寸后的图形效果如图14-43所示。

图 14-42　定义尺寸

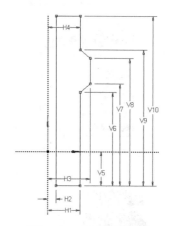

图 14-43　定义后效果图

3．生成面体

步骤 **01** 如图14-44所示，执行菜单栏中的"概念"→"草图表面"命令，此时会在设计树中出现"草图1"选项。

步骤 **02** 单击"草图1"选中刚刚绘制的线，然后单击基对象后的"应用"按钮，如图14-45所示。

步骤 **03** 如图14-46所示，在"草图1"选项上右击，在弹出的快捷菜单中选择"生成"命令，即可生成如图14-47所示的面体。

图 14-44　概念菜单命令

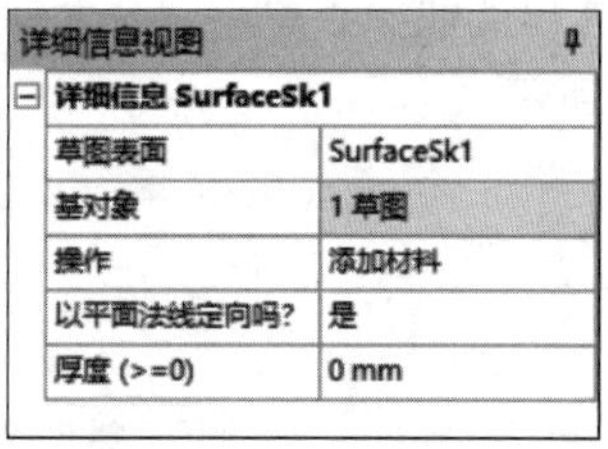

图 14-45　草图设置对话框

图 14-46　快捷菜单

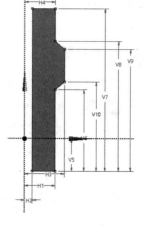

图 14-47　生成面体

4．生成旋转体

步骤 **01** 如图14-48所示，执行菜单栏中的"创建"→"旋转"命令，此时会在设计树中出现"旋转1"选项，在图形窗口中选择"草图1"，如图14-49所示，并在参数设置列表中单击"几何结构"后的"应用"按钮，此时几何结构后显示为"草图1"。

步骤 **02** 在"旋转1"选项上右击，在弹出的快捷菜单中选择"生成"命令，即可生成旋转体，如图14-50所示。

图 14-48　执行旋转命令

图 14-49　参数设置

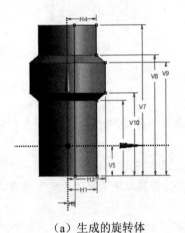

（a）生成的旋转体

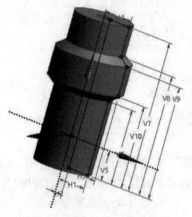

（b）调整显示后的旋转体

图 14-50　旋转生成体

5. 抑制面体

由于在后面的分析中不再使用面体，因此可抑制刚才生成的面体。

步骤 **01**　在设计树中的"草图1"选项上右击，在弹出的快捷菜单中选择"抑制"命令，如图14-51所示，此时选中的面体即可被抑制，如图14-52所示。

图 14-51　快捷菜单

图 14-52　抑制面体

步骤 **02**　单击DM界面右上角的"关闭"按钮，退出DM，返回Workbench主界面。

14.3.4 添加模型材料属性

1. 设置材料

步骤 01 双击项目B中的B2栏"工程数据"选项，进入如图14-53所示的材料参数设置界面，在该界面下即可进行材料参数设置。

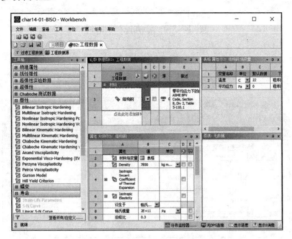

图 14-53 材料参数设置界面

步骤 02 在材料参数设置界面下单击"轮廓 原理图B2：工程数据"下的A*栏，命名材料名称为BISO，如图14-54所示，按Enter键，创建新材料，此时材料名称前显示为 ，表示材料没有任何参数。

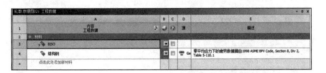

图 14-54 命名材料

步骤 03 为材料添加属性：选中刚刚创建的"BISO"材料，双击窗口左侧材料属性工具箱中的"物理特性"下的"Density"，此时会将材料特性添加到"属性 大纲行4：BISO"下，如图14-55所示。

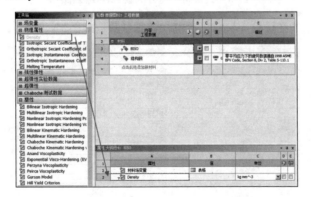

图 14-55 添加材料属性

步骤 04 利用同样的方法，双击窗口左侧材料属性工具箱中的"线性弹性"下的"Isotropic Elasticity"，此时会将材料特性添加到"属性 大纲行4：BISO"下，如图14-56所示。

	A	B	C	D	E
1	属性	值	单位		
2	材料场变量	表格			
3	Density		kg mm^-3		
4	Isotropic Elasticity				
5	衍生于	杨氏模量与泊松比			
6	杨氏模量		MPa		
7	泊松比				
8	体积模量		MPa		
9	剪切模量		MPa		

图 14-56　添加材料特性

步骤 05 利用同样的方法，双击窗口左侧材料属性工具箱中的"塑性"下的"Bilinear Isotropic Hardening"，此时会将材料特性添加到"属性 大纲行4：BISO"下，如图14-57所示。

	A	B	C	D	E
1	属性	值	单位		
2	材料场变量	表格			
3	Density		kg mm^-3		
4	Isotropic Elasticity				
5	衍生于	杨氏模量与泊松比			
6	杨氏模量		MPa		
7	泊松比				
8	体积模量		MPa		
9	剪切模量		MPa		
10	Bilinear Isotropic Hardening				
11	屈服强度		MPa		
12	切线模量		MPa		

图 14-57　添加材料特性

步骤 06 在"属性 大纲行4：BISO"中的B4栏的下拉列表中选择"杨氏模量与泊松比"，该选项为默认选项，如图14-58所示。

	A	B	C	D	E
1	属性	值	单位		
2	材料场变量	表格			
3	Density		kg mm^-3		
4	Isotropic Elasticity				
5	衍生于	杨氏模量与泊松比			
6	杨氏模量		MPa		
7	泊松比				
8	体积模量		MPa		
9	剪切模量		MPa		

图 14-58　设置材料特性为杨氏模量及泊松比

步骤 07 在显示为黄色的区域输入材料参数值，详细参数值如图14-59所示。

	A	B	C	D	E
1	属性	值	单位		
2	材料场变量	表格			
3	Density	2.7E-06	kg mm^-3		
4	Isotropic Elasticity				
5	衍生于	杨氏模量与泊松比			
6	杨氏模量	75000	MPa		
7	泊松比	0.3			
8	体积模量	62500	MPa		
9	剪切模量	28846	MPa		
10	Bilinear Isotropic Hardening				
11	屈服强度	245	MPa		
12	切线模量	35000	MPa		

图 14-59　设置材料特性参数值

步骤08 利用同样的方法新建材料"BKIN",添加的材料特性包括Density、Isotropic Elasticity及Bilinear Kinematic Hardening,并设置材料参数值,如图14-60所示。

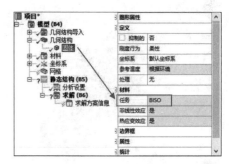

	A	B	C	D	E
1	属性	值	单位	⊗	⤴
2	材料场变量	表格			
3	Density	2.7E-06	kg mm^-3	☐	☐
4	Isotropic Elasticity			☐	
5	衍生于	杨氏模量与泊松比			
6	杨氏模量	75000	MPa		☐
7	泊松比	0.3			
8	体积模量	62500	MPa		
9	剪切模量	28846	MPa		
10	Bilinear Kinematic Hardening			☐	
11	屈服强度	245	MPa		☐
12	切线模量	35000	MPa		☐

图 14-60　设置 BKIN 材料特性参数值

步骤09 单击工具栏中的"项目"按钮,返回Workbench主界面,材料库添加完毕。

2. 为模型添加材料

步骤01 双击项目管理区项目B中的B4栏"模型"项,进入"静态结构-Mechanical"界面,在该界面下即可进行网格的划分、分析设置、结果观察等操作。

步骤02 选择"静态结构-Mechanical"界面左侧分析树中"几何结构"选项下的"固体",此时即可在"固体"的详细信息中修改模型的材料为"BISO",如图14-61所示。

图 14-61　更改材料

14.3.5　划分网格

步骤01 选中分析树中的"网格"选项,执行网格工具栏中的"控制"→"尺寸调整"命令,为网格划分添加尺寸调整,如图14-62所示,此时会在分析树中出现如图14-63所示的"尺寸调整"选项。

图 14-62　添加尺寸调整

图 14-63　分析树

步骤02 单击图形工具栏中选择"模式"下的"选择边"按钮。

步骤03 在图形窗口中选择如图14-64所示的边,在参数设置列表中单击"几何结构"后的"应用"按钮,完成边的选择,设置类型为"分区数量",值为30,如图14-65所示。

步骤04 执行网格工具栏中"控制"→"方法"命令,为网格划分添加网格划分方法,如图14-66所示。

选择边

图 14-64　选择边　　　　　　图 14-65　设置参数　　　　　　图 14-66　添加网格划分方法

步骤 05　在图形窗口选择如图14-67所示的体，单击参数设置栏后的"应用"按钮，并设置方法为"扫掠"，如图14-68所示。

步骤 06　选择扫掠方法后，参数设置列表会发生变化，在后面的参数中设置"Src/Trg 选择"为"手动源"，选择源面的方式划分网格，如图14-69所示。

自动方法

图 14-67　选择体　　　　　　图 14-68　设置扫掠方法　　　　图 14-69　设置源面方式划分网格

步骤 07　选择如图14-70所示的源面，并单击参数设置栏源后的"应用"按钮。

步骤 08　在分析树中的网格分支下右击，在弹出的快捷菜单中选择"生成网格"命令，最终生成的网格效果如图14-71所示。

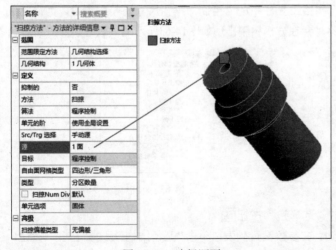

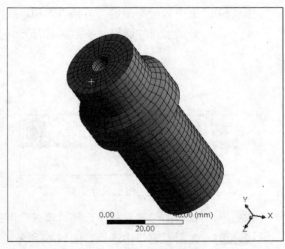

图 14-70　选择源面　　　　　　　　　　　图 14-71　网格效果

14.3.6 求解载荷步数的设置

步骤 01 选中分析树中的分析设置进行分析参数的设置，设置载荷"步骤数量"为7，其余各参数的设置如图14-72所示。

步骤 02 在图形中选择第2步，如图14-73所示，在参数设置列表中将自动时步设为"关闭"，并设置子步数量为4。

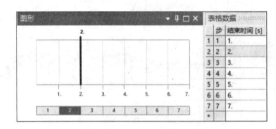

图 14-72 设置参数   图 14-73 选择第 2 步

步骤 03 利用同样的方法对其他步进行相应的设置。

14.3.7 施加载荷与约束

1. 施加固定约束

步骤 01 选中分析树中的"静态结构（B5）"项，执行环境工具栏中"结构"→"固定的"命令，为模型添加固定约束，如图14-74所示。

步骤 02 单击图形工具栏中选择模式下的"选择面"按钮 。

步骤 03 在图形窗口中选择如图14-75所示的面，在参数设置列表中单击"几何结构"后的"应用"按钮，完成面的选择，并在面上施加固定约束。

图 14-74 添加固定约束

图 14-75 选择面

2. 在面上施加压力

步骤 01 执行环境工具栏中"载荷"→"压力"命令，为模型施加压力，如图14-76所示。

步骤 **02** 单击图形工具栏中选择模式下的"选择面"按钮，单击选中如图14-77所示的面。

图 14-76 施加压力

图 14-77 选择面

步骤 **03** 在参数设置列表中单击"几何结构"后的"应用"按钮，完成面的选择，在"大小"中选择为
"表格"，如图14-78所示，并在图形窗口下方的表格数据中设置各参数，如图14-79所示。

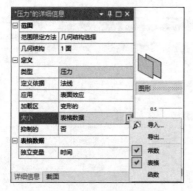

图 14-78 参数设置

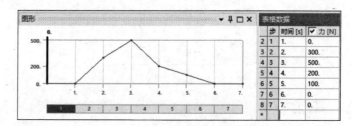

图 14-79 输入表格数据

14.3.8 设置求解项

步骤 **01** 选择"静态结构-Mechanical"界面左侧模型树中的"求解（B6）"选项，此时会出现求解工具栏。

步骤 **02** 求解总应变：执行求解工具栏中的"应变"→"等效总数"命令，如图14-80所示，此时在分析
树中会出现"等效总应变"选项，在参数设置列表中标识符为"Total"，如图14-81所示。

步骤 **03** 求解塑性应变：执行求解工具栏中的"应变"→"等效塑性"命令，如图14-82所示，此时在分
析树中会出现"等效塑性应变"选项，在参数设置列表中标识符为"Plastic"，如图14-83所示。

图 14-80 总应变求解　　图 14-81 参数标记为 Total　　图 14-82 塑性应变求解　　图 14-83 参数标记为 Plastic

步骤 04 自定义求解项：选择求解工具栏中的"用户定义的结果"命令，如图14-84所示，此时在分析树中会出现"用户定义的结果"选项，按F2键重新命名为"等效弹性应变"。在参数设置列表中定义表达式为"Total-Plastic"，如图14-85所示。

图 14-84　自定义求解项

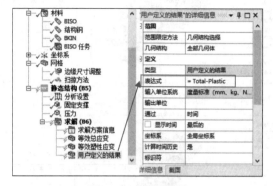

图 14-85　参数设置

步骤 05 单击求解工具栏中的"图表"按钮，如图14-86所示。此时会在分析树中出现"图表"选项，在参数设置列表中选择"轮廓对象"选项，按住Ctrl键，选择分析树中的等效总应变、等效塑性应变、等效弹性应变。

步骤 06 在参数设置列表中单击"应用"按钮，完成目标的选择，此时的参数设置列表如图14-87所示。

图 14-86　求解工具栏

图 14-87　参数设置

14.3.9　求解并显示求解结果

1. 模型材料为BISO时的分析结果

步骤 01 在模型树中的"求解（B6）"选项上右击，在弹出的快捷菜单中选择"求解"命令进行求解。

步骤 02 总应变分析云图：选择模型树中"求解（B6）"下的"等效总应变"选项，此时在图形窗口中会出现如图14-88所示的总应变分析云图，总应变随载荷步的变化如图14-89所示。

步骤 03 塑性应变分析云图：选择模型树中"求解（B6）"下的"等效塑性应变"选项，此时在图形窗口中会出现如图14-90所示的塑性应变分析云图，塑性应变随载荷步的变化如图14-91所示。

步骤 04 弹性应变分析云图：选择模型树中"求解（B6）"下的"等效弹性应变"选项，此时在图形窗口中会出现如图14-92所示的弹性应变分析云图，弹性应变随载荷步的变化如图14-93所示。

图 14-88　总应变分析云图

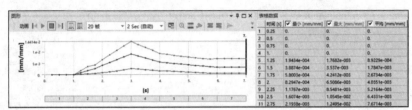

图 14-89　总应变随载荷步的变化

图 14-90　塑性应变分析云图

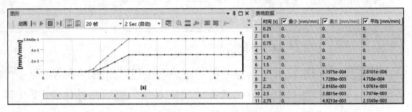

图 14-91　塑性应变随载荷步的变化

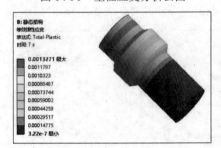

图 14-92　弹性应变分析云图

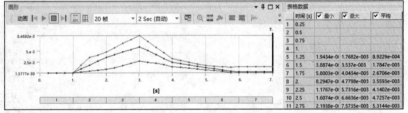

图 14-93　弹性应变随载荷步的变化

步骤 05　应变分析图表汇总显示：选择模型树中"求解（B6）"下的"图表"选项，此时在图表中会显示应变随载荷步的变化趋势，如图14-94所示。

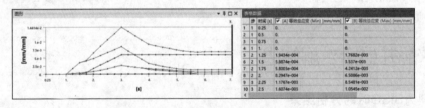

图 14-94　应变随载荷步的变化趋势

2. 模型材料为BKIN时的分析结果

步骤 01　选择"静态结构-Mechanical"界面左侧模型树中"几何结构"选项下的"固体"，此时即可在参数设置列表中修改模型的材料为"BKIN"，如图14-95所示。

步骤 02　在模型树中的"求解（B6）"选项上右击，在弹出的快捷菜单中选择"求解"命令进行求解。

步骤 03　总应变分析云图：选择模型树中"求解（B6）"下的"等效总应变"选项，此时在图形窗口中会出现如图14-96所示的总应变分析云图，总应变随载荷步的变化如图14-97所示。

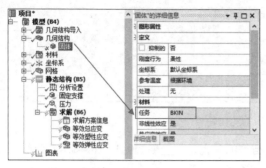

图 14-95　更改材料

图 14-96　总应变分析云图

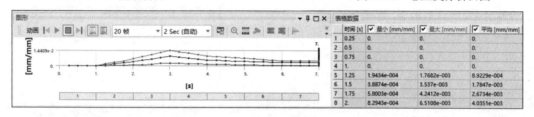

图 14-97　总应变随载荷步的变化

步骤 04　塑性应变分析云图：选择模型树中"求解（B6）"下的"等效塑性应变"选项，此时在图形窗口中会出现如图14-98所示的塑性应变分析云图，塑性应变随载荷步的变化如图14-99所示。

图 14-98　塑性应变分析云图

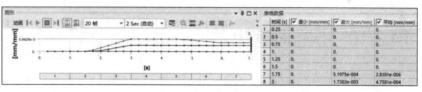

图 14-99　塑性应变随载荷步的变化

步骤 05　弹性应变分析云图：选择模型树中"求解（B6）"下的"等效弹性应变"选项，此时在图形窗口中会出现如图14-100所示的弹性应变分析云图，弹性应变随载荷步的变化如图14-101所示。

步骤 06　应变分析图表汇总显示：选择模型树中"求解（B6）"下的"图表"选项，此时在图表中会显示应变随载荷步的变化趋势，如图14-102所示。

图 14-100　弹性应变分析云图

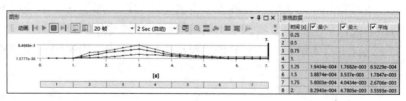

图 14-101　弹性应变随载荷步的变化

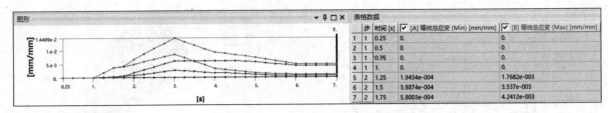

图 14-102 应变随载荷步的变化趋势

步骤 07 在上面的分析中，双线性等向强化材料BISO结构的最大塑性应变如图14-103所示，双线性随动强化材料BKIN结构的最大塑性应变如图14-104所示。

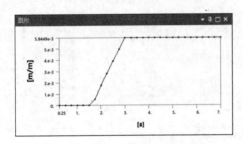

图 14-103 BISO 的最大塑性应变

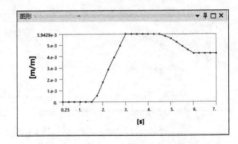

图 14-104 BKIN 的最大塑性应变

对比两种材料对结构的塑性应变曲线图可以看出，两种材料对结构的影响在应力达到屈服极限后会出现塑性变形的变化，对于双线性等向强化材料，结构的塑性变形在卸载后能够保持；而对于双线性随动强化材料，结构的塑性变形仅出现部分恢复。

14.3.10 保存与退出

步骤 01 单击"静态结构-Mechanical"界面右上角的"关闭"按钮退出Mechanical，返回Workbench主界面。

步骤 02 在Workbench主界面中单击常用工具栏中的"保存"按钮，保存包含有分析结果的文件。

步骤 03 单击主界面右上角的"关闭"按钮，退出Workbench主界面，完成项目分析。

14.4 本章小结

本章首先介绍了结构非线性分析的基本知识，然后讲解了结构非线性分析的基本过程，最后给出了结构非线性分析的典型实例——销轴的结构非线性分析。

通过本章的学习，读者可以掌握结构非线性分析的流程、载荷和约束的加载方法，以及结果后处理方法等相关知识。

第15章

接触问题分析

📥 导言

　　接触问题是一种高度的非线性行为,通常两个独立表面之间相互接触并相切时,称之为接触。对接触问题进行分析时,需要较多的计算资源。接触的特点是属于状态变化的非线性,也就是说,系统刚度取决于接触的状态,即部件之间是接触或分离的。

📥 学习目标

※ 了解接触问题分析方法。
※ 掌握接触问题分析过程。
※ 通过案例掌握接触问题的分析方法。
※ 掌握接触问题分析的结果检查方法。

15.1　接触问题分析概述　▶

　　从物理意义上讲,接触的表面具有以下特点:相互之间不会渗透(见图15-1);可传递法向压缩力和切向摩擦力,通常不传递法向拉伸力;相互之间可自由分离和互相移动。
　　由于接触体之间是不相互渗透的,因此程序必须建立两表面间的相互关系以阻止分析中的互相穿透,这称为强制接触协调性。

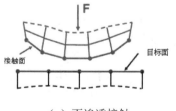

（a）不渗透接触

当接触协调性不被强制时会发生渗透

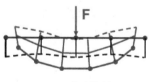

（b）渗透接触

图 15-1　接触方式

15.1.1　罚函数法和增强拉格朗日法

　　对于非线性实体表面接触,可使用罚函数或增强拉格朗日法,这两种方法都是基于罚函数方程的。

罚函数法:

$$F_{\text{normal}} = k_{\text{normal}} x_{\text{penetration}}$$

增强拉格朗日法:

$$F_{\text{normal}} = k_{\text{normal}} x_{\text{penetration}} + \lambda$$

在此对于一个有限的接触力F_{normal}存在一个接触刚度k_{normal}的概念,接触刚度越高,穿透量$x_{\text{penetration}}$越小,如图15-2所示。

对于理想无限大的k_{normal},穿透量为0。但对于罚函数法而言,这在数值计算中是不可能的,但是只要$x_{\text{penetration}}$足够小,或许可以忽略,且求解的结果也是精确的。

图15-2 穿透量

罚函数法和增强拉格朗日法的区别就是后者加大了接触力(压力)的计算。

因为额外因子λ的存在,增强拉格朗日法对于k_{normal}变得不敏感。

15.1.2 拉格朗日乘数法

增强拉格朗日法通过增加额外的自由度(接触压力)来满足接触协调性,因此接触力(接触压力)作为一个额外自由度直接求解,而不通过接触刚度和穿透计算得到。

$$F_{\text{normal}} = DOF$$

该方法可以得到0或接近0的穿透量,如图15-3所示,这要消耗更多的计算代价。

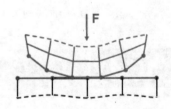

图15-3 拉格朗日乘数法的接触

15.1.3 多点约束法

对于特定的"绑定"和"不分离"两个面间的接触类型,可用多点约束(MPC)法。多点约束法是通过在内部添加约束方程来"连接"接触面间的位移,如图15-4所示。

多点约束法不是基于罚函数法或拉格朗日乘数法,而是直接处理绑定接触区域相关接触面的一种方式。多点约束法支持大变形效应。

根据接触算法的不同,接触探测方式也有所不同。

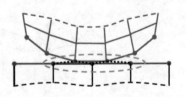

图15-4 多点约束法的接触

- 罚函数法和增强拉格朗日法使用积分点探测,会出现更多的探测点,如图15-5所示有10个探测点。
- 拉格朗日乘数法和多点约束法使用节点探测(目标法向),从而导致更少的探测点,如图15-6所示有6个探测点。

节点探测在处理边接触时会稍微好一些,但是通过局部网格细化,积分点探测也会达到同样的效果。

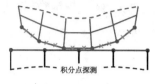
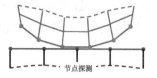

图 15-5　积分点探测　　　　　　　　　　图 15-6　节点探测

前面所提到的方法都是针对法向接触的，当定义了摩擦（Friction）或粗糙/绑定（Rough/Bonded）接触时，类似情况会出现在切向方向。在切向方向上，两个实体不存在相互滑动，切向总采用罚函数法，同时切向接触刚度不能直接改变。

15.2　接触问题分析流程

在ANSYS Workbench左侧工具箱中"分析系统"下的"静态结构"上按住鼠标左键拖动到项目管理区，或双击"静态结构"选项，即可创建静态结构分析项目，如图15-7所示。

当进入"静态结构-Mechanical"后，选中分析树中的"分析设置"即可进行分析参数的设置，如图15-8所示。

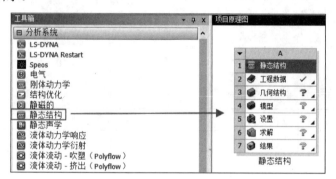

图 15-7　创建分析项目　　　　　　　　　　图 15-8　分析参数设置

在"静态结构-Mechanical"模块下，接触问题分析实际上就是结构非线性分析，其求解步骤与结构非线性分析相同，这里不再赘述。

15.2.1　接触刚度与渗透

在Mechanical中默认为罚函数法，但在大变形问题的无摩擦或摩擦接触中建议使用增强拉格朗日法，这是因为增强拉格朗日公式增加了额外的控制，从而自动减少渗透功能。

前面介绍的k_{normal}也称为"法向刚度"，它只用于罚函数法或增强拉格朗日法，是一个相对因子，一般的变形问题建议使用1.0，而对于存在弯曲支配的情况，如果收敛较困难，可以设置小于0.1的值。

接触刚度在求解中可自动调整，如果收敛困难，则刚度会自动减小。

法向接触刚度k_{normal}是影响精度和收敛行为最重要的参数,刚度越大,结果越精确,收敛变得越困难。如果接触刚度太大,模型会振动,接触面会相互弹开,如图15-9所示。

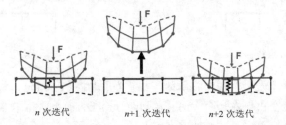

n 次迭代　　　　　n+1 次迭代　　　　　n+2 次迭代

图 15-9　法向接触刚度的影响

15.2.2　接触类型

在"静态结构-Mechanical"中,提供了5种不同的接触类型:绑定、无分离、无摩擦、摩擦的及粗糙,如图15-10所示。5种接触类型的特点如表15-1所示。

 在5种类型中,只有绑定、无分离两种接触方式是线性的,计算时只需要迭代一次,其他三种都是非线性的,需要迭代多次。

图 15-10　接触类型

表 15-1　接触特点

接触类型	迭代次数	法向分离	切向滑移
绑定	一次	无间隙	不允许滑移
无分离	一次	无间隙	允许滑移
粗糙	多次	允许有间隙	允许滑移
无摩擦	多次	允许有间隙	不允许滑移
摩擦的	多次	允许有间隙	允许滑移

15.2.3　对称/非对称行为

在Workbench中,接触面和目标面的内部指定是非常重要的。在Mechanical中,接触面和目标面都会显示在每一个接触区域中,它们指定了两对相互接触的表面。接触面显示为红色,目标面显示为蓝色。

Mechanical默认使用对称接触行为,此时接触面和目标面不能相互穿透。根据需要,也可改为非对称行为,如图15-11所示。

 对于非对称或自动非对称行为,仅仅限制接触面不能穿透目标面;在自动非对称行为中,接触面和目标面的指定可以在内部互换。

对于非对称行为，接触面的节点不能穿透目标面，另外由于接触探测点的位置，积分点探测可允许边缘少许渗透。进行目标面的选择时需要注意以下几点：

- 如果一凸表面要和一平面或凹面接触，应选取平面或凹面为目标面。
- 如果一表面有粗糙的网格而另一表面网格细密，应选择粗糙网格表面为目标面。
- 如果一表面比另一表面硬，应选择硬表面为目标面。
- 如果一表面为高阶而另一表面为低阶，则应选择低阶表面为目标面。
- 如果一表面大于另一表面，则应选择大表面为目标面。

只有罚函数法和增强拉格朗日法支持对称行为；而拉格朗日乘数法和多点约束法要求非对称行为，这是因为方程的本质决定了对称行为对模型造成在数学上的过度约束。

图 15-11　接触行为

 对称行为更容易建立（默认），但需要更大的计算代价，解释实际接触压力数据时将更加困难；非对称行为可以自动设置，所有数据都在接触面上，观察结果更容易且直观，但需要手动指定合适的接触面和目标面。

15.2.4　施加摩擦接触

在Mechanical中，摩擦采用的是库仑模型，对于摩擦接触，需要输入摩擦系数，同时建议采用增强拉格朗日法进行求解，参数设置如图15-12所示。

图 15-12　参数设置

15.2.5　检查接触结果

在分析中，Workbench提供了接触工具，便于直接检查并设置接触值。

对于对称行为，将报告接触面和目标面上的结果；对于任何非对称行为，则只有接触面上的结果。当检查接触工具工作表时，可以选择接触面或目标面来观察结果，如图15-13所示。

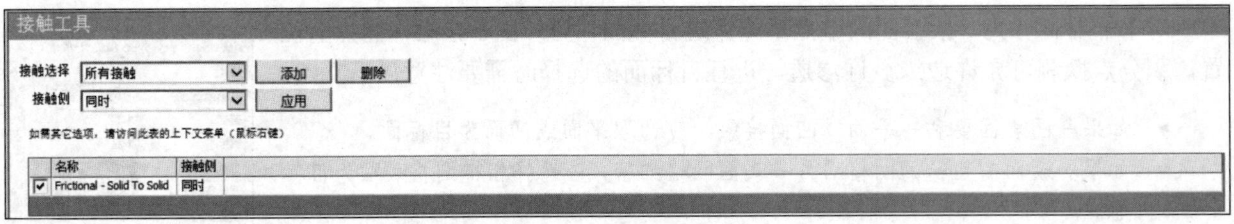

接触工具				
接触选择	所有接触		添加	删除
接触侧	同时		应用	

如需其它选项，请访问此表的上下文菜单（鼠标右键）

	名称	接触侧
✓	Frictional - Solid To Solid	同时

图 15-13   观察结果设置

15.3   轴承内外套的接触分析

本节将通过对轴承内外套的接触分析，让读者掌握线性静态结构分析的过程，实例模型是在DM中创建的，在ANSYS Workbench中支持分析时直接建立分析模型。

15.3.1   问题描述

轴承外套外半径为30mm，内半径一端为15mm，另一端为20mm。轴承内套外半径的一端为17mm，另一端为12mm，内外套高度均为60mm，如图15-14所示。当用10N的外力压入轴承内套后，试模拟轴承内外套的受力情况（接触摩擦系数为0.2）。

材料：内外套材料均为结构钢，特性为：弹性模量E为2×10^5 MPa、泊松比μ为0.3、密度DENS为7.85g/cm³。

图 15-14   模型文件

15.3.2   启动 Workbench 并建立分析项目

步骤 **01** 在Windows系统下执行"开始"→"所有程序"→ANSYS 2022→Workbench 2022命令，启动ANSYS Workbench 2022，进入主界面。

步骤 **02** 在ANSYS Workbench主界面中选择"单位"→"度量标准（kg,mm,s,℃,mA,N,mV）"命令，设置模型单位，如图15-15所示。

步骤 **03** 双击主界面工具箱中的"组件系统"→"几何结构"选项，即可在项目管理区创建分析项目A，如图15-16所示。

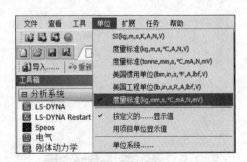

图 15-15   设置单位

步骤 **04** 在工具箱中的"分析系统"→"静态结构"上按住鼠标左键拖动到项目管理区中，当项目A的几何呈红色高亮显示时，释放鼠标创建项目B，此时相关联的数据可共享，如图15-17所示。

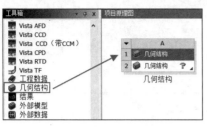

图 15-16　创建分析项目 A

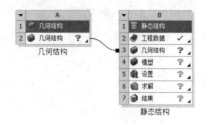

图 15-17　创建分析项目

15.3.3　创建几何体

1. 创建面体1

步骤 **01**　在Workbench主界面中双击A2栏"几何结构"选项，进入DM界面，如图15-18所示，单击"单位"选项卡，在弹出菜单中选择长度单位为毫米，完成长度单位的设置，此时的DM界面如图15-19所示。

图 15-18　单位选择对话框

图 15-19　DM 界面

步骤 **02**　在设计树中选中"XY平面"，同时单击图形显示控制工具栏中的"查看"按钮，如图15-20所示。调整XY平面为正视平面，如图15-21所示。

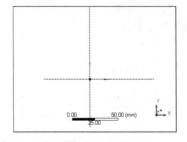

图 15-20　调整视图

图 15-21　平面正视显示

步骤 **03**　单击"草图绘制"标签，进入草图绘制环境，此时即可在XY平面上绘制草图。

步骤 **04**　如图15-22所示，选择绘制面板中的"中心弧"命令，绘制如图15-23所示的半圆弧。

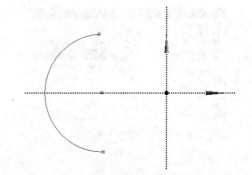

图 15-22　绘制矩形命令　　　　　　　　　　　图 15-23　绘制矩形效果

步骤 05　重复步骤（4），继续绘制另一圆弧，如图15-24所示，圆弧可以不同心，在后面的约束操作中，可以将其约束为同心。

步骤 06　如图15-25所示，选择绘制面板中的"线"命令，连接两条弧的端点，最终效果如图15-26所示。

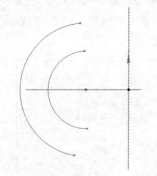

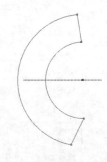

图 15-24　绘制圆弧　　　　　　图 15-25　绘制直线命令　　　　　　图 15-26　绘制圆形效果

步骤 07　如图15-27所示，选择约束面板中的"顶点"命令，选中图形窗口中的两条直线段，最终效果如图15-28所示。

步骤 08　选择约束面板中的"同心"命令，选中图形窗口中的两条圆弧，此时会约束两圆弧同心。

步骤 09　如图15-29所示，选择维度面板中的"半径"命令，单击选择圆弧，并在适当的位置单击标注内外圆弧的半径R1、R2，如图15-30所示。

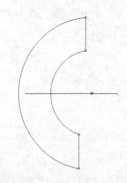

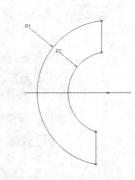

图 15-27　垂直约束命令　　图 15-28　垂直约束效果　　图 15-29　标注半径命令　　图 15-30　标注半径效果

步骤 10　如图15-31所示，选择维度面板中的"水平"命令，单击选择圆弧及直线，并在适当的位置单击标注水平几何尺寸H3、H4、H5，如图15-32所示。

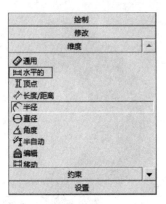

图 15-31　标注水平尺寸命令

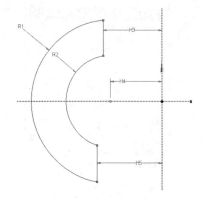

图 15-32　标注效果

步骤⑪　在参数列表中的Dimensions下修改尺寸参数H3、H4、H5、R1为30mm，R2为15mm，即可定义圆弧的大小及位置，如图15-33所示，尺寸效果如图15-34所示。

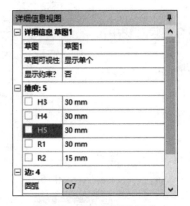

图 15-33　定义圆弧尺寸

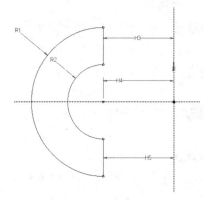

图 15-34　定义后的效果图

步骤⑫　如图15-35所示，执行菜单栏中的"概念"→"草图表面"命令，此时会在设计树中出现"SurfaceSk1"，如图15-36所示。

图 15-35　概念菜单命令

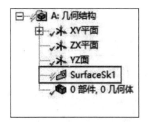

图 15-36　设计树

步骤⑬　单击"草图1"选项，然后单击基对象后的"应用"按钮。

步骤⑭　如图15-37所示，在"SurfaceSk1"上右击，在弹出的快捷菜单中选择"生成"命令，即可生成如图15-38所示的面体。

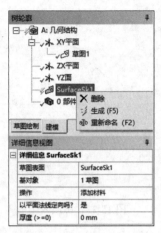

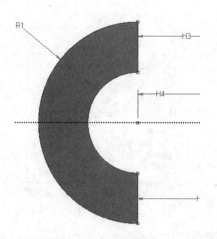

图 15-37　快捷菜单　　　　　　　　　　　　　　图 15-38　生成面体

2. 创建面体2

步骤 01 执行菜单栏中的"创建"→"新平面"命令，此时会在设计树中出现"平面4"选项，如图15-39所示。

步骤 02 在参数设置列表中，"转换1（RMB）"选择"偏移Z"，并设置"FD1，值1"值为60mm，表示向Z方向平移60mm，如图15-40所示。

步骤 03 如图15-41所示，在"平面4"上右击，在弹出的快捷菜单中选择"生成"命令，即可生成新的工作面。

步骤 04 如图15-42所示，在"Surface"上右击，在弹出的快捷菜单中选择"抑制"命令，从而抑制面体。

图 15-39　执行菜单命令

图 15-40　参数设置列表　　　　图 15-41　生成快捷菜单　　　图 15-42　抑制面体快捷菜单

步骤 05 在设计树中选中"平面4"，同时单击图形显示控制工具栏中的"查看"按钮，调整视图平面4为正视平面。

步骤 06 重复前面的操作步骤，绘制如图15-43所示的两条圆弧及两条直线段，并标注如图15-44所示的尺寸，在参数设置列表中设置各尺寸参数。

步骤 07 重复前面的操作步骤，即可生成如图15-45所示的面体。

步骤 08 解除抑制面体，在"SurfaceSk1"上右击，在弹出的快捷菜单中选择"取消抑制"命令，解除抑制面体，此时的图形窗口显示如图15-46所示。

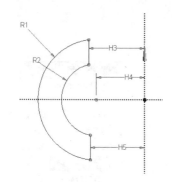

图 15-43　绘制圆弧及线段

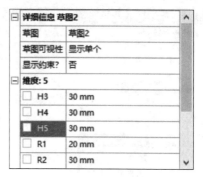

图 15-44　标注尺寸

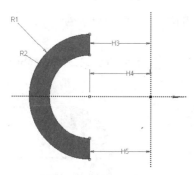

图 15-45　生成面体

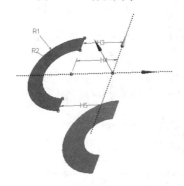

图 15-46　解除抑制面体

3．生成面体

步骤01　执行菜单栏中的"创建"→"蒙皮/放样"命令，此时会在设计树中出现"蒙皮1"选项，在"轮廓选取方法"选择"选择所有文件"，同时选择Sketch1及Sketch2，如图15-47所示。

步骤02　在"蒙皮1"上右击，在弹出的快捷菜单中选择"生成"命令，即可生成面体，如图15-48所示。

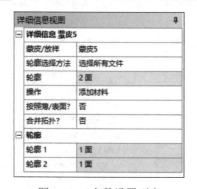

图 15-47　参数设置列表

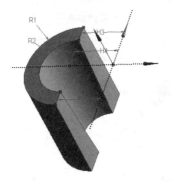

图 15-48　生成面体

4．创建轴承内套

轴承内套的创建与外套的创建类似，在后面的讲解中只简单介绍，不再给出详细的操作步骤。

步骤01　如图15-49所示，为方便操作，将抑制创建轴承外套时创建的几何面和实体，此时被抑制的几何体前的✔变为✘。

步骤02　创建基准平面"平面5"，其位置为向Z方向偏移30mm，其参数设置如图15-50所示。

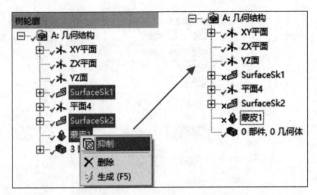

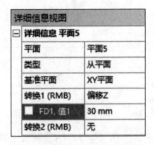

图 15-49　抑制几何面和实体

图 15-50　参数设置

步骤 **03**　绘制两条圆弧及两条直线段，并标注如图15-51所示的尺寸，在参数设置列表中设置各尺寸参数，如图15-52所示。

步骤 **04**　执行菜单栏中的"概念"→"草图表面"命令，生成如图15-53所示的面SurfaceSk3。

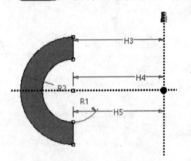

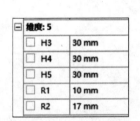

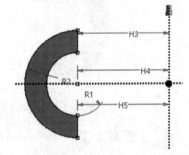

图 15-51　标注尺寸　　　　　图 15-52　参数设置　　　　　图 15-53　生成面

步骤 **05**　利用上面的操作步骤抑制刚刚生成的面SurfaceSk3。

步骤 **06**　以刚刚创建的"平面5"作为基准面，向Z方向偏移60mm，生成新的基准面"平面6"，其参数设置如图15-54所示。

步骤 **07**　绘制如图15-55所示的两条圆弧及两条直线段，并标注尺寸，在参数设置列表中设置各尺寸参数，如图15-56所示。

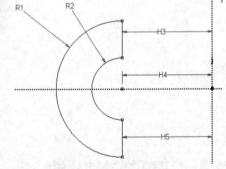

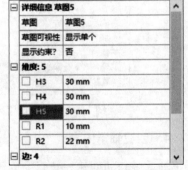

图 15-54　参数设置　　　　　图 15-55　绘制圆弧及直线段　　　　　图 15-56　参数设置

步骤 **08**　执行菜单栏中的"概念"→"草图表面"命令，生成如图15-57所示的面SurfaceSk4。

步骤 **09**　利用上面的操作步骤解除抑制面SurfaceSk3。

步骤 10 执行菜单栏中的"创建"→"蒙皮/放样"命令,此时会在设计树中出现"蒙皮2"选项,在图形窗口中选择Sketch3和Sketch4,并在参数设置列表中单击"轮廓"后的"应用"按钮,此时轮廓后显示为"2 面",如图15-58所示。

步骤 11 在"蒙皮2"上右击,在弹出的快捷菜单中选择"生成"命令,即可生成体,如图15-59所示。

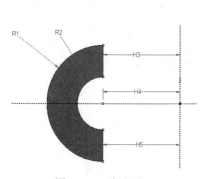

详细信息 蒙皮2	
蒙皮/放样	蒙皮2
轮廓选择方法	选择所有文件
轮廓	2 面
操作	添加材料
按照薄/表面?	否
合并拓扑?	否
轮廓	
轮廓 1	1 面
轮廓 2	1 面

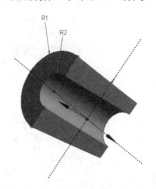

图 15-57 生成面 　　　　　图 15-58 参数设置 　　　　　图 15-59 生成体

5.显示轴承内外套

解除抑制几何体蒙皮1,抑制所有的表面几何体,最终得到的图形效果如图15-60所示。

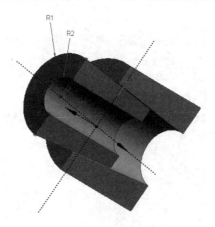

图 15-60 图形效果

6.退出DM

单击DM界面右上角的"关闭"按钮,退出DM,返回Workbench主界面。

15.3.4 添加模型材料属性

步骤 01 双击项目B中的B2栏"工程数据"选项,进入如图15-61所示的材料参数设置界面,在该界面下即可进行材料参数设置。

步骤 02 在界面的空白处右击,在弹出的快捷菜单中选择"工程数据源"命令,此时的界面如图15-62所示。

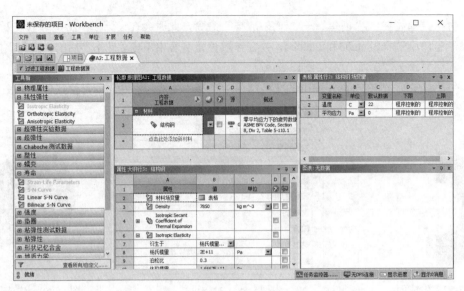

图 15-61　材料参数设置界面

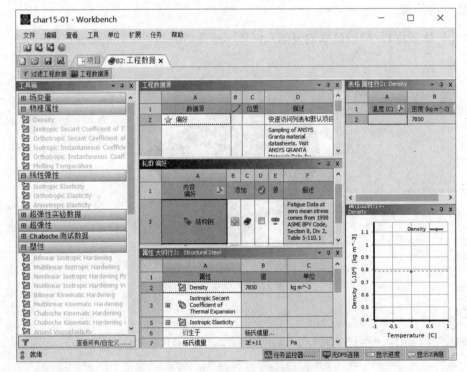

图 15-62　材料参数设置界面

步骤 03 在工程数据源表中选择A4栏"一般材料"，然后单击轮廓General Materials表中B4栏的"添加"按钮 ➕，此时在C4栏中会显示"使用中的"标识 📎，如图15-63所示，表示材料添加成功。

步骤 04 同步骤（2），在界面的空白处右击，在弹出快捷菜单中取消选择"工程数据源"命令，返回初始界面。

步骤 05 根据实际工程材料的特性，在"属性 大纲行3：不锈钢"表中可以修改材料的特性，以符合给定的材料特性，如图15-64所示。

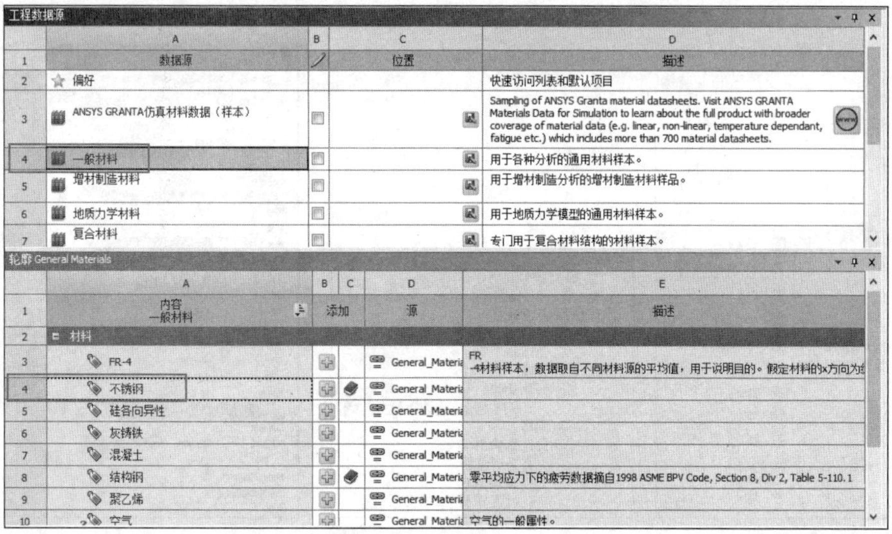

图 15-63 添加材料

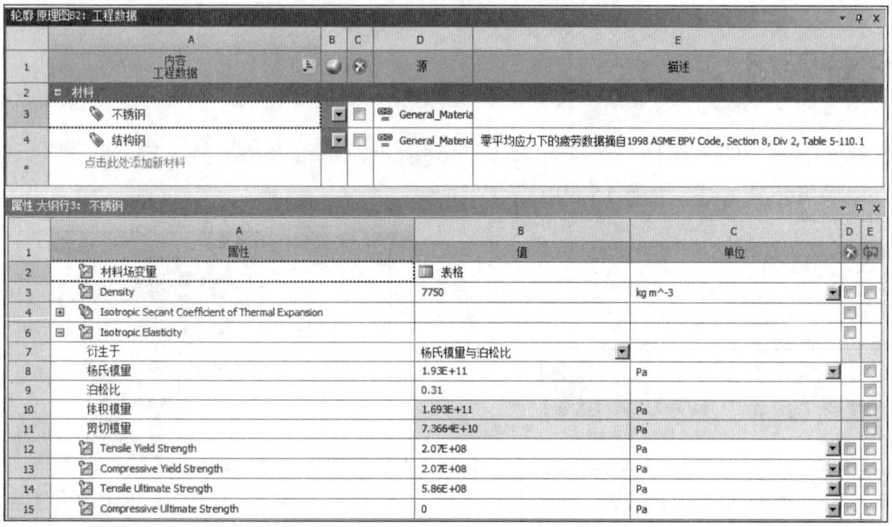

	A	B	C	D	E
1	内容 工程数据			源	描述
2	⊟ 材料				
3	不锈钢	▼		General_Materia	
4	结构钢	▼		General_Materia	零平均应力下的疲劳数据摘自 1998 ASME BPV Code, Section 8, Div 2, Table 5-110.1
*	点击此处添加新材料				

属性 大纲行3: 不锈钢

	A	B	C	D	E
1	属性	值	单位		
2	材料场变量	表格			
3	Density	7750	kg m^-3		
4	⊞ Isotropic Secant Coefficient of Thermal Expansion				
6	⊟ Isotropic Elasticity				
7	衍生于	杨氏模量与泊松比			
8	杨氏模量	1.93E+11	Pa		
9	泊松比	0.31			
10	体积模量	1.693E+11	Pa		
11	剪切模量	7.3664E+10	Pa		
12	Tensile Yield Strength	2.07E+08	Pa		
13	Compressive Yield Strength	2.07E+08	Pa		
14	Tensile Ultimate Strength	5.86E+08	Pa		
15	Compressive Ultimate Strength	0	Pa		

图 15-64 材料参数修改窗口

15.3.5 设置接触选项

步骤 01 双击项目管理区项目B中的C4栏"模型"选项,进入"静态结构-Mechanical"界面,在该界面下即可进行网格的划分、分析设置、结果观察等操作。

步骤 02 右击模型树中的"连接"选项,在弹出的快捷菜单中选择"插入"→"手动接触区域"命令,如图15-65所示,此时在分析树中会出现如图15-66所示的"绑定 - 无选择 至 无选择"选项。

步骤 03 在参数设置列表中设置各参数,如图15-67所示,其中接触摩擦面分别选择轴承内套的外表面、轴承外套的内表面,类型设置为"摩擦的",摩擦系数设置为0.2,偏移设置为0.5mm(初始接触间隙)。

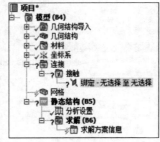

图 15-65 快捷菜单命令 　　　　图 15-66 分析树 　　　　　　图 15-67 参数设置

15.3.6 划分网格

步骤 **01** 选中分析树中的"网格"选项，如图15-68所示，执行网格工具栏中"控制"→"方法"命令，添加网格划分方法，如图15-69所示。

图 15-68 添加网格划分方法 　　　　　图 15-69 分析树中的方法控制

步骤 **02** 在参数列表中设置各个参数，如图15-70所示，其中"几何结构"选择为"轴承内套"，方法为"扫掠"，"Src/Trg选择"为"手动源"。

步骤 **03** 利用同样的方法设置轴承外套，相关参数如图15-71所示。

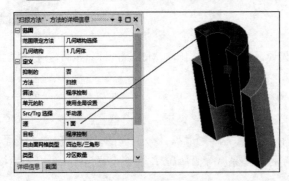

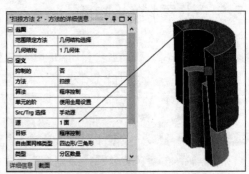

图 15-70 参数设置 　　　　　　　　图 15-71 参数设置

步骤 04 单击网格工具栏中的"控制"→"尺寸调整"命令，为网格划分添加尺寸调整，如图15-72所示。效果如图15-73所示。

图 15-72　尺寸调整

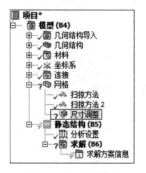

图 15-73　分析树

步骤 05 在图形窗口中选择一个体后按住Ctrl键，选择另外一个体，在参数设置列表中单击"几何结构"后的"应用"按钮，完成体的选择，设置单元尺寸为2mm，如图15-74所示。

步骤 06 在模型树中的"网格"选项上右击，在弹出的快捷菜单中选择"生成"网格命令，最终的网格效果如图15-75所示。

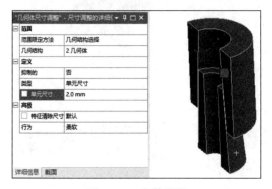

图 15-74　参数设置

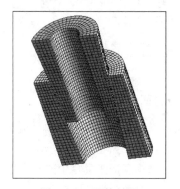

图 15-75　网格效果

15.3.7　施加载荷与约束

1．施加固定约束

步骤 01 选中模型树中的"静态结构（B5）"项，执行环境工具栏中"结构"→"固定的"命令，为模型添加固定约束，如图15-76所示。

步骤 02 单击图形工具栏中选择模式下的"选择面"按钮。

步骤 03 在图形窗口中选择如图15-77所示的面，在参数设置列表中单击"几何结构"后的"应用"按钮，完成面的选择，并在面上施加固定约束。

步骤 04 利用同样的方法，执行环境工具栏中的"结构"→"无摩擦"命令，为模型添加约束，如图15-78所示。

步骤 05 在图形窗口中选择如图15-79所示的4个面，在参数设置列表中单击"几何结构"后的"应用"按钮，完成面的选择，并在面上施加摩擦约束。

图 15-76 添加固定约束

图 15-77 选择面

图 15-78 添加约束

图 15-79 选择面

2．在压力面上施加压力

步骤 **01** 单击环境工具栏中的"结构"→"力"命令，为模型施加压力，如图15-80所示。

步骤 **02** 单击图形工具栏中选择模式下的"选择面"按钮🔲选择面。

步骤 **03** 在参数设置列表中单击"几何结构"后的"应用"按钮，完成面的选择，设置Z分量为表格数据，并在图形窗口下方的表格数据表中设置各参数，如图15-81所示。

图 15-80 施加压力

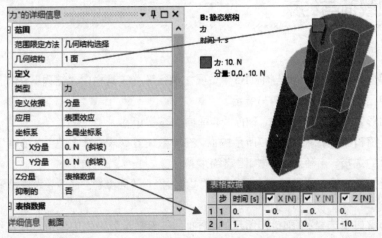

图 15-81 参数设置

15.3.8 设置求解项

步骤 01 选择"静态结构-Mechanical"界面左侧模型树中的"分析设置"选项,在参数设置列表中设置大挠曲为"开启",开启大挠曲选项,如图15-82所示。

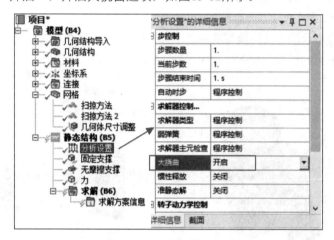

图 15-82　参数设置

步骤 02 选择"静态结构-Mechanical"界面左侧模型树中的"求解(B6)"选项,此时会出现求解工具栏。

步骤 03 选择求解工具栏中的"应力"→"等效(von-Mises)"命令,此时在分析树中会出现"等效应力"选项。

步骤 04 选择求解工具栏中的"工具箱"→"接触工具"命令,如图15-83所示,此时在分析树中会出现如图15-84所示的"接触工具"选项。

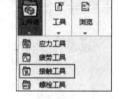

图 15-83　接触工具加载

步骤 05 选择"静态结构-Mechanical"界面左侧模型树中的"接触工具"选项,选择接触工具栏中的"结果"→"摩擦应力"命令,此时在设计树中会出现"摩擦应力"选项,如图15-85所示,添加接触摩擦应力云图求解选项。

步骤 06 选择接触工具栏中的"结果"→"压力"命令,此时在设计树中会出现"压力"选项,添加接触压力云图求解选项,此时的分析树如图15-86所示。

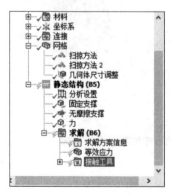

图 15-84　分析树

图 15-85　添加接触摩擦应力

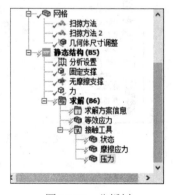

图 15-86　分析树

15.3.9 求解并显示求解结果

步骤 **01** 在模型树中的"求解（B6）"选项上右击，在弹出的快捷菜单中选择"求解"命令 。

步骤 **02** 应力分析云图。选择模型树中"求解（B6）"下的"等效应力"选项，此时在图形窗口中会出现如图15-87所示的应力分析云图。

步骤 **03** 接触状态分析云图。选择模型树中"求解（B6）"下的"接触工具"→"状态"选项，此时在图形窗口中会出现如图15-88所示的接触状态分析云图。

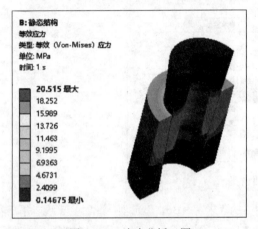

图 15-87 应力分析云图

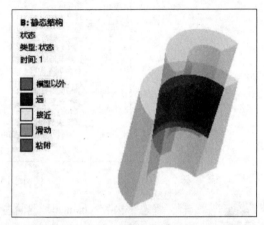

图 15-88 接触状态分析云图

步骤 **04** 接触摩擦应力分析云图：选择模型树中"求解（B6）"下的"接触工具"→"摩擦应力"选项，此时在图形窗口中会出现如图15-89所示的接触摩擦应力分析云图。

步骤 **05** 接触压力分析云图：选择模型树中"求解（B6）"下的"接触工具"→"压力"选项，此时在图形窗口中会出现如图15-90所示的接触压力分析云图。

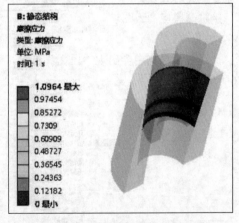

图 15-89 接触摩擦应力分析云图

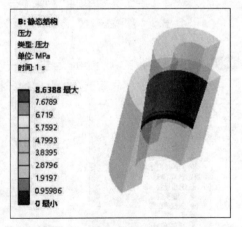

图 15-90 接触压力分析云图

15.3.10　保存与退出

步骤 01 单击"静态结构-Mechanical"界面右上角的"关闭"按钮退出Mechanical，返回Workbench主界面。此时项目管理区中显示的分析项目均已完成，如图15-91所示。

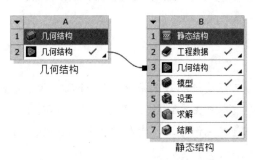

图 15-91　项目管理区中的分析项目

步骤 02 在Workbench主界面中单击常用工具栏中的"保存"按钮，保存包含有分析结果的文件。

步骤 03 单击主界面右上角的"关闭"按钮，退出Workbench主界面，完成项目分析。

15.4　本章小结 ▶

本章首先介绍了接触问题分析的基本知识，然后讲解了接触问题分析的基本过程，最后给出了接触问题分析的典型实例——轴承内外套的接触分析。

通过本章的学习，读者可以掌握接触问题分析的流程、载荷和约束的加载方法，以及结果后处理方法等相关知识。

第 16 章
优 化 设 计

 导言

产品优化设计已经渗入工程设计的每个角落,在 ANSYS Workbench 中,可以通过设计探索来实现产品性能的优化设计,本章主要讲解如何在 ANSYS Workbench 中实现产品的优化设计,首先从设计探索开始讲起,通过实例帮助读者尽快掌握 Workbench 的优化设计。

 学习目标

※ 了解 Workbench 优化设计。
※ 掌握设计探索优化设计过程。
※ 通过案例掌握 Workbench 优化设计的方法。

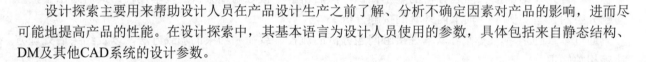

16.1　设计探索概述

设计探索主要用来帮助设计人员在产品设计生产之前了解、分析不确定因素对产品的影响,进而尽可能地提高产品的性能。在设计探索中,其基本语言为设计人员使用的参数,具体包括来自静态结构、DM及其他CAD系统的设计参数。

16.1.1　参数定义

在设计探索中主要有输入参数、输出参数、导出参数3类,它们的含义如下。

- 输入参数:用于仿真分析的所有输入参数均可作为设计探索的输入参数,包括几何体、载荷、材料属性等参数。
- 输出参数:通过 Workbench 计算得到的参数均可作为输出参数给出,典型的输出参数包括质量、体积、频率、应力、应变、热流、质量流、速度、临界屈曲值等。
- 导出参数:是指不能直接得到的参数,因此它是输入、输出参数的组合值,也可以是各种参数的函数表达式等。

16.1.2　设定优化方法

在设计探索中进行优化设计分析是通过响应面（线）来实现的，运算结束后，响应面（线）的曲面（线）拟合是通过设计点完成的，如图16-1所示。

图 16-1　响应面（线）的拟合

16.1.3　设计探索选项

设计探索作为快速优化工具，实际上是通过设计点（可以增加）的参数来研究输出或导出参数的。由于设计点是有限的，因此也可以通过有限的设计点拟合成响应曲面（或线）来进行研究，如图16-2所示的快速优化工具包括以下选项。

图 16-2　设计探索快速优化工具

- 直接优化：是 Goal Driven Optimization 目标优化技术的一种类型，直接通过有限的试验模拟，对比结果取得近似最优解。

- 参数相关性：用于得到输入参数的敏感性，即可以得到某一输入参数对相应曲面的影响究竟有多大。

- 响应面：主要用于直观观察输入参数的影响，通过图表形式能够动态显示输入与输出参数之间的关系。

- 响应面优化：是 Goal Driven Optimization 目标优化技术的另外一种类型，可以从一组给定的样本（设计点）中得出最佳设计点。

- 六西格玛设计：主要用于评估产品的可靠性，其技术基于 6 个标准误差理论，例如假设材料属性、几何尺寸、载荷等不确定性输入变量的概率分布对产品性能（应力、应变等）的影响。

　判定产品是否符合六西格玛标准是指在一百万个产品中仅存在3.4个失效的概率。

16.1.4　设计探索特点

设计探索作为快速优化工具，具有以下特点。

- 可以对各种分析类型进行研究，如线性、非线性、模态、热、流体、多物理场等进行优化设计。

- 支持同一计算机上的不同 CAD 系统中的参数，这对熟悉在其他 CAD 软件中进行参数化建模的设计师提供了便利性。

- 支持 Mechanical 中的参数，Workbench 中的仿真大多是在 Mechanical 中进行的，而设计探索可以直接调用 Mechanical 中的参数。

- 利用目标驱动优化（GDO）技术可以创建一组最佳的设计点，还可以观察响应曲线和相应曲面的关系。
- 可以方便地进行六西格玛设计，支持 APDL 语言中定义的相关参数。

16.1.5 设计探索操作界面

建立Design Exploration优化分析项目时，通过双击ANSYS Workbench左侧工具箱设计探索下的相关优化项目即可，如图16-3所示。

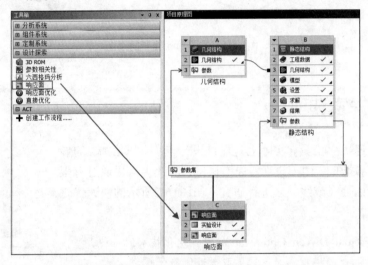

图16-3 创建优化项目

通过选择"查看"选项卡中的属性、轮廓等可以观察相关参数的设置情况，如图16-4所示。

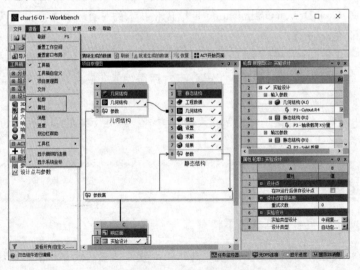

图16-4 "查看"选项卡

如要导入APDL文件，首先需要打开Mechanical APDL，读入APDL文件之后才能进行设计探索分析。

16.2 设计探索优化设计基础

使用设计探索进行优化设计之前，首先要掌握各类参数的使用方法，下面首先介绍参数的设置方法及其相关含义，然后介绍设计探索优化设计的操作步骤。

16.2.1 参数设置

参数设置贯穿了整个Workbench平台，设计探索既可以从Workbench平台提取相关参数，也可以从本地计算机上的CAD软件中提取，但是需要在使用前进行相应的设置。设置方法如下。

步骤 01 在Workbench主界面下选择菜单栏中的"工具"→"选项"命令，此时会弹出"选项"对话框。

步骤 02 在"选项"对话框的左侧列表中选择"几何结构导入"选项，然后在参数下选择"全部"，如图16-5所示，单击"O"按钮完成相关设置。此时设计探索就能识别CAD中的参数了。

步骤 03 当优化参数确定后，双击Workbench主界面中的"参数集"选项，如图16-6所示，即可建立参数优化研究，如图16-7所示为进行参数优化设计的表格窗口。

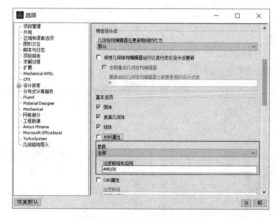

图 16-5　选项设置对话框

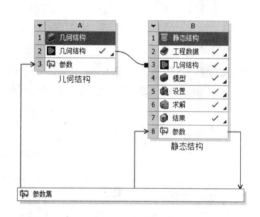

图 16-6　参数集设置

图 16-7　参数优化设计的表格窗口

另外还可以在表格设计点的列表中右击，在弹出的快捷菜单中选择"更新选定的设计点"命令，如图16-8所示，也可进行优化设计分析。

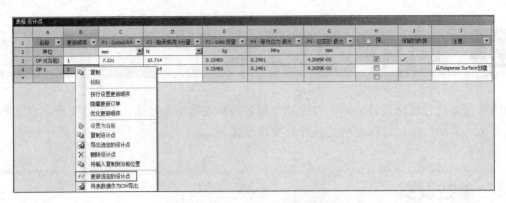

图 16-8　优化设计快捷菜单

16.2.2　响应面优化

进行响应面优化的操作步骤如下。

步骤 01　在Workbench主界面中，双击左工具箱中设计探索下的"响应面优化"选项，此时会在主界面中出现"响应面优化"项目，如图16-9所示。

步骤 02　双击响应面优化项目中的C3栏"响应面"，此时会出现参数优化设置界面。在参数优化设置界面中的"轮廓 原理图C3：响应面"内选择A2栏"响应面"。

步骤 03　在"属性 轮廓图A2：响应面"中设置响应面类型参数，如图16-10所示。

步骤 04　单击工具栏中的"项目"按钮，返回Workbench主界面。

步骤 05　双击响应面优化项目中的C4栏"优化"，此时会出现参数优化设置界面。在参数优化设置界面中的"轮廓 原理图C4：优化"中选择A2栏"优化"。

步骤 06　然后在"属性 轮廓图A2：优化"中设置优化方法参数，如图16-11所示。

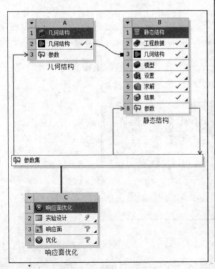

图 16-9　响应面优化

图 16-10　设置响应面类型参数

图 16-11　设置优化方法参数

步骤 07 在参数优化设置界面中的"轮廓 原理图C4：优化"中选择目标与约束。在"表格 原理图C4：优化"中设置参数的约束，如图16-12所示，也可保持默认。

表格 原理图C4: 优化									
	A	B	C	D	E	F	G	H	I
1	名称	参数		目标			约束		
2			类型	目标	容差	类型	下界	上限	容差
*		选择一个参数 ▼							

图 16-12　设置参数的约束

步骤 08 单击工具栏中的"更新"按钮，程序即可自动生成一组最佳的候选设计点，如图16-13所示。

	A	B	C	D	E	F
1	名称	P1 - Cutout.R4 (mm) ▼	P3 - 轴承载荷 X分量 (N) ▼	P2 - Solid 质量 (kg) ▼	P4 - 等效应力 最大 (MPa) ▼	P5 - 总变形 最大 (mm) ▼
2	1	7.5	10.5	0.1532	0.24298	4.2238E-05
3	2	6	10.5	0.16743	0.25132	3.8629E-05
4	3	9	10.5	0.13787	0.23227	4.8418E-05
5	4	7.5	9	0.1532	0.20827	3.6289E-05
6	5	7.5	12	0.1532	0.27769	4.8386E-05
7	6	6	9	0.16743	0.21542	3.311E-05
8	7	9	9	0.13787	0.19909	4.1501E-05
9	8	6	12	0.16743	0.28722	4.4147E-05
10	9	9	12	0.13787	0.26545	5.5335E-05

图 16-13　生成设计点

步骤 09 单击工具栏中的"项目"按钮，返回Workbench主界面。

步骤 10 双击响应面优化项目中的C2栏"实验设计"，在参数优化设置界面中"表格 原理图C2：实验设计"列表中右击，在弹出的快捷菜单中选择"作为设计点插入"命令，如图16-14所示，即可插入新的设计点。

	A	B	C	D	E	F
1	名称	P1 - Cutout .R4 (mm) ▼	P3 - 轴承载荷 X分量 (N) ▼	P2 - Solid 质量 (kg) ▼	P4 - 等效应力 最大 (MPa) ▼	P5 - 总变形 最大 (mm) ▼
2	响应点	7.5	10.5	0.1532	0.24298	4.2238E-05
3	响应点 1	7.331	10.714		0.24902	4.2678E-05
*	新的响应点					

复制
粘贴
作为设计点插入
作为优化点插入
作为验证点插入

图 16-14　插入新的设计点

步骤 11 单击工具栏中的"项目"按钮，返回Workbench主界面，完成目标驱动优化设置。

16.2.3　响应曲面

在设计探索中，可以根据需要观察到输入参数的影响，它们通过响应曲线/面的形式来反映输入输出参数之间的相互关系（即响应图表），典型的响应界面如图16-15所示。

步骤 01 双击主界面项目C中的C3项"响应面"进入参数优化界面，单击窗口上方的"更新"按钮，可以更新响应面。

步骤 **02** 选择"轮廓 原理图C3：响应面"中的"响应"，此时会出现"属性 轮廓A22：响应面"。

步骤 **03** 在"属性 轮廓A22：响应面"中设置模式为2D，设置X轴为"P1-Cutout.R4"，Y轴为"P5-总变形最大"，此时在"P5-总变形 最大的响应表"中显示相应的设计点与整体变形的曲线关系，如图16-16所示。

图 16-15 响应界面

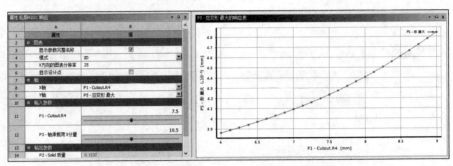

图 16-16 设计点与整体变形的 2D 曲线关系

步骤 **04** 在"属性 轮廓A22：响应"中设置模式为3D，设置X轴为"P1-Cutout.R4"，Y轴为"P3-轴承载荷X分量"，Z轴为"P5-总变形最大"，如图16-17所示，此时在"P5-总变形最大响应表"中显示相应的设计点与整体变形的曲线关系。

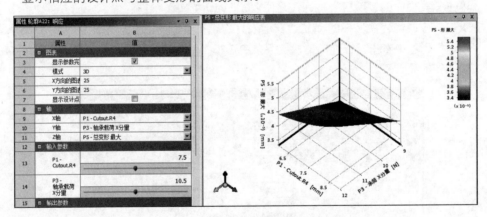

图 16-17 设计点与整体变形的 3D 曲线关系

16.2.4 实验设计

Workbench中可以通过实验设计（DOE）显示图表，操作时只要在项目中双击"实验设计"选项即可进入参数优化界面，如图16-18所示。DOE大纲给出了输入和输出参数，如图16-19所示。

步骤 **01** 在"轮廓 原理图C2：实验设计"中选择参数P1，在出现的"属性 轮廓A5: P1"中定义设计变量的分类为"连续"，上下限为6~9的连续变量，如图16-20所示。

步骤 **02** 同步骤（5），选择参数P3，在出现的"属性 轮廓A7: P3"中定义设计变量的分类为"连续"，上下限为9~12的连续变量，如图16-21所示。

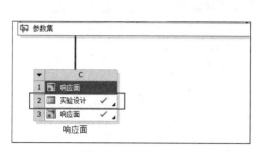

图 16-18　优化项目

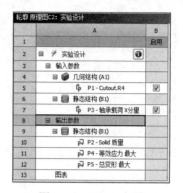

图 16-19　DOE 大纲

步骤03　在“轮廓 原理图C2：实验设计”中选择实验设计，在弹出的“属性 轮廓：实验设计”中选择默认的DOE类型“中间复合材料设计”，如图16-22所示。

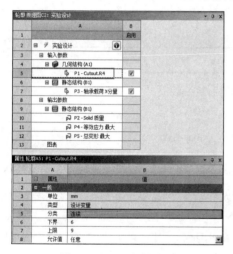

图 16-20　P1 参数设置

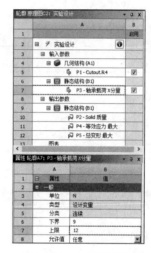

图 16-21　P3 参数设置

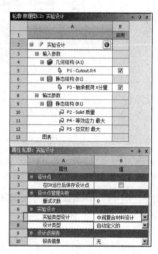

图 16-22　实验设计设置

步骤04　单击窗口上方工具栏中的“预览”按钮，在“表格 轮廓A2：实验设计的设计点”中出现了如图16-23所示的列表。

表格 轮廓A2：实验设计的设计点

	A	B	C	D	E	F
1	名称	P1 - Cutout.R4 (mm)	P3 - 轴承载荷 X分量 (N)	P2 - Solid 质量 (kg)	P4 - 等效应力 最大 (MPa)	P5 - 总变形 最大 (mm)
2	1	7.5	10.5	⚡	⚡	⚡
3	2	6	10.5	⚡	⚡	⚡
4	3	9	10.5	⚡	⚡	⚡
5	4	7.5	9	⚡	⚡	⚡
6	5	7.5	12	⚡	⚡	⚡
7	6	6	9	⚡	⚡	⚡
8	7	9	9	⚡	⚡	⚡
9	8	6	12	⚡	⚡	⚡
10	9	9	12	⚡	⚡	⚡

图 16-23　生成设计点数据

步骤05　单击窗口上方的“更新”按钮，即可对生成的设计点进行求解，求解结果如图16-24所示。

步骤06　在“轮廓 原理图C2：实验设计”中选择“A15：设计点与参数”，此时会出现“属性 轮廓A15：设计点与参数”，设置相关参数，可以得到对应的曲线，如图16-25所示为设计点与最大整体变形之间的曲线关系。

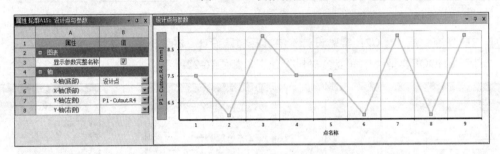

表格 轮廓A2：实验设计的设计点

	A	B	C	D	E	F
1	名称	P1 - Cutout.R4 (mm)	P3 - 轴承载荷 X分量 (N)	P2 - Solid 质量 (kg)	P4 - 等效应力 最大 (MPa)	P5 - 总变形 最大 (mm)
2	1	7.5	10.5	0.1532	0.24298	4.2338E-05
3	2	6	10.5	0.16743	0.25132	3.8629E-05
4	3	9	10.5	0.13787	0.23227	4.8418E-05
5	4	7.5	9	0.1532	0.20827	3.6289E-05
6	5	7.5	12	0.1532	0.27769	4.8386E-05
7	6	6	9	0.16743	0.21542	3.311E-05
8	7	9	9	0.13787	0.19909	4.1501E-05
9	8	6	12	0.16743	0.28722	4.4147E-05
10	9	9	12	0.13787	0.26545	5.5335E-05

图 16-24　求解结果

图 16-25　设计点与最大整体变形之间的曲线关系

16.2.5　六西格玛分析

Workbench中的六西格玛分析（SSA）提供了一种离散的输入参数来影响整个系统响应（可靠性）的机制。

进行六西格玛分析时需要先进行实验设计DOF分析，如图16-26所示，其目的是为进行SSA分析提供响应面。

实验设计法在上一节中已经介绍，这里不再赘述，双击"分析项目"中的C4栏"六西格玛"即可进入六西格玛分析界面，如图16-27所示。

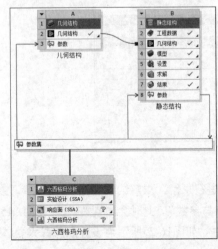

图 16-26　六西格玛分析

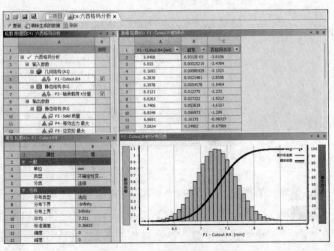

图 16-27　六西格玛分析界面

在该界面下可以定义参数的分布函数、名义尺寸、偏差等内容，由于篇幅所限，这里不再赘述。

16.3　连接板的优化设计

本节将通过一个简单的几何模型来讲解优化设计的一般过程，案例采用线性静态结构分析，将内长孔尺寸及轴承载荷作为输入参数，质量、等效应力及整体变形作为优化的输出参数。

16.3.1　问题描述

某连接板如图16-28所示，该连接板已经进行了结构静力学分析，现将内长孔参数Cutout进行优化，优化的输出参数为连接板的质量（Mass）、等效应力（Equivalent Stress）及整体变形（Total Deformation）。

图 16-28　连接板

16.3.2　启动 Workbench 并建立分析项目

步骤 01　在ANSYS Workbench主界面中选择"单位"→"度量标准（kg,mm,s,℃,mA,N,mV）"命令，设置模型单位，如图16-29所示。

步骤 02　双击主界面工具箱中的"组件系统"→"几何结构"选项，即可在项目管理区创建分析项目A，在工具箱中的"分析系统"→"静态结构"上按住鼠标左键拖动到项目管理区中，当项目A的几何结构呈红色高亮显示时，释放鼠标创建项目B，此时相关联的数据可共享，如图16-30所示。

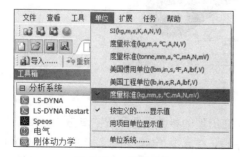

图 16-29　设置单位

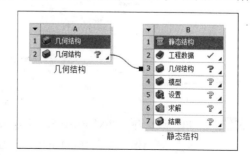

图 16-30　创建分析项目

16.3.3 导入几何体

步骤 01 在A2栏的"几何结构"上右击,在弹出的快捷菜单中选择"导入几何模型"→"浏览"命令,如图16-31所示,此时会弹出"打开"对话框。

步骤 02 在弹出的"打开"对话框中选择文件路径,导入char16-01几何体文件,如图16-32所示,此时A2栏几何结构后的 **?** 变为 **✓**,表示实体模型已经存在。

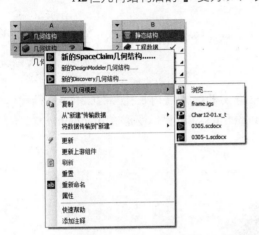

图 16-31 导入几何模型   图 16-32 "打开"对话框

步骤 03 双击项目A中的A2栏"几何结构",此时会进入DM界面,零件显示在图形窗口中,如图16-33所示。

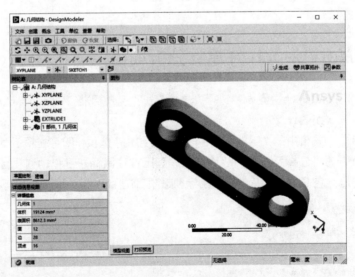

图 16-33 DM 界面

步骤 04 单击设计树中"XYPLANE"下的"SKETCH1",在出现的参数设置列表中单击参数R4前的□,此时变为 **D**,如图16-34所示,弹出"命名"对话框,在其中"参数名称"中输入"Cutout.R4",如图16-35所示。

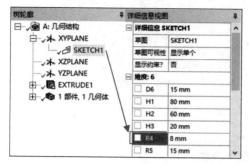

图 16-34 定义尺寸参数

图 16-35 输入参数名称

步骤 05 单击DM界面右上角的"关闭"按钮，退出DM，返回Workbench主界面。

16.3.4 添加材料库

步骤 01 双击项目B中的B2栏"工程数据"选项，进入如图16-36所示的界面，在该界面下即可进行材料参数设置。

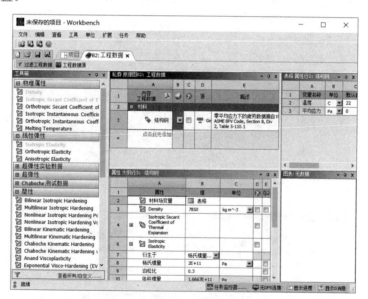

图 16-36 材料参数设置界面

步骤 02 在界面的空白处右击，在弹出的快捷菜单中选择"工程数据源"命令，此时的界面如图16-37所示。

步骤 03 在工程数据源表中选择A4栏"一般材料"，然后单击轮廓General Materials表中B4栏的"添加"按钮 ，此时在C4栏中会显示"使用中的"标识 ，如图16-38所示，表示材料添加成功。

步骤 04 同步骤（2），在界面的空白处右击，在弹出的快捷菜单中取消选择"工程数据源"命令，返回初始界面。

步骤 05 根据实际工程材料的特性，在"属性 大纲行2：不锈钢"表中可以修改材料的特性，如图16-39所示，本实例采用的是默认值。

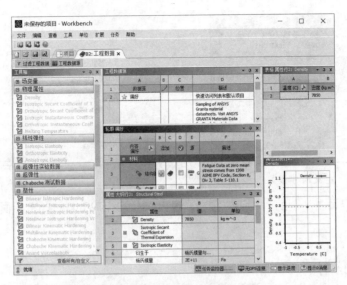

图 16-37　材料参数设置界面

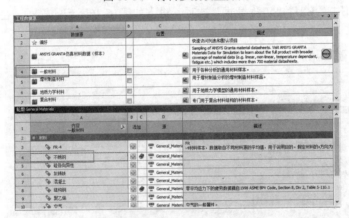

图 16-38　添加材料

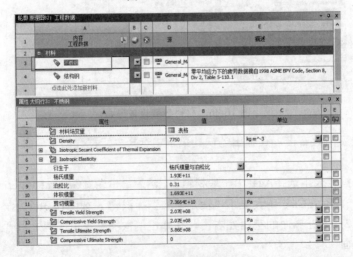

图 16-39　材料参数修改窗口

步骤 **06**　单击工具栏中的"项目"按钮，返回Workbench主界面，材料库添加完毕。

16.3.5　添加模型材料属性

步骤 01　双击项目管理区项目B中的B4栏"模型"选项，进入"静态结构-Mechanical"界面，在该界面下即可进行网格的划分、分析设置、结果观察等操作，如图16-40所示。

图 16-40　"静态结构-Mechanical"界面

步骤 02　在Mechanical界面中选择"单位"→"度量标准（mm,kg,N,s,mV,mA）"命令，设置分析单位，如图16-41所示。

步骤 03　选择Mechanical界面左侧模型树中"几何结构"选项下的Solid，在参数设置列表中给模型添加材料"不锈钢"，如图16-42所示。

步骤 04　在参数设置列表中的"属性"中单击质量前的 □ ，将其选中变为 P ，如图16-43所示，表示将模型质量作为输出的优化参数。

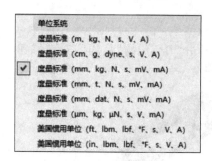

图 16-41　设置单位

图 16-42　添加材料

图 16-43　参数设置列表

16.3.6　划分网格

步骤 01　选中分析树中的"网格"选项，单击网格工具栏中的"控制"→"尺寸调整"命令，为网格划分添加尺寸调整，如图16-44所示。

图 16-44　添加尺寸调整

步骤 **02**　单击图形工具栏中选择模式下"选择面"按钮。

步骤 **03**　在图形窗口中选择如图16-45所示的面，在参数设置列表中单击"几何结构"后的"应用"按钮，完成边的选择，设置单元尺寸为4mm，如图16-46所示。

步骤 **04**　在模型树中的"网格"选项上右击，在弹出的快捷菜单中选择"生成"网格命令，最终的网格效果如图16-47所示。

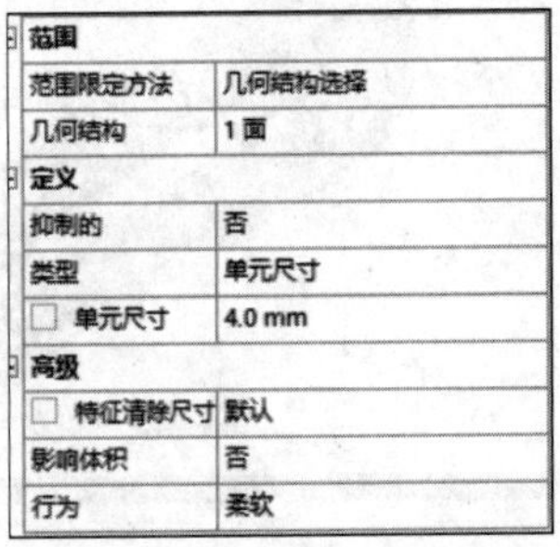

范围	
范围限定方法	几何结构选择
几何结构	1 面
定义	
抑制的	否
类型	单元尺寸
☐ 单元尺寸	4.0 mm
高级	
☐ 特征清除尺寸	默认
影响体积	否
行为	柔软

图 16-45　选择面

图 16-46　参数设置列表

图 16-47　网格效果

16.3.7　施加约束与载荷

1．施加固定约束

步骤 **01**　选中分析树中的"静态结构（B5）"选项，执行环境工具栏中的"结构"→"固定的"命令，为模型添加约束，如图16-48所示。

步骤 **02**　单击图形工具栏中选择模式下的"选择面"按钮。

步骤 **03**　在图形窗口中选择如图16-49所示的面，在参数设置列表中单击"几何结构"后的"应用"按钮，完成面的选择。

图 16-48　添加约束

图 16-49　选择面

2．施加轴承载荷

步骤 **01**　执行环境工具栏中的"载荷"→"轴承载荷"命令，为模型施加轴承载荷，如图16-50所示。

步骤 **02**　单击图形工具栏中选择模式下的"选择面"按钮，选中如图16-51所示的面。

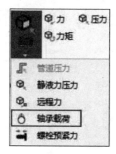

图 16-50　施加载荷

图 16-51　选择面

步骤 **03**　在参数设置列表中单击"几何结构"后的"应用"按钮，完成面的选择，设置坐标系为全局坐标系，并设置X 分量为11N，同时将其作为优化参数输入，如图16-52所示。此时施加载荷后的效果如图16-53所示。

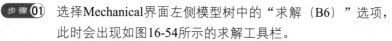

图 16-52　施加载荷后的面

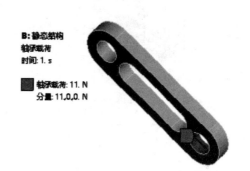

图 16-53　施加载荷后的效果

16.3.8　设置求解项

步骤 **01**　选择Mechanical界面左侧模型树中的"求解（B6）"选项，此时会出现如图16-54所示的求解工具栏。

步骤 **02**　求解等效应力：选择求解工具栏中的"应力"→"等效（von-Mises）"命令，如图16-55所示，此时在分析树中会出现"等效应力"选项。

步骤 **03**　在出现的参数设置列表中选中"结果"后的"最大"选项作为优化参数，如图16-56所示。

步骤 **04**　选择求解工具栏中的"变形"→"总计"命令，如图16-57所示，此时在分析树中会出现"总变形"选项。

步骤 **05**　在出现的参数设置列表中选中"结构"后的"最大"选项作为优化参数，如图16-58所示。

图 16-54　求解工具栏

图 16-55　添加应力求解项

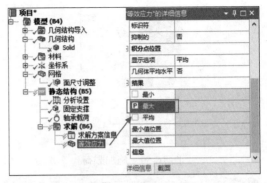

图 16-56　设置优化参数

图 16-57　添加变形求解项

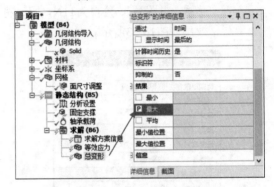

图 16-58　添加变形求解项

16.3.9　求解并显示求解结果

步骤 **01**　在模型树中的"静态结构（B5）"选项上右击，在弹出的快捷菜单中选择"求解"命令 进行求解。

步骤 **02**　应力分析云图：选择模型树中"求解（B6）"下的"等效应力"选项，此时在图形窗口中会出现如图16-59所示的应力分析云图。

步骤 **03**　总变形分析云图：选择模型树中"求解（B6）"下的"总变形"选项，此时在图形窗口中会出现如图16-60所示的总变形分析云图。

图 16-59　应力分析云图

图 16-60　总变形分析云图

步骤 **04** 单击Mechanical界面右上角的"关闭"按钮退出Mechanical，返回Workbench主界面。此时项目管理区中显示的分析项目均已完成，如图16-61所示。

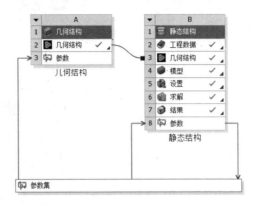

图 16-61　项目管理区中的分析项目

16.3.10　观察优化参数

步骤 **01** 双击项目区中的参数集，可以进入如图16-62所示的参数优化界面，在该界面中检查所有的输入、输出参数。

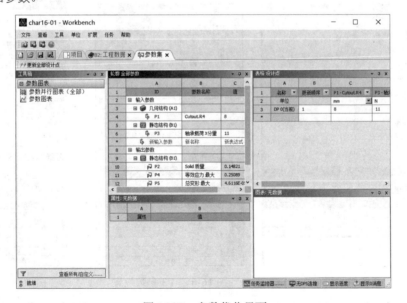

图 16-62　参数优化界面

步骤 **02** 单击工具栏中的"项目"按钮，返回Workbench主界面。

步骤 **03** 在Workbench主界面中，双击左侧工具箱中设计探索下的"响应面"选项，此时会在主界面中出现响应面优化项目，如图16-63所示。

步骤 **04** 双击主界面项目C中的C2项"实验设计（DOE）"进入参数优化界面。DOE大纲给出了输入参数和输出参数，如图16-64所示。

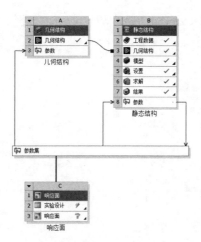

图 16-63　创建优化项目

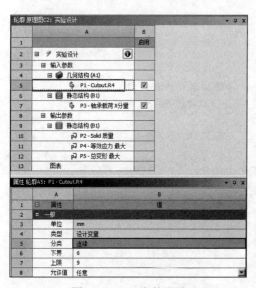

图 16-64　DOE 大纲

步骤 **05**　在"轮廓 原理图C2：实验设计"中选择参数P1，在出现的"属性 轮廓A5：P1"中定义设计
变量的分类为"连续"，上下限为6~9的连续变量，如图16-65所示。

步骤 **06**　同步骤（5），选择参数P3，在出现的"属性 轮廓A7：P3"中定义设计变量的分类为"连续"，
上下限为9~12的连续变量，如图16-66所示。

步骤 **07**　在"轮廓 原理图C2：实验设计"中选择"实验设计"，在弹出的"属性 轮廓：实验设计"中
选择默认的DOE类型"中间复合材料设计"，如图16-67所示。

图 16-65　P1 参数设置

图 16-66　P3 参数设置

图 16-67　实验设计设置

步骤 **08**　单击窗口上方工具栏中的"预览"按钮，如图16-68所示，即可生成如图16-69所示的一组设计
点数据，同时在"表格 轮廓A2：实验设计的设计点"中出现了如图16-70所示的列表。

⚡ 更新　🔍 预览　🧹清除生成的数据　📋刷新　📋批准生成的数据

图 16-68　工具栏

步骤 **09**　单击窗口上方的"更新"按钮，即可对生成的设计点进行求解，求解结果如图16-71所示。

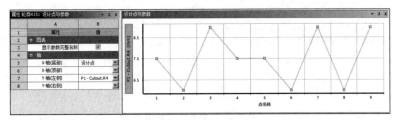

表格 轮廓A2：实验设计的设计点

	A	B	C	D	E	F
1	名称	P1 - Cutout.R4 (mm)	P3 - 轴承载荷 X分量 (N)	P2 - Solid 质量 (kg)	P4 - 等效应力 最大 (MPa)	P5 - 总变形 最大 (mm)
2	1	7.5	10.5			
3	2	6	10.5			
4	3	9	10.5			
5	4	7.5	9			
6	5	7.5	12			
7	6	6	9			
8	7	9	9			
9	8	6	12			
10	9	9	12			

图 16-69　生成设计点数据

轮廓 原理图C2：实验设计

	A	B
1		启用
2	实验设计	
3	输入参数	
4	几何结构 (A1)	
5	P1 - Cutout.R4	☑
6	静态结构 (B1)	
7	P3 - 轴承载荷 X分量	☑
8	输出参数	
9	静态结构 (B1)	
10	P2 - Solid 质量	
11	P4 - 等效应力 最大	
12	P5 - 总变形 最大	
13	图表	
14	参数并行	
15	设计点与参数	

图 16-70　DOE 大纲

表格 轮廓A2：实验设计的设计点

	A	B	C	D	E	F
1	名称	P1 - Cutout.R4 (mm)	P3 - 轴承载荷 X分量 (N)	P2 - Solid 质量 (kg)	P4 - 等效应力 最大 (MPa)	P5 - 总变形 最大 (mm)
2	1	7.5	10.5	0.1532	0.24298	4.2338E-05
3	2	6	10.5	0.16743	0.25132	3.8629E-05
4	3	9	10.5	0.13787	0.23227	4.8418E-05
5	4	7.5	9	0.1532	0.20827	3.6289E-05
6	5	7.5	12	0.1532	0.27769	4.8386E-05
7	6	6	9	0.16743	0.21542	3.311E-05
8	7	9	9	0.13787	0.19909	4.1501E-05
9	8	6	12	0.16743	0.28722	4.4147E-05
10	9	9	12	0.13787	0.26545	5.5335E-05

图 16-71　求解结果

步骤10　在“轮廓 原理图C2：实验设计”中选择“A15：设计点与参数”，此时会出现“属性 轮廓A15：设计点与参数”，设置相关参数，可以得到对应的曲线，如图16-72所示为设计点与最大整体变形之间的曲线关系。

步骤11　单击工具栏中的“项目”按钮，返回Workbench主界面。

图 16-72　设计点与最大整体变形之间的曲线关系

16.3.11　响应曲面

步骤01　双击主界面项目C中的C3项“响应面”，进入参数优化界面。单击窗口上方的“更新项目”按钮，更新响应面，如图16-73所示。

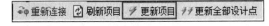

图 16-73　更新响应曲面命令

步骤02　选择“轮廓 原理图C3：响应面”中的“响应”，如图16-74所示，此时会出现“属性 轮廓A22：响应”。

步骤03　在“属性 轮廓A22：响应”中设置模式为2D，设置X轴为“P1-Cutout.R4”，Y轴为“P5-总变形最大”，如图16-75所示，此时在P5-总变形最大响应表中显示相应的设计点与整体变形的2D曲线关系。

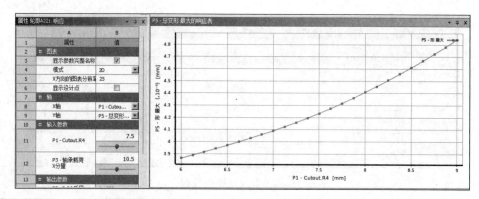

图 16-74　响应界面　　　　　　　　　　　　图 16-75　设计点与整体变形的 2D 曲线关系

步骤 04　在"属性 轮廓A22：响应"中设置模式为3D，设置X轴为"P1-Cutout.R4"，Y轴为"P3-轴承载荷X分量"，Z轴为"P5-总变形最大"，如图16-76所示，此时在P5-总变形最大响应表中显示相应的设计点与整体变形的3D曲线关系。

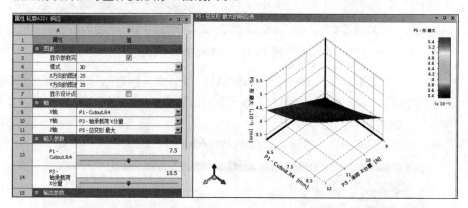

图 16-76　设计点与整体变形的 3D 曲线关系

步骤 05　选择"轮廓 原理图C3：响应面"中的"局部灵敏度"，如图16-77所示，此时会出现局部灵敏度。

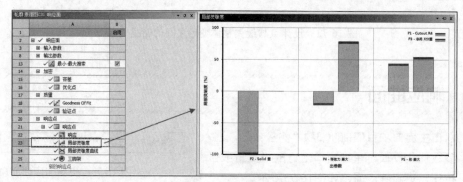

图 16-77　局部灵敏度

步骤 06　选择"轮廓 原理图C3：响应面"中的"三脚架"，如图16-78所示，此时会出现三脚架。

步骤 07　选择"轮廓 原理图C3：响应面"中的"响应"，在出现的3D响应面上右击，在弹出的快捷菜单中选择"探索点处的响应面"命令，如图16-79所示，将其插入响应点，此时在"表格 轮廓C3：响应面"中多出了一个"响应点1"，如图16-80所示。

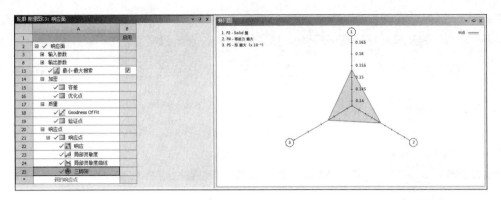

图 16-78　三脚架图表

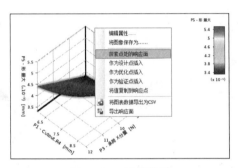

图 16-79　快捷菜单

表格 轮廓A22：响应点

	A	B	C	D	E	F
1	名称	P1 - Cutout .R4 (mm)	P3 - 轴承载荷 X分量 (N)	P2 - Solid 质量 (kg)	P4 - 等效应力 最大 (MPa)	P5 - 总变形 最大 (mm)
2	响应点	7.5	10.5	0.1532	0.24298	4.2338E-05
3	响应点 1	7.331	10.714	0.15519	0.24902	4.2678E-05
*	新的响应点					

图 16-80　添加响应点

步骤08 在“轮廓 原理图C3：响应面”中需要的响应点（全选）上右击，在弹出的快捷菜单中选择“作为设计点插入”命令，如图16-81所示，可以将其插入设计点。

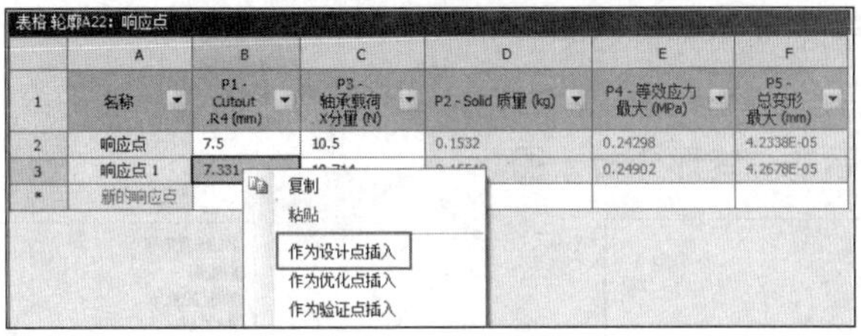

图 16-81　快捷菜单

步骤09 单击工具栏中的“项目”按钮，返回Workbench主界面，并双击项目区中的参数集，进入参数优化界面。

步骤10 单击窗口上方的“更新全部设计点”按钮，更新设计点。此时在“表格 设计点”中会出现设计点DP 1，如图16-82所示。

表格 设计点

	A	B	C	D	E	F	G	H	I	J
1	名称	更新顺序	P1 - Cutout.R4	P3 - 轴承载荷 X分量	P2 - Solid 质量	P4 - 等效应力 最大	P5 - 总变形 最大	保..	保留的数据	注意
2	单位		mm	N	kg	MPa	mm			
3	DP 0(当前)	1	8	11	0.14821	0.25089	4.6116E-05	☑	✓	
4	DP 1	0	7.331	10.714	0.15485	0.2491	4.2689E-05	☐		从Response Surface创建
*								☐		

图 16-82　添加设计点

步骤11 在“表格 设计点”中的响应点DP 1上右击，在弹出的快捷菜单中选择“将输入复制到当前位置”，如图16-83所示，可以将该设计点置为当前。

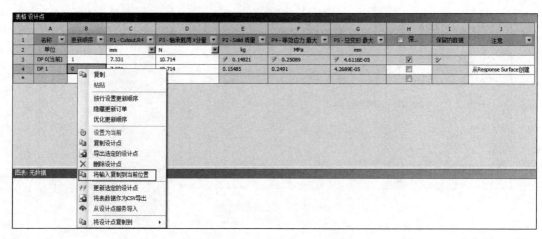

图 16-83　将设计点置为当前

步骤 **12**　单击工具栏中的"项目"按钮，返回Workbench主界面。

16.3.12　观察新设计点的结果

步骤 **01**　双击项目管理区项目B中的B6栏"求解"选项，进入Mechanical界面，在该界面下即可观察响应分析点的分析结果。

步骤 **02**　在模型树中的"静态结构"选项上右击，在弹出的快捷菜单中选择"求解"命令 进行求解。

步骤 **03**　应力分析云图：选择模型树中"求解（B6）"下的"等效应力"选项，此时在图形窗口中会出现如图16-84所示的应力分析云图。

步骤 **04**　总变形分析云图：选择模型树中"求解（B6）"下的"总变形"选项，此时在图形窗口中会出现如图16-85所示的总变形分析云图。

图 16-84　应力分析云图

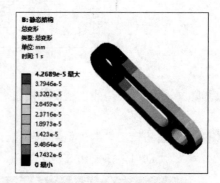

图 16-85　总变形分析云图

16.3.13　保存与退出

步骤 **01**　单击Mechanical界面右上角的"关闭"按钮退出Mechanical，返回Workbench主界面。此时项目管理区中显示的分析项目均已完成，如图16-86所示。

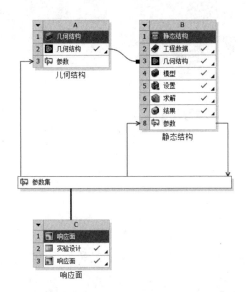

图 16-86　项目管理区中的分析项目

步骤 **02**　在Workbench主界面中单击常用工具栏中的"保存"按钮，保存包含有分析结果的文件。

步骤 **03**　单击主界面右上角的"关闭"按钮，退出Workbench主界面，完成项目分析。

16.4　本章小结

　　本章首先介绍了优化设计的基本知识，然后讲解了优化设计的基本过程，最后给出了优化设计的典型实例——连接板的优化设计。

　　通过本章的学习，读者可以掌握优化设计的流程、载荷和约束的加载方法，以及结果后处理方法等相关知识。

第 17 章

流体动力学分析

 导言

计算流体动力学分析（CFD），其基本定义是通过计算机进行数值计算，模拟流体流动时的各种相关物理现象，包括流动、热传导、声场等。计算流体动力学分析广泛应用于航空航天器设计、汽车设计、生物医学工业、化工处理工业、涡轮机设计、半导体设计等诸多工程领域。本章将介绍流体动力学的基础理论，并通过实例演示在 Workbench 中进行流体动力学分析的方法。

 学习目标

※ 掌握流体动力学分析的基础理论。
※ 通过实例掌握流体动力学分析的过程。
※ 掌握流体动力学分析的边界条件及加载方法。
※ 掌握流体动力学分析的结果后处理方法。

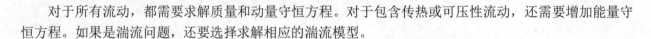

17.1　流体动力学基础

对于所有流动，都需要求解质量和动量守恒方程。对于包含传热或可压性流动，还需要增加能量守恒方程。如果是湍流问题，还要选择求解相应的湍流模型。

17.1.1　质量守恒方程

适合可压和不可压流动的质量守恒形式为：

$$\frac{\partial \rho}{\partial t} + \frac{\partial}{\partial x_i}(\rho u_i) = S_m$$

式中：ρ 为密度，t 为时间，u_i 为速度张量，x_i 为坐标张量。

等式左边第1项是密度变化率，当求解不可压缩流动时该项为0；第2项是质量流密度的散度；右边的源项 S_m 是稀疏相增加到连续相中的质量，如液体蒸发变成气体或者质量源项，在单相流中，该源项为0。

17.1.2 动量守恒方程

在惯性坐标系下，i方向的动量守恒方程为：

$$\frac{\partial}{\partial t}(\rho u_i) + \frac{\partial}{\partial x_j}(\rho u_i u_j) = -\frac{\partial p}{\partial x_i} + \frac{\partial \tau_{ij}}{\partial x_j} + \rho g_i + F_i$$

式中：ρ为密度，t为时间，u_i、u_j为速度张量，x_i、x_j为坐标张量，ρg_i为重力体积力，p是静压，F_i是重力体积力和其他体积力（如源于两相之间的作用），F_i还可以包括其他模型源项或者自定义的源项；τ_{ij}是应力张量，定义为：

$$\tau_{ij} = \left[\mu\left(\frac{\partial u_i}{\partial x_j} + \frac{\partial u_j}{\partial x_i}\right) \right] - \frac{2}{3}\mu\frac{\partial u_l}{\partial x_l}\delta_{ij}$$

式中：μ为流体粘性系数。

17.1.3 能量守恒方程

通过求解能量方程，可以计算流体和固体区域之间的传热问题。能量守恒方程形式如下：

$$\frac{\partial}{\partial t}(\rho E) + \frac{\partial}{\partial x_i}(u_i(\rho E + p)) = \frac{\partial}{\partial x_i}(k_{eff}\frac{\partial T}{\partial x_i} - \sum_{j'}h_{j'}J_{j'} + u_j(\tau_{ij})_{eff} + S_h$$

式中：T为温度；$k_{eff} = k_t + k$，为有效导热系数（湍流导热系数根据湍流模型来定义）；$J_{j'}$是组分j'的扩散通量。

方程右边的前三项分别为导热项、组分扩散项和黏性耗散项。$h_{j'}$为组分的j'焓；S_h是包括化学反应热和其他体积热源的源项，E为内能，且有：

$$E = h - \frac{p}{\rho} + \frac{u_i^2}{2}$$

对于理想气体，焓定义为：

$$h_{j'} = \sum_{j'}m_{j'}h_{j'}$$

对于不可压缩气体，焓定义为：

$$h_{j'} = \sum_{j'}m_{j'}h_{j'} + \frac{p}{\rho}$$

17.1.4 湍流模型

为了使流体动力学的基本控制方程封闭，从而进行求解，在以上方程的基础上必须配合使用湍流模型。

常用的湍流模型包括：单方程模型、双方程模型（标准 $k-\varepsilon$ 模型、重整化群 $k-\varepsilon$ 模型、可实现 $k-\varepsilon$ 模型）、雷诺应力模型和大涡模拟模型。在实际求解中，选用什么模型要根据具体问题的特点来决定，选择的一般原则是精度高、应用简单、节省计算时间，同时也具有通用性。

不同软件所包含的湍流模型略微有区别，但常用的湍流模型在一般的CFD软件中都包含。如图17-1所示为常用的湍流模型及其计算量的变化趋势。

标准 $k-\varepsilon$ 模型是最常用的湍流模型之一，需要求解湍动能及其耗散率方程。该模型假设流动为完全湍流，分子粘性的影响可以忽略，那么，标准 $k-\varepsilon$ 模型只适合于完全湍流的流动过程模拟。

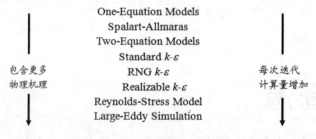

图 17-1　湍流模型及其计算量

标准 $k-\varepsilon$ 模型的湍动能k和耗散率 ε 的方程形式如下：

$$\rho \frac{Dk}{Dt} = \frac{\partial}{\partial x_i}\left[\left(\mu + \frac{\mu_t}{\sigma_k}\right)\frac{\partial k}{\partial x_i}\right] + G_k + G_b - \rho\varepsilon - Y_M$$

$$\rho \frac{D\varepsilon}{Dt} = \frac{\partial}{\partial x_i}\left[\left(\mu + \frac{\mu_t}{\sigma_k}\right)\frac{\partial \varepsilon}{\partial x_i}\right] + C_{1\varepsilon}\frac{\varepsilon}{k}(G_k + C_{3\varepsilon}G_b) - C_{2\varepsilon}\rho\frac{\varepsilon^2}{k}$$

在上述方程中，k 为湍动能量，ε 为耗散率，G_k 表示由于平均速度梯度引起的湍动能，G_b 表示由于浮力影响引起的湍动能，σ_k、$C_{1\varepsilon}$、$C_{2\varepsilon}$、$C_{3\varepsilon}$ 为常系数，μ_t 为湍流粘性系数，且有：

$$\mu_t = \rho C_\mu \frac{k^2}{\varepsilon}$$

17.2　流体动力学的分析流程

ANSYS Workbench 2022中的CFD软件包括Fluent、CFX和Polyflow。使用ANSYS Workbench进行流体动力学分析的流程如下。

步骤 **01** 剖析求解的问题：确定问题的性质，明确要求解的方程和方程类型。

步骤 **02** 几何建模：几何模型是流体动力学分析的基础，它指定了求解的区域，在ANSYS Workbench中可以从外部CAD软件导入集合模型，也可以用其自带的建模模块DM进行几何建模。

步骤 **03** 划分网格：划分网格即是将求解区域离散化的过程。ANSYS Workbench的网格划分平台集成了TGrid、ICEM CFD、Turbo Grid等优秀的网格划分软件，网格功能十分强大。

步骤 **04** 前处理：对求解区域进行详细的物理定义，包括物理模型、材料属性和边界条件等。Fluent、CFX和Polyflow进行前处理的软件不同。

步骤 **05** 进行求解：设置求解的相关参数，并进行求解。

步骤 **06** 后处理：在ANSYS Workbench中可用CFD-Post进行计算结果的后处理。

17.3 基于Fluent的导弹流体动力学分析

本节将通过对一个导弹的外部绕流分析，帮助读者掌握如何在ANSYS Workbench中进行流体动力学分析，实例的模型已经建好，在进行分析时直接导入即可。

17.3.1 案例介绍

如图17-2所示是一个导弹的基本尺寸，弹体为圆柱体，尾翼为梯形平板翼型，呈十字布局，弹体直径D=100mm。导弹在空气中飞行，姿态如图17-3所示，不考虑导弹滚转，迎角度数为5°。要求分析导弹飞行时空气的绕流情况，以及此时导弹所受的空气阻力。

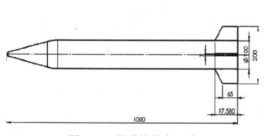

图 17-2 导弹的基本尺寸

图 17-3 导弹的三维图

17.3.2 启动 Workbench 并建立分析项目

步骤 **01** 在Windows系统下执行"开始"→"所有程序"→ANSYS 2022→Workbench 2022命令，启动ANSYS Workbench 2022，进入主界面。

步骤 **02** 双击主界面工具箱中的"组件系统"→"几何结构"选项，即可在项目管理区创建分析项目A，如图17-4所示。

步骤 **03** 在工具箱中的"组件系统"→"网格"选项上按住鼠标左键拖动到项目管理区中，悬挂在项目A中的A2栏"几何结构"上，当项目A2的几何结构栏呈红色高亮显示时，即可放开鼠标创建项目B，项目A和项目B中的几何结构栏（A2和B2）之间出现了一条线相连，表示它们之间的几何体数据可共享，如图17-5所示。

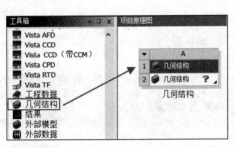

图 17-4　创建几何结构分析项目

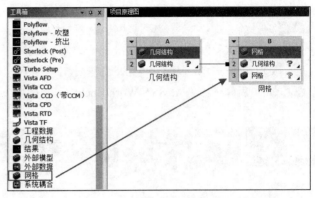

图 17-5　创建网格分析项目

步骤 **04** 在工具箱中的"分析系统"→"流体流动（Fluent）"选项上按住鼠标左键拖动到项目管理区中，当项目B3的网格栏呈红色高亮显示时，即可放开鼠标创建项目C。项目B和项目C中的几何结构栏（B2和C2）以及网格栏（B3和C3）之间各出现了一条线相连，表示它们之间的数据可共享，如图17-6所示。

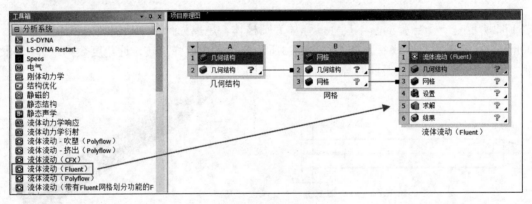

图 17-6　创建 Fluent 分析项目

17.3.3　导入几何体

步骤 **01** 在A2栏的"几何结构"上右击，在弹出的快捷菜单中执行"导入外部几何结构"→"浏览"命令，如图17-7所示，此时会弹出"打开"对话框。

步骤 **02** 在弹出的"打开"对话框中选择文件路径，导入missle几何体文件，此时A2栏"几何结构"后的 ❓ 变为 ✔，表示实体模型已经存在。

步骤 **03** 双击项目A中的A2栏"几何结构"选项，进入DM界面，此时设计树中"导入1"前显示 ≶，表示需要生成，图形窗口中没有图形显示，单击"生成"按钮，显示图形，如图17-8所示。

图 17-7　导入几何体

步骤 **04**　选择"air"选项，在详细信息几何体中将区域类型改为"流体"，即在"流体/固体"的下拉列表中选中"流体"，如图17-9所示。

步骤 **05**　单击DM界面右上角的"关闭"按钮，退出DM，返回Workbench主界面。

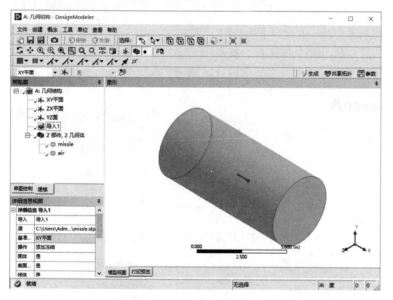

图 17-8　DM 界面中显示模型

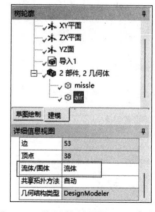

图 17-9　将计算域属性设置为流体

17.3.4　划分网格

步骤 **01**　双击项目B中的B3栏"网格"选项，进入如图17-10所示的界面，可在该界面下进行模型的网格划分。

步骤 **02**　因本例仅进行导弹外部绕流的情况分析，所以可以不对导弹划分网格，先将其抑制，即右击模型树中"几何结构"下需要抑制的实体，在弹出快捷菜单中选择"抑制"命令，如图17-11所示，设置后将仅对计算域的空气进行网络操作。

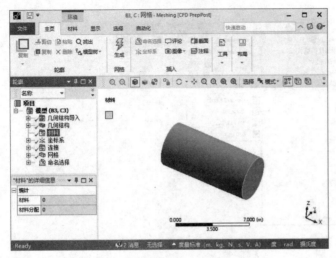

图 17-10　网格划分界面

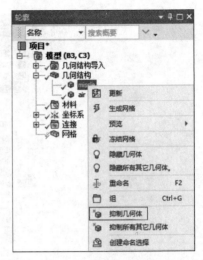

图 17-11　抑制不需要划分网格的实体

步骤 03　选中模型树中的"网格"选项，在"网格"的详细信息窗口中设置物理偏好为CFD网格，求解器设置为Fluent，如图17-12所示，其他选项保持默认值。

步骤 04　右击模型树中的"网格"选项，依次选择"网格"→"插入"→"方法"命令，如图17-13所示。这时可在细节设置窗口中设置刚刚插入的这个网格划分方法。

步骤 05　在图形窗口中选择计算域实体，并在细节设置窗口中单击"应用"按钮，设置计算域为应用该网格划分方法的区域。设置网格划分方法为"四面体"，网格生长方式为"补丁独立"，设置最小限制尺寸为5mm，最终设置结果如图17-14所示。

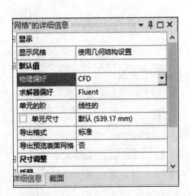

图 17-12　设置网格类型和求解器

图 17-13　插入网格划分方法

图 17-14　网格划分方法的设置

步骤 06　右击模型树中的"网格"选项，在弹出的快捷菜单中选择"生成"命令，开始生成网格，生成网格如图17-15所示。

步骤 07　单击模型树中的"网格"选项，在"网格"的详细信息中选择质量，在质量下拉框中选择"单元质量"，如图17-16所示。

步骤 08　单击Meshing界面右上角的"关闭"按钮，退出网格划分界面，返回Workbench主界面。

步骤 09　右击Workbench界面中的B3栏"网格"选项，在弹出的快捷菜单中选择"更新"命令，完成网格数据向Fluent分析模块中的传递，如图17-17所示。

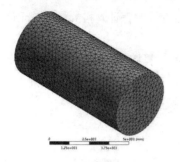

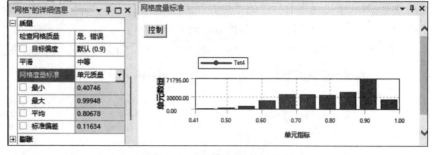

图 17-15   开始生成网格   图 17-16   网格划分情况统计

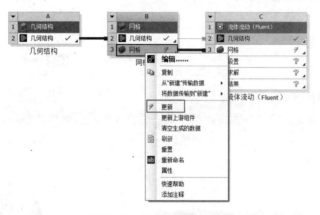

图 17-17   网格更新传递数据

17.3.5   网格检查与处理

步骤 01   双击Workbench界面中项目C的C4栏"设置"选项，弹出"Fluent Launcher"对话框，保持默认
设置后单击"Start"按钮进入Fluent界面，如图17-18所示。

图 17-18   Fluent Launcher 对话框与 Fluent 界面

步骤 **02** 单击通用面板中的"检查"按钮，如图17-19所示，对网格进行检查。需保证网格的最小单元体积不小于0，即没有负体积网格。

步骤 **03** 单击通用面板中的"网格缩放"按钮，如图17-20所示，可以查看计算域尺寸。

图 17-19　通用面板

图 17-20　网格区域尺寸缩放

步骤 **04** 将非结构化网格转换成多面体网格，转换后将大大减少网格数量，且可提高网格质量和计算精度。选择菜单栏中的"域"→"网格"→"转换多面体"命令，如图17-21所示。转化后的网格如图17-22所示。

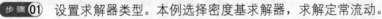

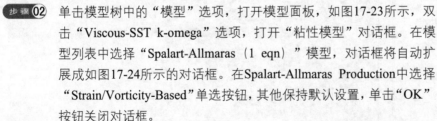

图 17-21　将非结构化网格转化成多面体网格

图 17-22　计算域多面体网格

17.3.6　设置物理模型和材料

步骤 **01** 设置求解器类型。本例选择密度基求解器，求解定常流动。

步骤 **02** 单击模型树中的"模型"选项，打开模型面板，如图17-23所示，双击"Viscous-SST k-omega"选项，打开"粘性模型"对话框。在模型列表中选择"Spalart-Allmaras（1 eqn）"模型，对话框将自动扩展成如图17-24所示的对话框。在Spalart-Allmaras Production中选择"Strain/Vorticity-Based"单选按钮，其他保持默认设置，单击"OK"按钮关闭对话框。

步骤 **03** 本例中的流体是空气，且流动为可压缩流动，空气粘性随温度的变化而变化。单击模型树中的"材料"选项，打开材料面板，如图17-25所示，面板中的默认流体材料为空气（air），固体材料为铝（aluminum）。双击"air"选项，打开"创建/编辑材料"对话框，设置空气的属性，如图17-26所示。

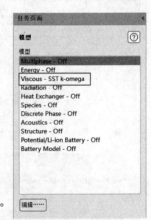

图 17-23　模型面板

图 17-24　"粘性模型"对话框

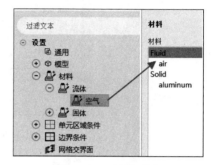

图 17-25　材料面板

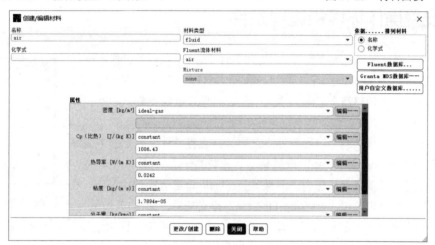

图 17-26　"创建/编辑材料"对话框

步骤04 在"创建/编辑材料"对话框中，在密度右侧的下拉列表中选择"ideal-gas"，即理想气体，满足气体状态方程，如图17-27所示。此时，求解器会自动激活能量方程。

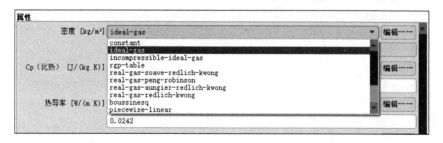

图 17-27　选择空气密度计算方法

步骤05 在粘度右侧的下拉列表中选择"sutherland"，将自动弹出"萨瑟兰定律"对话框，保持默认的设置，如图17-28所示。程序将利用萨兰德定律计算空气粘性。

步骤06 单击"OK"按钮关闭萨瑟兰定律对话框，单击"更改/创建"按钮，然后再单击"关闭"按钮关闭"创建/编辑材料"对话框。

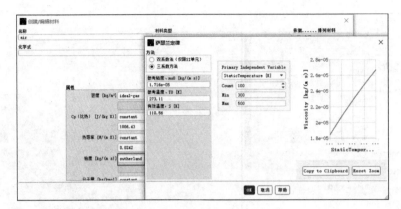

图 17-28　选择空气粘性的计算方法

17.3.7　设置操作环境和边界条件

步骤 01　选择菜单中的"物理模型"→"工作条件"命令，打开"工作条件"对话框，如图17-29所示。在"工作压力（Pa）"文本框中输入操作压强为"101325"，即一个大气压。其他设置保持默认状态，单击"OK"按钮关闭。

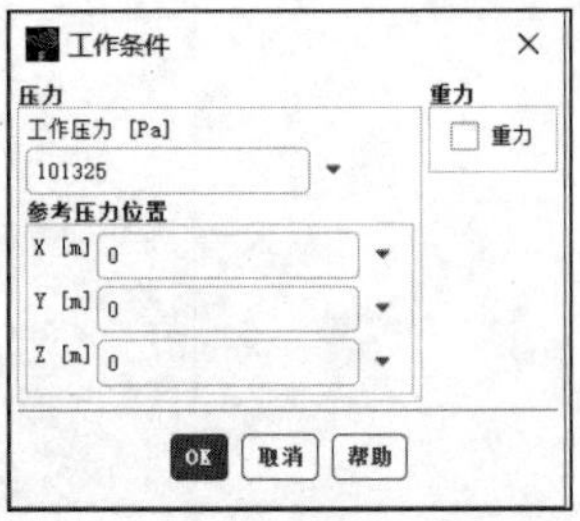

步骤 02　单击导航面板中的"边界条件"选项打开边界条件面板。选中区域列表中的"wall-air"。wall-air是整个计算域的外边界，即大气环境，因此将之设置为远场压力边界条件。在wall-air被选中的状态下，在类型下拉列表选中"pressure-far-field"边界条件，如图17-30所示。

图 17-29　设置操作环境

步骤 03　在wall-air被选中的状态下，单击"编辑"按钮，弹出"压力远场"对话框，在该对话框中，设置远场压力边界条件的各项参数，如图17-31所示。在"表压（Pa）"文本框中输入0，因为操作环境设置中操作压力为101325Pa，所以将表压设置为0Pa，即远场绝对压力为101325Pa。在"马赫数"文本框中输入0.8。

图 17-30　选择远场压力边界条件

图 17-31　设置远场压力边界条件的参数

步骤 04　坐标系选择笛卡儿坐标系，在坐标系下拉列表中选择"Cartesian(X,Y,Z)"。在已知条件中，导弹飞行的迎角度数为5°，建模时导弹轴线沿X轴方向，导弹头部顶尖点在原点位置，飞行方向为–X方向。可知气流方向应该与+X逆时针偏5°，所以气流方向矢量在X轴分量为cos5°=0.996194，Y轴分量为sin5°=0.087156，Z轴分量为0，将其分别输入对话框中。

步骤 05 在湍流设置的下拉列表中选择"Turbulent Viscosity Ratio"，其值采用默认值10。

步骤 06 单击"应用"按钮及"关闭"按钮关闭远场压力边界条件的设置对话框。

17.3.8 设置求解方法和控制参数

1. 设置求解方法

单击模型树中的"求解"选项，打开求解方法面板，对求解方法进行设置，选择求解的方程类型和微分方程离散格式。

- 在格式下拉列表中选择"Explicit"。
- 在通量类型下拉列表中选择"Roe-FDS"通量差分法。
- 在空间离散中，梯度采用基于单元的最小二乘法，即选择"Least Squares Cell Based"。
- 在流动下拉列表中选择"二阶迎风格式（Second Order Upwind）"。修正的湍流粘度也采用二阶迎风格式。

设置完成后的求解方法面板如图17-32所示。

2. 设置求解控制参数

单击模型树中的"控制"选项，打开解决方案控制面板，对求解过程中的控制参数进行设置。

- 在"库朗数"文本框中输入1。
- 将多重网格等级设置为5，即多层网格设置为5个层次。此案例中使用多层网格，可以加速计算的收敛。
- 保持残差光顺中的默认值不变，不进行残差光顺。
- 亚松弛因子中的选项均设为0.8。

设置完成后的求解方案控制面板如图17-33所示。

图 17-32　求解方法设置面板

图 17-33　求解控制参数设置面板

17.3.9 设置监视窗口和初始化

步骤 01 设置残差监视窗口：单击模型树中的"计算监控"选项，双击计算监控面板中的"残差"选项，打开"残差监视器"对话框，如图17-34所示。在Fluent中默认的收敛准则为所监视的残差值、绝对值均小于0.001，可以根据具体求解的案例调高或调低收敛准则。

步骤 02 流场初始化：单击模型树中的"求解"选项，打开解决方案初始化面板，如图17-35所示。在计算参考位置下拉列表中选中"wall-air"，表示整个流场中的初始状态与边界wall-air上的流场状态是一样的。单击"初始化"按钮，完成流场的初始化。

图 17-34　设置残差监视窗口

步骤 03 开始计算：单击导航面板中的"运行计算"选项，打开运行计算面板，在"迭代次数"文本框中输入1000，即迭代1000步，如图17-36所示。单击"开始计算"按钮，开始计算。

图 17-35　流场初始化面板

图 17-36　设置迭代步数

步骤 04 迭代到约260步时，计算就达到收敛准则了。此时打开阻力系数和升力系数的收敛曲线监视器，继续迭代若干步，通过阻力系数和升力系数的振荡情况判断收敛情况。

步骤 05 设置用于计算阻力系数、升力系数的参考值：阻力系数、升力系数都是无量纲，因此需要设置无量纲化时用到的特征值或参考值。单击模型树中的"参考值"选项，打开参考值面板，如图17-37所示。

- 在计算参考位置下拉列表中选择"wall-air"，将参考值设置为与计算域边界条件相同的值。
- 在面积文本框中输入参考面积值，该例中的参考面积值为导弹的横截面积值，导弹直径为100mm，所以面积为 0.07854m^2。

- 在长度文本框中输入特征长度尺寸，该例中参考的特征长度为导弹直径，即 0.1m。
- 在参考区域下拉列表中选择"air"，用来设置参考值应用的区域。
- 其他设置保持默认值。

步骤 06 设置阻力系数监视器：单击模型树中的"报告定义"项，打开报告定义面板，单击"创建"按钮，选择"力矩监视器阻力"选项，打开"阻力监测"对话框，如图17-38所示。

- 勾选"打印到控制台"和"报告图"复选框，即在控制窗口中输出阻力系数值，在图形窗口中显示阻力系数收敛曲线。
- 在力矢量中输入 X、Y、Z 三个方向的分量，定义所监视的力的方向，在本例中，阻力方向是沿着风向的，即与 X 轴呈 5° 夹角，因此在 X 文本框中输入 0.99619，在 Y 文本框中输入 0.08716，保证阻力和来流方向平行。
- 在区域中选择 wall，表示监视的阻力是导弹表面的阻力。
- 单击"OK"按钮，完成阻力系数收敛曲线监视器的设置，并关闭阻力报告定义对话框。

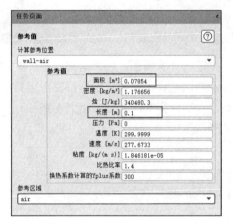

图 17-37 设置参考值

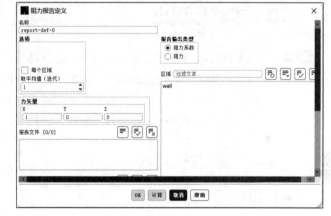

图 17-38 设置阻力系数收敛曲线监视器

步骤 07 设置升力系数监视器：单击模型树中的"报告定义"选项，打开报告定义面板，单击"创建"按钮，选择"力矩监视器升力"选项，打开"升力报告定义"对话框，如图17-39所示。

- 勾选"打印到控制台"和"报告图"复选框，即在控制窗口中输出升力系数值，在图形窗口中显示升力系数收敛曲线。
- 勾选"报告文件"复选框，将升力系数随迭代过程变化的情况写入文件，保持文件名为 lift。
- 在力矢量中输入 X、Y、Z 三个方向的分量，定义所监视的力的方向，在本例中，升力方向是垂直于风向向上的，即与 Y 轴呈 5° 夹角,因此在 X 文本框中输入 0.08716,在 Y 文本框中输入 0.99619,保证升力和来流方向垂直。
- 在区域中选择 wall，表示监视的升力是导弹表面产生的升力。
- 单击"OK"按钮，完成升力系数收敛曲线监视器的设置，并关闭升力报告对话框。

步骤 08 重新设置残差监视窗口：单击导航面板中的"计算监控"选项，双击计算监控面板中的残差项，打开"残差监视器"对话框。在原设置的基础上将收敛标准设置为"none"，即不进行收敛判断，如图17-40所示。这样就可以随意设置迭代步数，不会因为收敛而停止迭代。

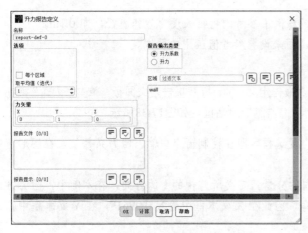

图 17-39　设置升力系数收敛曲线监视器　　　　　图 17-40　设置残差监视窗口

17.3.10　求解和退出

步骤 **01**　开始迭代：单击导航面板中的"运行计算"选项，打开运行计算面板，在"迭代步数"文本框中输入3000，即迭代3000步。单击"开始计算"按钮，开始迭代。迭代开始后，图形窗口中会动态显示阻力系数、升力系数随迭代过程的变化曲线。当迭代完3000步后，阻力曲线和升力曲线基本不再变化，说明计算已经基本收敛，如图17-41和图17-42所示。

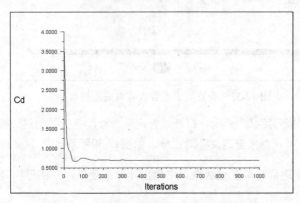

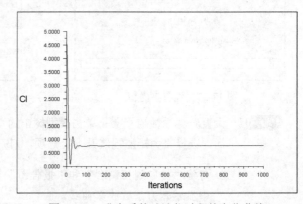

图 17-41　阻力系数随迭代过程的变化曲线　　　　　图 17-42　升力系数随迭代过程的变化曲线

步骤 **02**　退出Fluent：单击Fluent界面右上角的"关闭"按钮退出Fluent。

17.3.11　计算结果的后处理

在Fluent中也可以进行计算结果的后处理，本例中使用Workbench中的后处理模块进行计算结果后处理。

步骤 **01**　打开计算结果后处理模块：在Workbench主界面中双击项目C中的C6栏"结果"选项，打开"CFD-Post"窗口，如图17-43所示。

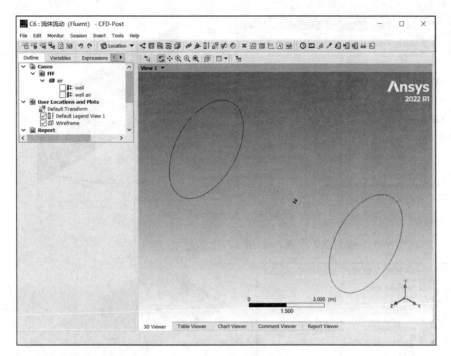

图 17-43　CFD-Post 模块主界面

步骤 **02**　插入两个截面：单击工具栏中的"Location"按钮，在下拉列表中选择"Plane"，弹出"插入平面（Insert Plane）"对话框，在该对话框中的"Name"文本框中输入平面名称，此处为XY平面，如图17-44所示。单击"OK"按钮，完成平面命名。

步骤 **03**　设置XY平面：完成平面命名后，在Outline下面会出现设置XY平面的面板，如图17-45所示。

- 单击打开"Geometry"选项卡，在 Domains 下拉列表中选择"air"选项。
- 在定义方法 Method 右侧的下拉列表中选择"XY Plane"，表示所建立的平面平行于 XY 平面。保持 Z 值为 0，表示平面通过原点，从而将 XY 平面定义完整。
- 单击打开"Color"选项卡，如图 17-46 所示。保持颜色定义模式为"Constant"，单击 Color 右侧的方框，选择颜色为白色。

图 17-44　插入 XY 平面

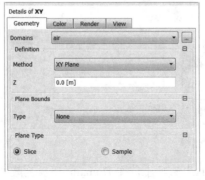

图 17-45　设置 XY 平面的定义方式

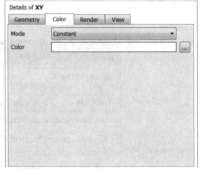

图 17-46　设置 XY 平面的颜色

- 单击"Apply"按钮，完成对 XY 平面的设置，并生成 XY 平面。在 User Locations and Plots 中出现一个名为 XY 的平面。同时在图形窗口中显示所建立的平面，如图 17-47 所示。

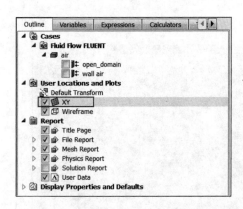

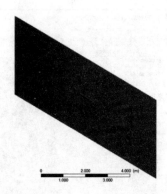

图 17-47　插入的 XY 平面

● 以同样的方法插入 XZ 平面，如图 17-48 所示。

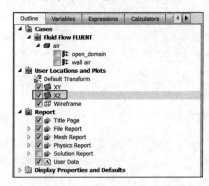

图 17-48　插入的 XZ 平面

步骤 04 绘制XY平面上的速度矢量图：单击工具栏中的 按钮，打开"插入矢量（Insert Vector）"对话框，在"Name"文本框中输入矢量图的名称，此处命名为Vector XY，如图17-49所示。单击"OK"按钮，关闭"Insert Vector"对话框，同时在Outline下面出现设置矢量图的面板，如图17-50所示。

图 17-49　Insert Vector 对话框

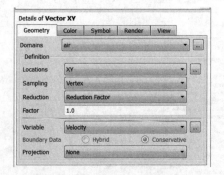

图 17-50　矢量图设置面板

● 单击打开"Geometry"选项卡，在 Domains 下拉列表中选择"air"，表示所绘矢量在 air 域内。在 Locations 下拉列表中选择"XY"，即刚插入的 XY 平面，表示绘制 XY 平面上的矢量图。保持 Reduction Factor 为 1。在 Variable 下拉列表中选择"Velocity"，即所绘矢量图为速度矢量图。

- 单击打开"Color"选项卡，在 Mode 下拉列表中选择"Use Plot Variable"，即依据速度大小给矢量图染色。在 Color Map 下拉列表中选择"FLUENT Rainbow"，Color Scale 保持线性 Linear 设置。其他设置保持默认，如图 17-51 所示。
- 单击打开"Symbol"选项卡，在 Symbol 下拉列表中选择"Line Arrow"。Symbol Size 设置为 0.2，如图 17-52 所示。根据显示的需要可以自行设置矢量的表现方式和尺寸大小。

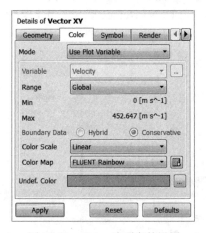

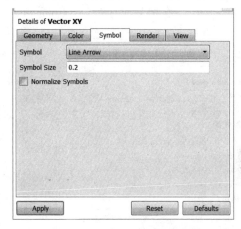

图 17-51　Color 选项卡的设置　　　　　　　　图 17-52　Symbol 选项卡的设置

- 保持 Render 和 View 选项卡的各项设置不变。
- 单击"Apply"按钮，完成设置，并在图形窗口中绘制出矢量图 Velocity XY，如图 17-53 所示。

步骤05 以同样的方法绘制XZ平面上的速度矢量图，如图17-54所示。

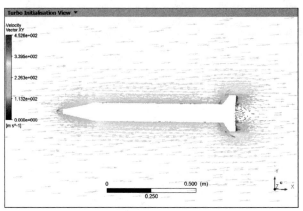

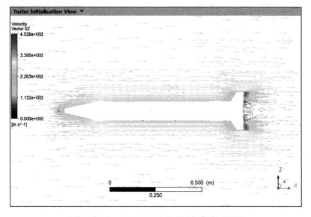

图 17-53　XY 平面上的速度矢量图　　　　　　图 17-54　XZ 平面上的速度矢量图

步骤06 绘制三维流线图：单击工具栏中的 按钮，打开"插入流线图（Insert Streamline）"对话框，在"Name"文本框中输入流线图的名称，此处命名为"Streamline1"，如图17-55所示。单击"OK"按钮，关闭"Insert Streamline"对话框，同时在Outline下面出现设置流线图的面板，如图17-56所示。

图 17-55　Insert Streamline 对话框

- 打开"Geometry"选项卡，在 Type 下拉列表中选择"3D Streamline"，即绘制三维的流线图。在 Domains 下拉列表中选择"air"，表示所绘流线图在 air 域内。在 Start From 下拉列

表中选择 "air"，在 Sampling 下拉列表中选择 Vertex，在 Reduction 下拉列表中选择 "约束
最大点数"，即 Max Number of Points，并设置最大点数为 60，在 Max Points 文本框内输入
60。在 Variable 下拉列表中选择 "Velocity"。在 Direction 下拉列表中选择 "Forward and
Backward"，即同时绘制采样点上游和下游的流线。

- 打开 "Color" 选项卡，在 Mode 下拉列表中选择 "Variable"，并在 Variable 下拉列表中选
择 "Velocity"。在 Color Map 下拉列表中选择 "FLUENT Rainbow"，Color Scale 保持 "线
性 Linear" 设置。其他设置保持默认值，如图 17-57 所示。
- 打开 "Symbol" 选项卡，流线形式设置为 Line，将 Line Width 设置为 3，如图 17-58 所示。

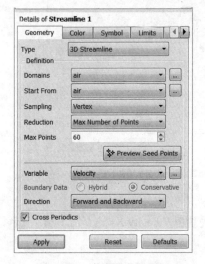
图 17-56　流线图设置面板

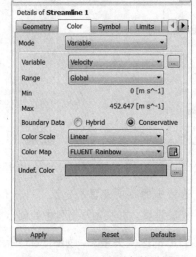
图 17-57　Color 选项卡的设置

图 17-58　Symbol 选项卡的设置

- 保持 Limits、Render 和 View 选项卡的各项设置不变。
- 单击 "Apply" 按钮，完成设置，并在图形窗口中绘制出流线图 Streamline1，如图 17-59 所示。

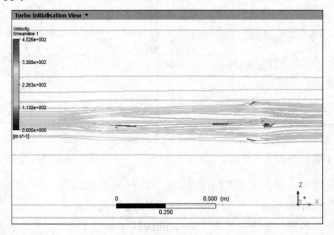
图 17-59　绕导弹的流线图

步骤 07 绘制压力云图：单击工具栏中的 按钮，打开 "插入云图（Insert Contour）" 对话框，在 "Name"
文本框中输入云图的名称，此处命名为 "Surface Pressure"，如图 17-60 所示。单击 "OK" 按钮，
关闭 "Insert Contour" 对话框，同时在 Outline 下面出现设置云图的面板，如图 17-61 所示。

图 17-60　Insert Contour 对话框

图 17-61　Geometry 选项卡

- 在 Domains 下拉列表中选择"air",表示所绘流线图在 air 域内。在 Locations 下拉列表中选择"wall air",即绘制导弹表面的压力分布云图。在 Variable 下拉列表中选择"Pressure"。在 Color Map 下拉列表中选择"FLUENT Rainbow",Color Scale 中保持"线性 Linear"设置。其他设置保持默认值。

- 保持 Labels、Render 和 View 选项卡的各项设置不变。

- 单击"Apply"按钮,完成设置,并在图形窗口中绘制出导弹表面的压力分布云图,如图 17-62 所示。

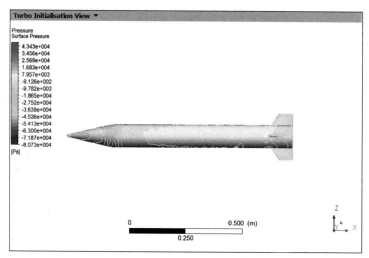

图 17-62　导弹表面的压力分布云图

17.3.12　保存与退出

步骤 01　单击CFD-Post界面右上角的"关闭"按钮,退出CFD-Post模块返回Workbench主界面。此时主界面中的项目管理区中显示的分析项目均已完成,如图17-63所示。

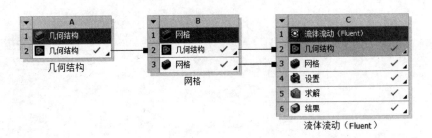

图 17-63　项目管理区中的分析项目

步骤 **02**　在Workbench主界面中单击常用工具栏中的"保存"按钮，保存包含有分析结果的文件。

步骤 **03**　单击Workbench主界面右上角的"关闭"按钮，退出ANSYS Workbench主界面，完成项目分析。

17.4 本章小结

　　本章首先介绍了流体动力学问题分析的基本知识，然后讲解了流体动力学问题分析的基本过程，最后给出了流体动力学问题分析的典型实例——基于Fluent的导弹流体动力学分析。

　　通过本章的学习，读者可以掌握流体动力学问题分析的流程、载荷和约束的加载方法，以及结果后处理方法等相关知识。

第 18 章

多物理场耦合分析

 导言

    ANSYS Workbench 2022 平台的优势在于可以很方便地进行多物理场耦合分析,通过简单的拖动功能即可完成几何数据的共享及载荷的传递操作。本章首先对多物理场的概念进行简要介绍,并通过典型案例详细讲解电磁热耦合的操作步骤。

 学习目标

    ※ 了解多物理场的基本概念及 Workbench 平台的多物理场分析能力。
    ※ 熟练掌握电磁热耦合的操作方法及操作过程。

18.1 多物理场耦合分析概述

    在自然界中存在4种场:位移场、电磁场、温度场、流场。这4种场之间是互相联系的,现实世界不存在纯粹的单场问题,遇到的所有物理场问题都是多物理场耦合的,只是受到硬件或者软件的限制,人为地将它们分成单场现象,各自进行分析。有时这种分离是可以接受的,但对于许多问题,这样计算将得到错误结果。因此,在条件允许时,应该进行多物理场耦合分析。

    多物理场耦合分析是考虑两个或两个以上工程学科(物理场)间相互作用的分析,例如流体与结构的耦合分析(流固耦合)、电磁与结构耦合分析、电磁与热耦合分析、热与结构耦合分析、电磁与流体耦合分析、流体与声学耦合分析、结构与声学耦合分析(振动声学)等。

    以流固耦合为例,流体流动的压力作用到结构上,结构产生变形,而结构的变形又影响了流体的流道,因此流固耦合是流体与结构相互作用的结果。

    耦合分析总体来说分为单向耦合与双向耦合两种。

- 单向耦合:以流固耦合分析为例,如果结构在流道中受到流体压力产生的变形很小,忽略掉也可满足工程计算的需要,则不需要将变形反馈给流体,这样的耦合称为单向耦合。
- 双向耦合:以流固耦合分析为例,如果结构在流道中受到的流体压力很大,或者即使压力很小也不能被忽略掉,则需要将结构变形反馈给流体,这样的耦合称为双向耦合。

    ANSYS Workbench还可与ANSOFT Simplorer软件集成在一起实现场路耦合计算。场路耦合计算适用于电机、电力电子装置及系统、交直流传动、电源、电力系统、汽车部件、汽车电子与系统、航空航天、船舶装置与控制系统、军事装备仿真等领域的分析。

在ANSYS Workbench中，多物理场耦合分析可以分析基本场之间的相互耦合，其应用场合包括以下几个方面。

1. 流固耦合

- 汽车燃料喷射器、控制阀、风扇、水泵等。
- 航天飞机机身、推进系统及其部件。
- 可变形流动控制设备、生物医学上血流的导管及阀门、人造心脏瓣膜等。
- 纸处理应用、一次性尿布制造过程。

2. 压电应用

- 换能器、应变计、传感器等。
- 麦克风系统。
- 喷墨打印机驱动系统。

3. 热-电耦合

- 载流导体、汇流条等。
- 电动机、发电机、变压器等。
- 断路器、电容器、电抗器等。
- 电子元件及电子系统。
- 热-电冷却器。

4. MEMS应用

- MEMS 梳状驱动器（电-结构耦合）。
- MEMS 扭转谐振器（电-结构耦合）。
- MEMS 加速计（电-结构耦合）。
- MEMS 微泵（压电-流体耦合）。
- MEMS 热-机械执行器（热-电-结构耦合）。
- 其他大量的 MEMS 装置等。

18.2 流体结构耦合分析

18.2.1 案例介绍

本节主要介绍ANSYS Workbench 2022的流体分析模块Fluent的流体结构方法及求解过程，计算多通道管道的热流变形情况。

18.2.2 启动 Workbench 并建立分析项目

步骤 01 在Windows系统下执行"开始"→"所有程序"→ANSYS 2022→Workbench 2022命令，启动 ANSYS Workbench 2022，进入主界面。

步骤 02 双击主界面工具箱中的"组件系统"→"几何结构"选项，即可在项目管理区创建分析项目A，如图18-1所示。

步骤 03 在工具箱中的"组件系统"→"网格选项"上按住鼠标左键拖动到项目管理区中，悬挂在项目 A中的A2栏几何结构上，当项目A2的几何结构栏呈红色高亮显示时，即可放开鼠标创建项目B，项目A和项目B中的几何结构栏（A2和B2）之间出现了一条线相连，表示它们之间的几何体数据可共享，如图18-2所示。

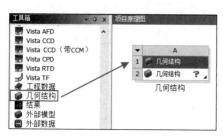

图 18-1 创建几何结构分析项目

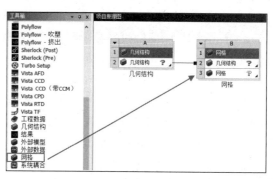

图 18-2 创建网格分析项目

步骤 04 在工具箱中的分析"系统"→"流体流动（Fluent）"选项上按住鼠标左键拖动到项目管理区中，当项目B3的网格栏呈红色高亮显示时，即可放开鼠标创建项目C。项目B和项目C中的几何结构栏（B2和C2）以及网格栏（B3和C3）之间各出现了一条线相连，表示它们之间的数据可共享，如图18-3所示。

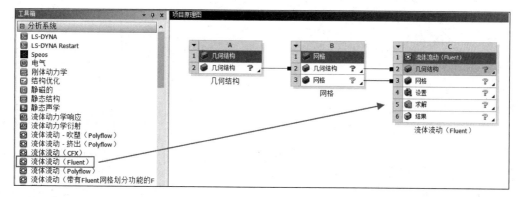

图 18-3 创建 Fluent 分析项目

步骤 05 在工具箱中的"分析系统"→"静态结构"选项上按住鼠标左键拖动到项目管理区中，当项目 C5的网格栏呈红色高亮显示时，即可放开鼠标创建项目D，创建静态结构与流体仿真分析之间 的数据传输，如图18-4所示。

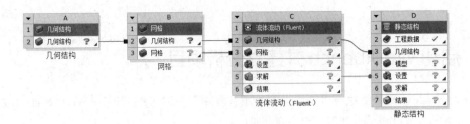

图 18-4　创建静态结构分析项目

18.2.3　导入几何体

步骤 01 在A2栏的几何结构上右击，在弹出的快捷菜单中执行"导入外部几何结构"→"浏览"命令，如图18-5所示，此时会弹出"打开"对话框。

步骤 02 在弹出的"打开"对话框中选择文件路径，导入missle几何体文件，此时A2栏"几何结构"后的 ❓ 变为 ✓，表示实体模型已经存在。

步骤 03 双击项目A中的A2栏"几何结构"选项，进入DM界面，此时设计树中"导入1"前显示 ⚡，表示需要生成，图形窗口中没有图形显示，单击"生成"按钮，显示图形，如图18-6所示。

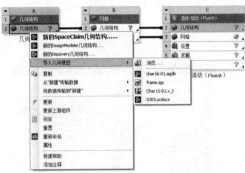

图 18-5　导入几何体

步骤 04 选择fluid，在详细信息几何体中将区域类型改为"流体"，即在"流体/固体"的下拉列表中选中"流体"，如图18-7所示。

步骤 05 单击DM界面右上角的"关闭"按钮，退出DM，返回Workbench主界面。

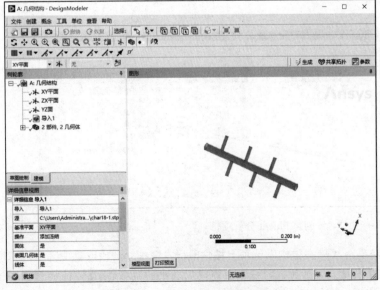

图 18-6　DM 界面中显示模型

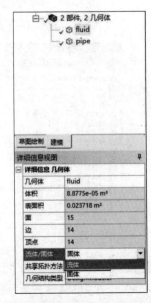

图 18-7　将计算域属性设置为流体

310

多物理场耦合分析

18.2.4　划分网格

步骤 01 双击项目B中的B3栏"网格"选项，进入如图18-8所示的界面，可在该界面下进行模型的网格划分。

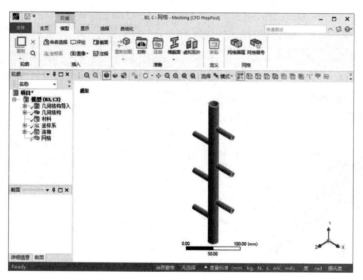

图 18-8　网格划分界面

步骤 02 右击模型树中的"网格"选项，依次选择"网格"→"插入"→"膨胀"命令，如图18-9所示，进行边界层添加，具体参数设置及边界层选取如图18-10所示。

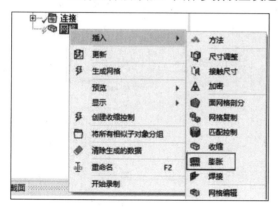

图 18-9　添加边界层网格

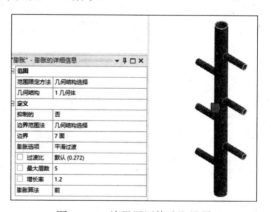

图 18-10　边界层网格选取设置

步骤 03 选中模型树中的"网格"选项，在"网格"的详细信息窗口中设置物理偏好为CFD，求解器偏好设置为Fluent，如图18-11所示，其他选项保持默认值。

步骤 04 右击模型树中的"网格"选项，在弹出的快捷菜单中选择"生成"命令，开始生成网格，生成网格如图18-12所示。

步骤 05 单击选择如图18-13所示面，右击选择"创建命名选择"命令，进行边界条件命名。在弹出的选择名称设置对话框中输入coolin，单击OK按钮保存，如图18-14所示。

图 18-11　设置网格类型和求解器

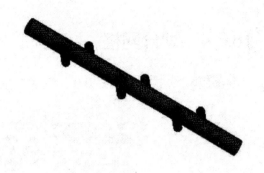

图 18-12　网格生成示意图

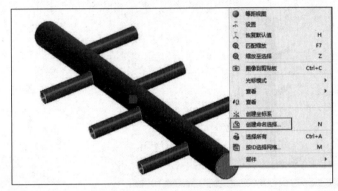

图 18-13　边界条件名称设置

图 18-14　边界条件命名

步骤 06　参照上述操作，依次创建hotin、outlet及outlet1等边界，如图18-15所示。

步骤 07　单击Meshing界面右上角的"关闭"按钮，退出网格划分界面，返回Workbench主界面。

步骤 08　右击Workbench界面中的B3栏"网格"选项，在弹出的快捷菜单中选择"更新"命令，完成网格数据向Fluent分析模块中的传递，如图18-16所示。

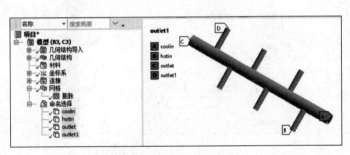

图 18-15　边界条件设置

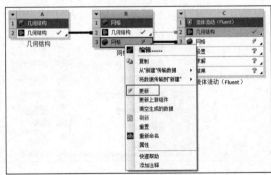

图 18-16　网格更新传递数据

18.2.5　网格检查与处理

步骤 01　双击Workbench界面中项目C的C4栏"设置"选项，弹出Fluent Launcher对话框，保持默认设置后单击"Start"按钮进入Fluent界面，如图18-17所示。

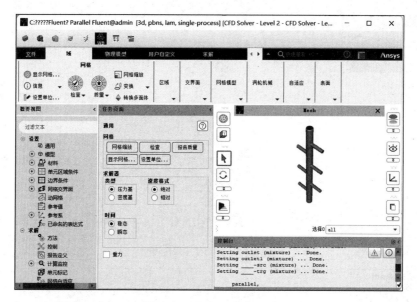

图 18-17 Fluent 启动界面

步骤 02 单击通用面板中的"检查"按钮，如图18-18所示，对网格进行检查。需保证网格的最小单元体积不小于0，即没有负体积网格。

步骤 03 单击通用面板中的"网格缩放"按钮，如图18-19所示，可以查看计算域尺寸。

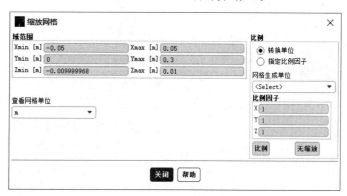

图 18-18 通用面板   图 18-19 网格区域尺寸缩放

18.2.6 设置物理模型和材料

步骤 01 设置求解器类型：本例选择密度基求解器，求解定常流动。

步骤 02 单击模型树中的"模型"选项，打开模型面板，如图18-20所示。双击Energy，打开能量方程，如图18-21所示。双击Viscous-SST k-omega选项，打开"粘性模型"对话框。在模型列表中选择层流模型，如图18-22所示，单击"OK"按钮关闭对话框。

步骤 03 本例中的流体是水，因此需要新增材料水，双击材料设置面板下的"空气"选项，打开"创建/编辑材料"对话框，如图18-23所示。单击"Fluent数据库"选项，选择"Water-liquid (h20<l>)"，单击"复制"按钮进行材料添加，如图18-24所示。

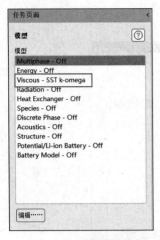

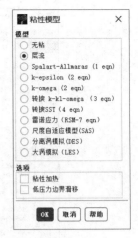

图 18-20　模型面板　　　　　图 18-21　能量方程对话框　　　　图 18-22　粘性模型设置对话框

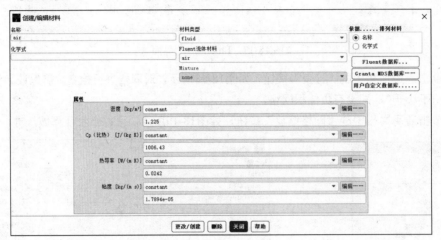

图 18-23　空气材料设置对话框

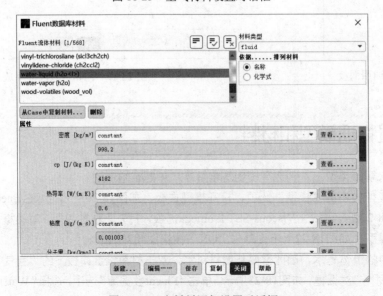

图 18-24　水材料添加设置对话框

步骤 **04** 双击模型树中的单元区域条件，打开"单元区域条件设置"对话框，如图18-25所示。双击"fluid"
选项打开，在材料名称处选择"Water-liquid"，即完成区域材料修改，单击"应用"按钮保存，
如图18-26所示，单击关闭按钮退出。

图 18-25　单元区域设置对话框

图 18-26　区域材料设置对话框

18.2.7　设置操作环境和边界条件

步骤 **01** 选择菜单中的"物理模型"→"工作条件"命令，打开"工作条件"对话框，如图18-27所示。
在"工作压力"文本框中输入操作压强为101325Pa，即一个大气压。其他设置保持默认状态，
单击"OK"按钮关闭。

步骤 **02** 单击导航面板中的"边界条件"选项打开边界条件面板，如图18-28所示。选中区域列表中的
"hotin"，在类型处修改为"velocity-inlet"如图18-29所示，在弹出的速度入口设置对话框，
设置速度为0.3m/s，温度设置为600K，如图18-30所示。

图 18-27　设置操作环境

图 18-28　边界条件设置

步骤 **03** 参照上述操作，设置coolin的速度为0.2m/s，温度为300K。

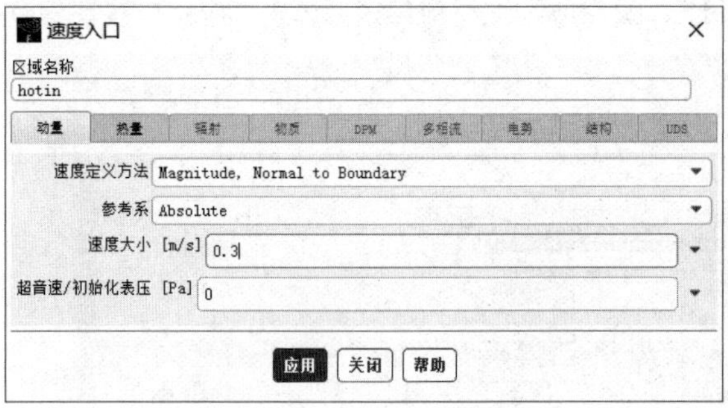

速度入口	×
区域名称	
hotin	

| 动量 | 热量 | 辐射 | 物质 | DPM | 多相流 | 电势 | 结构 | UDS |

速度定义方法	Magnitude, Normal to Boundary	▼
参考系	Absolute	▼
速度大小 [m/s]	0.3	▼
超音速/初始化表压 [Pa]	0	▼

应用　关闭　帮助

图 18-29　hotin 边界参数设置

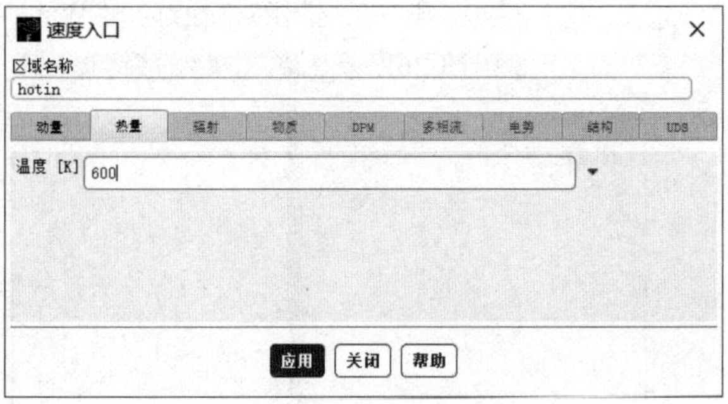

速度入口	×
区域名称	
hotin	

| 动量 | 热量 | 辐射 | 物质 | DPM | 多相流 | 电势 | 结构 | UDS |

| 温度 [K] | 600 | ▼ |

应用　关闭　帮助

图 18-30　温度设置

18.2.8　设置求解方法和控制参数

1. 设置求解方法

单击模型树中的求解选项，打开求解方法面板，对求解方法进行设置，选择求解的方程类型和微分方程离散格式。

- 在格式下拉列表中选择 Coupled。
- 在空间离散中，梯度采用基于单元的最小二乘法，即选择 Least Squares Cell Based。
- 在流动下拉列表中选择二阶迎风格式（Second Order Upwind）。修正的湍流粘度也采用二阶迎风格式。

设置完成后的求解方法面板如图18-31所示。

2. 设置求解控制参数

单击模型树中的"控制"选项，打开解决方案控制面板，对求解过程中的控制参数进行设置，如图18-32所示。

图 18-31　求解方法设置面板

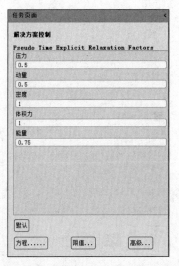

图 18-32　求解控制参数设置面板

第 18 章

多物理场耦合分析

18.2.9　设置监视窗口和计算

步骤 01　设置残差监视窗口：单击模型树中的"计算监控"选项，双击计算监控面板中的"残差"选项，打开"残差监视器"对话框，如图18-33所示。在Fluent中默认的收敛准则为所监视的残差值、绝对值均小于0.001，可以根据具体求解的案例调高或调低收敛准则。

步骤 02　流场初始化：单击模型树中的"求解"选项，打开解决方案初始化面板，如图18-34所示，单击"初始化"按钮，完成流场的初始化。

图 18-33　设置残差监视窗口

图 18-34　流场初始化面板

步骤 03　开始计算：单击导航面板中的"运行计算"选项，打开运行计算面板，在"迭代次数"文本框中输入1000，即迭代1000步，如图18-35所示。单击"开始计算"按钮，开始计算。

图 18-35　设置迭代步数

18.2.10　计算结果的后处理

在Fluent中也可以进行计算结果的后处理，使用Workbench中的后处理模块可以进行计算结果后处理。

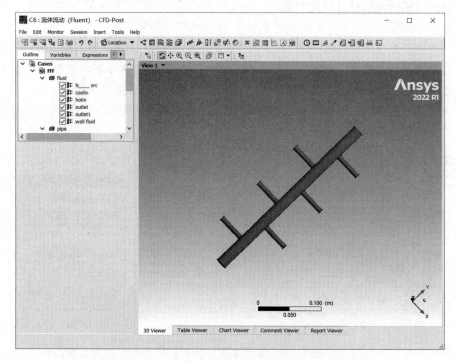

图 18-36 CFD-Post 模块主界面

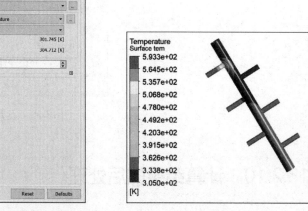

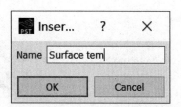

图 18-37 Insert Contour 对话框　　图 18-38 Geometry 选项卡　　图 18-39 管道表面的温度分布云图

318

步骤 04 单击CFD-Post界面右上角的"关闭"按钮，退出CFD-Post模块，返回Workbench主界面，如图18-40所示，则下一步进行静态结构分析设置。

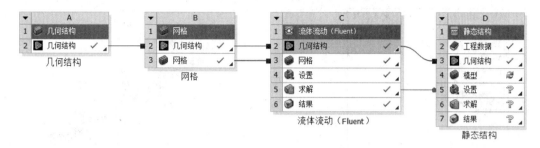

图 18-40　项目管理区中的分析项目

18.2.11　结构力学模型设置

步骤 01 双击项目D中的D4模型，进入到如图18-41所示的静态结构设置界面。

步骤 02 在"模型树"→"几何结构"中，右击选择"fluid\"选项，在弹出如图18-42所示的快捷菜单中选择"抑制几何体"命令，此时在被抑制的几何名称前面由✔变成✘，表示几何将不参与计算。

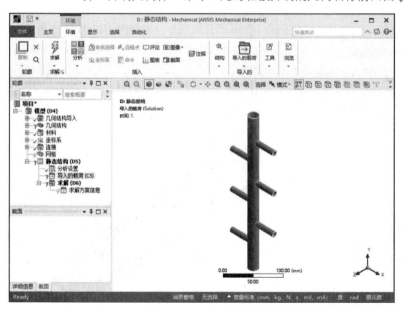

图 18-41　结构网格平台

图 18-42　抑制流体域

18.2.12　网格划分

步骤 01 单击"模型树"→"网格"，在出现如图18-43所示的面板中进行如下设置。在单元尺寸栏中输入网格尺寸为5mm。

步骤 02 在模型树中的"网格"选项上右击，在弹出的快捷菜单中选择"生成网格"命令，最终的网格效果如图18-44所示。

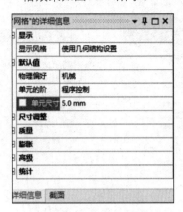

图 18-43　设置网格尺寸

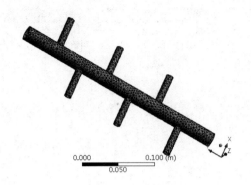

图 18-44　网格模型

18.2.13　添加约束与载荷

1. 施加固定约束

步骤 01 选中模型树中的"静态结构（D5）"选项，执行环境工具栏中的"结构"→"固定的"命令，为模型添加约束，如图18-45所示。

步骤 02 单击图形工具栏中选择模式下的"选择面"按钮 。

步骤 03 在图形窗口中选择如图18-46所示的面，在参数设置列表中单击"几何结构"后的"应用"按钮，完成面的选择。

图 18-45　添加约束

图 18-46　选择面

2. 加载压力数据

步骤 01 映射力密度到结构网格上：右击模型树中"静态结构（D5）"选项下的"导入的载荷（C5）"，在如图18-47所示的快捷菜单中选择"插入"→"压力"命令。

步骤 02 在如图18-48所示的"导入的压力"的详细信息面板中进行如下设置，在几何结构栏中选择所有的内圆柱面，共7个面，在CFD 表面栏中选择"srC表面"选项。

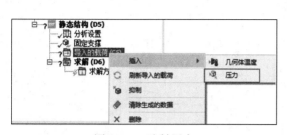

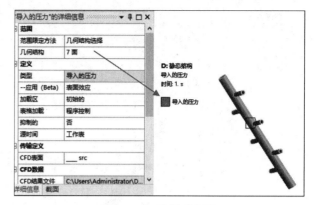

图 18-47　映射压力　　　　　　　　　　　　　图 18-48　选择受力面

步骤 03　右击导入的压力，在弹出的快捷菜单中选择"导入"命令进行加载。

18.2.14　设置求解项

步骤 01　选择Mechanical界面左侧模型树中的"求解"选项，此时会出现如图18-49所示的求解工具栏。

步骤 02　求解等效应力：选择求解工具栏中的"应变"→"等效（von-Mises）"命令，如图18-50所示，此时在分析树中会出现"等效弹性应变"选项。

步骤 03　求解总变形：选择求解工具栏中的"变形"→"总计"命令，如图18-51所示，此时在分析树中会出现"总变形"选项。

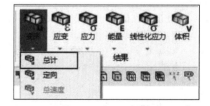

图 18-49　求解工具栏　　　　　图 18-50　添加应变力求解项　　　　图 18-51　添加变形求解项

18.2.15　求解并显示求解结果

步骤 01　在模型树中的"静态结构（D5）"选项上右击，在弹出的快捷菜单中选择"求解"命令进行求解。

步骤 **02** 应力分析云图：选择模型树中"求解（D6）"下的"等效应力"选项，此时在图形窗口中会出现如图18-52所示的应力分析云图。

步骤 **03** 总变形分析云图：选择模型树中"求解（D6）"下的"总变形"选项，此时在图形窗口中会出现如图18-53所示的总变形分析云图。

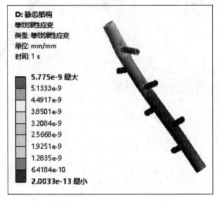

图 18-52 应变分析云图

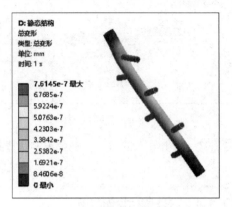

图 18-53 总变形分析云图

18.2.16 保存与退出

步骤 **01** 单击"静态结构-Mechanical"界面右上角的"关闭"按钮退出Mechanical，返回Workbench主界面。此时项目管理区中显示的分析项目均已完成，如图18-54所示。

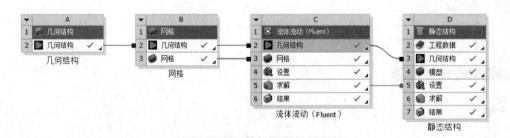

图 18-54 项目管理区中的分析项目

步骤 **02** 在Workbench主界面中单击常用工具栏中的"保存"按钮，保存包含有分析结果的文件。

步骤 **03** 单击主界面右上角的"关闭"按钮，退出Workbench主界面，完成项目分析。

18.3 本章小结

本章首先介绍了ANSYS Workbench 2022版本的多物理场分析能力与分析类型，然后通过简单的实例介绍了通过ANSYS Fluent模块与ANSYS Mechanical模块之间的单向耦合进行流热力耦合分析。